边 缘 计 算

肖利群 著

清华大学出版社
北京

内 容 简 介

为了充分发挥边缘计算及其他相似范式的潜能,研究者和实践者需要应对相关的挑战,并提出概念和技术上合理的解决方案。这些方案包括开发可扩展架构,开放封闭系统,设计交互协议,解决数据感知、存储、处理和操作时涉及的隐私等问题,以及自动管理。

本书主要介绍边缘计算中的前沿应用、架构和技术,力图促进智能家居、智慧城市、工业、商业和消费者应用程序等多个领域的进一步发展。希望本书的出版能为系统架构师、软件开发人员和相关专业研究生提供参考。

图书在版编目(CIP)数据

边缘计算/肖利群著. —北京:清华大学出版社,2023.12
ISBN 978-7-302-63531-4

Ⅰ.①边… Ⅱ.①肖… Ⅲ.①无线电通信-移动通信-计算 Ⅳ.①TN929.5

中国国家版本馆 CIP 数据核字(2023)第 087077 号

责任编辑:贾　斌
封面设计:何凤霞
责任校对:韩天竹
责任印制:刘海龙

出版发行:清华大学出版社
　　　　网　　　址:https://www.tup.com.cn,https://www.wqxuetang.com
　　　　地　　　址:北京清华大学学研大厦 A 座　　　邮　　编:100084
　　　　社 总 机:010-83470000　　　　　　　　邮　　购:010-62786544
　　　　投稿与读者服务:010-62776969,c-service@tup.tsinghua.edu.cn
　　　　质量反馈:010-62772015,zhiliang@tup.tsinghua.edu.cn
　　　　课件下载:https://www.tup.com.cn,010-83470236
印 装 者:三河市天利华印刷装订有限公司
经　　销:全国新华书店
开　　本:170mm×230mm　　印　张:14.5　　　字　　数:279 千字
版　　次:2023 年 12 月第 1 版　　　　　　印　　次:2023 年 12 月第1次印刷
印　　数:1～1500
定　　价:59.80 元

产品编号:098104-01

前言
PREFACE

移动互联网和物联网的飞速发展促进了新业务和新数据的不断涌现,使得移动通信流量在过去的几年间经历了爆炸式增长,越来越多的移动应用也尝试在终端实现更加复杂的逻辑功能,如人工智能、虚拟/增强现实、大型游戏等。虽然终端设备可以通过访问云计算数据中心为用户提供便利的服务支持,但因增加了网络负荷和数据传输时延,给用户体验带来了一定的负面影响。因此,为了有效满足各类新业务对高带宽、低时延的需求,移动边缘计算应运而生。具体而言,移动边缘计算可利用无线接入网络,就近提供移动用户 IT 所需服务和云端计算功能,从而创造出一个具备高性能、低时延与高带宽的移动服务环境,加速网络中各项内容、服务及应用的下载,让消费者享有不间断的高质量网络体验。

移动边缘计算与同样备受关注的万物互联和云计算之间是什么关系呢?移动边缘计算模型是随着万物互联的飞速发展及广泛应用,以及不断扩大和增长的数据规模和数据处理需求而产生的,移动边缘计算将让万物更智能,将构建健康的边缘应用生态。移动边缘计算并不是为了取代云计算,而是对云计算的补充和延伸,为移动计算、物联网等提供更好的计算平台。移动边缘计算模型需要云计算中心的强大计算能力和海量存储能力的支持,而云计算也同样需要移动边缘计算中边缘设备对于海量数据及隐私数据的处理功能,从而满足对实时性、安全性和低能耗等的需求。

在本书的策划和编写过程中,参阅了大量文献和资料,从中获得不少启示,在此对这些学者和研究者致以衷心的感谢!由于移动边缘计算的技术发展非常快,本书的选材和编写还有一些不尽如人意的地方,加上编者学识水平和时间所限,书中难免存在不足和谬误,敬请同行专家及读者指正,以便进一步完善提高。

作　者

2023 年 10 月

目录
CONTENTS

第 1 章

概　述

自欧洲电信标准协会(ETSI)开始推动移动边缘计算(MEC)的相关标准化工作以来,在短短三年内,移动边缘计算就产生了巨大的影响力。华为、IBM、Intel 等 IT 巨头正在以前所未有的速度推动移动边缘计算技术的研究,边缘计算研讨会 (Symposium on Edge Computing)、雾与边缘计算国际会议(International Conference on Fog and Edge Computing)、边缘计算国际会议(International Conference on Edge Computing)等与移动边缘计算相关的国际会议正在兴起,同时学术界和产业界也成立了多个移动边缘计算产业联盟。三年前,学术界和产业界还在争论移动边缘计算技术到底有什么作用,而如今学术界和产业界已经认可了移动边缘计算的前景。那么,移动边缘计算到底是什么? 有哪些相似的解决方案? 它与 5G 的关系是什么? 有哪些问题需要深入研究? 本章将分析这些问题,目的是帮助读者对移动边缘计算形成一个初步认识。

第 1 节　移动边缘计算的由来

1. 移动边缘计算概述

移动互联网和物联网的飞速发展促进了各种新型业务的不断涌现,使得移动通信流量在过去的几年间经历了爆炸式增长,移动终端(智能手机、平板电脑等)已逐渐取代个人计算机成为人们日常工作、学习、生活、社交、娱乐的主要工具。同时,海量的物联网终端设备如各种传感器、智能电表、摄像头等,广泛应用于工业、农业、医疗、教育、交通、智能家居、环境等领域。虽然上述终端设备直接访问云计算中心的方式给人们的生活带来了便利,并改变了人们的生活方式,但是所有业务都部署到云计算中心,极大地增加了网络负荷,造成网络延迟时间较长,这对网络带宽、时延等性能提出了更高的要求。

除此之外,为了解决移动终端有限的计算、存储以及功耗问题,需要将高复杂度、高能耗的计算任务迁移至云计算中心的服务器端完成,从而降低移动终端的能耗,延长其待机时间。然而,将计算任务迁移至云计算中心的方式不仅带来了大量的数据传输,增加了网络负荷,而且增加了数据传输时延,给时延敏感型业务应用(如工业控制类应用等)和用户体验带来了一定的负面影响。因此,为了更好地满足移动互联网和物联网快速发展带来的高带宽、低时延等需求,移动边缘计算的概念得以提出,并得到了学术界和产业界的广泛关注。

根据 ETSI 的定义,移动边缘计算即在距离用户移动终端最近的无线接入网内提供信息技术服务环境和云计算能力,旨在进一步减小延迟/时延、提高网络运营效率、提高业务分发/传送能力、优化终端用户体验。移动边缘计算可以被视为运行于移动网络边缘的云服务器,用以执行传统网络基础设施不能实现的特定任务。

移动边缘计算架构包括 3 部分,分别是边缘设备(如智能手机、物联网设备、智能车等)、边缘云和远端云(或大规模云计算中心、大云)。其中,边缘设备可以连接到网络;边缘云是部署在移动基站上的小规模云计算中心,负责网络流量控制(转发和过滤)和管控各种移动边缘服务和应用,也可以将其看作是在互联网上托管的云基础设施;当边缘设备的处理能力不能满足自身需求时,可以通过无线网络将计算密集型任务和海量数据迁移至边缘云处理,而当边缘云不能满足边缘设备的请求时,可以将部分任务和数据迁移至远端云处理。

移动边缘计算的特征主要体现在以下几方面。

(1)预置隔离性。

移动边缘计算是本地的,这意味着它可以独立于网络的其他部分隔离运行,同时可以访问本地资源。这对于机器间相互通信的场景尤为重要,如处理安全性较高的系统。

(2)邻近性。

由于靠近信息源(如移动终端或传感器等),移动边缘计算特别适用于捕获和分析大数据中的关键信息,由于它可以直接访问设备,因此容易直接衍生特定的商业应用。

(3)低时延性。

由于边缘服务在靠近终端设备的边缘服务器上运行,因此可以大大降低时延。这使得服务响应更迅速,同时改善了用户体验,大大减少了网络其他部分的拥塞。

(4)位置感知性。

当网络边缘是无线网络的一部分时,不管是 Wi-Fi 还是蜂窝网络,本地服务都可以利用低等级的信令信息确定每个连接设备的位置,这将催生一整套业务用例,包括基于位置的服务等。

(5)网络上下文感知性。

应用和服务都可以使用实时网络数据(如无线网络环境、网络统计特征等)提供上下文相关的服务,区分和统计移动宽带的用户使用量,计算出对应的消费情况,进而将其货币化。因此,可以基于实时网络数据开发新型应用,以将移动用户和本地兴趣热点、企业和事件等连接。

另外,根据网络接入方式的不同,有不同的方法来实现移动边缘计算。对于室外场景,宏小区提供商将安全计算和虚拟化能力直接嵌入。无线接入网络元件。这种应用与无线设备集成允许运营商快速地提供新型网络功能,加速 OTT(Over The Top)服务,以及实现各种新型高价值服务,而这种服务通常在移动网络的关键位置执行。在室外场景下,移动边缘计算的优势如下。

(1) 通过降低时延、提高服务质量和提供定制服务来提高移动用户的体验。

(2) 利用更智能和优化的网络来提高基础设施的效率。

(3) 启用垂直服务,特别是与机器到机器、大数据管理、数据分析、智慧城市等相关的垂直服务。

(4) 与无线设备紧密集成,使其易于了解流量特征和需求、处理无线网络、获取终端设备位置信息等。

对于室内场景,如 Wi-Fi 和 4G/5G 接入点,移动边缘计算采用强大的内部网关形式,提供专用于本地的智能服务。通过轻量级虚拟化,这些网关运行应用并安装在特定位置来提供多种服务。

(1) 机器对机器(Machine to Machine,M2M)场景。

连接到多种传感器,移动边缘计算服务可以处理多种监视活动(如空调、电梯、温度、湿度、接入控制等)。

(2) 零售解决方案。

具有定位和与移动设备通信的能力,可以向消费者和商场提供更有价值的信息。例如,基于位置传送相关内容,增强现实体验,改善购物体验或者处理安全的在线支付等。

(3) 体育场、机场、车站和剧院。

特定服务可以用来管理人员聚集的区域,特别是处理安全、人群疏散或者向公众提供新型服务。例如,体育场可以向公众提供实况内容,机场可以利用增强现实服务来引导旅客进入他们的值机口,等等。所有这些应用都将利用本地数据和环境去设置,以符合用户需求。

(4) 大数据分析。

在网络关键点收集的信息可以作为大数据分析的一部分,以更好地为用户提供服务。

电信运营商普遍认为,移动边缘计算将有望创造、培育出一个全新的价值链及一个充满活力的生态系统,从而为移动网络运营商、应用及内容提供商等提供新的商业机遇。基于创新的商业价值,移动边缘计算价值链将使其中各环节的从业主体更为紧密地相互协作,更深入地挖掘移动宽带的盈利潜力。在部署了移动边缘计算技术之后,移动网络运营商可以向其第三方合作伙伴开放无线接入网络的边缘部分,以方便其面向普通大众用户、企业用户以及各个垂直行业提供各种新型应用及业务服务,而且移动网络运营商还可采取其内置的创新式分析工具实时监测业务使用状况及服务质量。对于应用开发者及内容提供商而言,部署了移动边缘计算技术的无线接入网络边缘为其提供了这样一种优秀的业务环境:低时延,高带宽,可直接接入实时无线及网络信息(便于提供情境相关服务)。

总之,移动边缘计算技术使电信运营商通过高效的网络运营及业务运营(基于网络与用户数据的实时把握),避免被互联网服务提供商管道化和边缘化。

移动互联网和物联网应用需求的发展催生了多个相似解决方案,如移动边缘计算、移动云计算(MCC)、雾计算(FC)、Cloudlet(微云)、Follow Me Cloud(随我云)等。在上述解决方案中,移动边缘计算更受学术界和产业界的青睐,已经被视为蜂窝基站现代化的关键推动者,这使得边缘服务器和蜂窝基站能够协同工作。边缘服务器既可以单独运行,也可以与远端云数据中心协同运行。

为了更好地理解移动边缘计算,下面简要介绍几个相似的解决方案。

(1)移动云计算是指通过移动网络以按需、易扩展的方式获得所需的基础设施、平台、软件(或应用)等的一种信息技术资源或(信息)服务的交付与使用模式。移动终端设备与传统的桌面计算机相比,用户更倾向于在移动终端上运行应用程序。然而,大多数移动终端受到电池寿命、存储空间和计算资源的限制,因此,在某些场合,需要将计算密集型的应用程序迁移至移动终端外(即云计算中心)执行,而非在本地(移动终端本身)执行。对应于这种需求,云计算中心需要提供必要的计算资源执行被迁移的应用程序,同时将执行结果返回给移动终端。总而言之,移动云计算结合了云计算、移动计算和无线通信的优势,提高了用户的体验,并为网络运营商和云服务提供商提供了新的商业机会。

(2)雾计算被视为云计算模型从核心网到边缘网络的一个扩展,它是高度虚拟化的,位于终端设备和传统的云服务器之间,为用户提供计算、存储和网络服务。在雾计算中,大量异构的(如无线连接,且有时是自治的)、物理上广泛分布的、去中心化的设备可以相互通信并能够相互协作,在网络的辅助下,无须第三方参与即可处理、存储和计算任务。这些任务可以支持基本的网络功能和新型应用或服务,而且它们可以运行于沙箱中。不仅如此,参与者会因参与任务而得到一定形式的激励。雾计算的网络组件如路由器、网关、机顶盒、代理服务器等,可以安装在距离物联网终端设备和传感器较近的地方。这些组件可以提供不同的计算、存储、网络功能,支持服务应用的执行。雾计算依靠这些组件,可以创建分布于不同地方的云服务。雾计算能够考虑服务时延、功耗、网络流量、资本和运营开支、内容发布等因素,促进了位置感知、移动性支持、实时交互、可扩展性和可互操作性。相对于单纯使用云计算而言,雾计算能更好地满足物联网的应用需求。

(3) 微云(Cloudlet)是一个小型的云数据中心,位于网络边缘,能够支持用户的移动性,其主要目的在于通过为移动设备提供强大的计算资源和较低的通信时延,来支持计算密集型和交互性较强的移动应用。它具有三层架构,分别是移动设备、Cloudlet 服务器和云计算中心。一个 Cloudlet 服务器可以被视为一个在沙箱中运行的计算中心,它相当于把云服务器搬到距离用户很近的地方(通常只有一跳的网络距离)。由于智能移动设备的不断增多,越来越多的复杂应用在移动设备上运行,然而,大多数的智能移动设备受到能量、存储和计算资源的限制,不能灵活运行这些应用。Cloudlet 可以提供必要的计算资源,支撑这些靠近终端用户的移动应用程序远程执行,为移动用户提供较高的服务质量。

(4) 移动边缘计算主要是让边缘服务器和蜂窝基站相结合,可以和远程云数据中心连接或者断开。移动边缘计算配合移动终端设备,支持网络中 2 级或 3 级分层应用部署。移动边缘计算旨在为用户带来自适应和更快初始化的蜂窝网络服务,提高网络效率。移动边缘计算是 5G 通信的一项关键技术。移动边缘计算旨在灵活地访问无线电网络信息,进行内容发布和应用部署。

2. 边缘计算的发展历程

在边缘计算出现之前,研究人员为了解决云计算中心面临的计算高负载问题,基于传输的网络带宽问题等提出了各种各样的技术,主要包括分布式数据库模型、对等网络计算(Peer-to-Peer Computing)模型、内容分发网络(Content Delivery Network)模型、移动边缘计算(Mobile Edge Computing)模型、雾计算(Fog Computing)模型及海计算(Sea Computing)模型。

(1) 分布式数据库模型是数据库技术与网络技术结合的产物,已经成为数据库研究领域的一个重要分支,最早的研究可以追溯到 20 世纪 70 年代中期。自 20 世纪 90 年代以来,分布式数据库系统也已经逐步进入商品化的应用阶段,传统的关系数据库产品均发展成以计算机网络及多任务操作系统为核心的分布式数据库产品。同时,分布式数据库也在逐步向客户端/服务端模式发展。分布式数据库不再局限于单台机器,可以部署在多台机器上,以此来提高数据库的访问性能。按照数据库的结构可以分为同构和异构系统。按照处理的数据类型可以分为 SQL、NoSQL、基于可扩展标记语言以及 NewSQL 数据库。

(2) 在对等网络计算模型中,计算机可以同时充当客户端以及服务器。因此,计算机相互之间可以不经过中央服务器而直接进行通信,这种方式可以极大地降低计算机和网络的工作负载。对等计算在 2000 年首次出现在公众的视野当中,其最开始主要用于实现文件共享系统,并慢慢发展成为分布式系统的重要研究子领域。该领域的主要成果包括:分布式哈希表、广义 Gossip、多媒体流技术。

(3)内容分发网络模型于 1998 年被阿卡迈公司提出。内容分发网络通过在网络边缘部署缓存服务器以降低数据下载延迟,减小网络中冗余数据的重复传输,加速内容交付过程。内容分发网络模型被提出后,在学术界和工业界引起了强烈反响和高度关注,此后处于迅速发展状态。如阿卡迈公司研发的中国内容分发网络,不仅降低了供应商的组织运营压力,并且带来了高质量的用户交互体验。随后,有研究人员提出了一种主动内容分发网络,其通过对传统内容分发网络进行改进,使得内容提供商不再需要预测资源配置以及决定资源的位置。

(4)移动边缘计算指的是在接近移动终端设备的无线局域接入网范围内,为用户提供信息技术服务和云计算能力的一种网络结构,并已经成为一种标准化、规范化的技术。2014 年,欧洲电信标准协会(European Telecommunications Standards Institute,ETSI)提出移动边缘计算术语的标准化。通过利用移动边缘计算,可以将计算密集型的计算任务迁移到其邻近的边缘服务器上执行。

(5)雾计算模型是思科在 2012 年提出的一种新型计算模型,思科将能够迁移云计算中心的任务到网络边缘设备执行的高度虚拟化计算平台定义为雾计算。雾计算介于云计算和本地计算之间,是对云计算的扩展和补充。雾计算可以避免云计算中心和移动终端设备之间的频繁通信。通过部署雾计算服务器,可以显著地降低主干网络的带宽负载以及本地移动终端设备的能耗。此外,雾计算服务器可以通过网络和云计算中心相互连接,进而使用云计算中心的各种丰富资源。

(6)海计算模型。随着大数据时代的到来,尤其是万物互联网的到来,每天产生的数据量已经攀升至 ZB 级别,并且还在不断上升。因此网络传输、存储以及服务器的计算处理能力都面临着巨大的挑战。中国科学院针对这一挑战,于 2012 年10 月启动了 10 年战略优先研究倡议,并将其命名为下一代信息与通信技术倡议。

3. 边缘计算的主要特点

(1)连接性。

连接性是边缘计算的基础。所连接物理对象的多样性及应用场景的多样性,需要边缘计算具备丰富的连接功能,如各种网络接口、网络协议、网络拓扑、网络部署与配置以及网络管理与维护。连接性需要充分借鉴吸收网络领域先进的研究成果,如 TSN、SDN、NFV、Network as a Service、WLAN、NB-IoT、5G 等,同时还要考虑与现有的各种工业总线的互联互通。

（2）低带宽成本。

边缘计算中的一些计算密集型应用（移动增强现实或移动游戏等）会产生大量需要处理的数据，如果这些数据不经过任何处理就直接发送到遥远的云数据中心，将会产生过高的网络传输成本。

此外，随着智慧城市的建设和社会公共安全的需要，视频监控设备数目的增多以及监控视频的数据规模的不断扩大，直接上传到云计算中心的做法变得不再通用。通过利用边缘计算的技术，将部分或全部的视频处理任务放在视频监控数据终端来完成，不仅可以减少网络带宽成本，还可以显著降低对海量数据的搜索耗时。

（3）低时延性。

边缘计算通过将计算资源和存储资源等部署在靠近用户的网络边缘，使得用户的复杂计算无须经过网络传输至核心网处理，以降低时延。在边缘计算中，将一部分计算任务卸载到边缘服务器直接进行处理，这不仅在一定程度上缓解了主干网络的传输压力，还降低了用户的通信时延。在视频传输和 VR 等时延敏感型应用中，通过在靠近用户的基站或无线接入点附近部署边缘服务器，可以极大地减小用户从应用请求发出到应用请求被执行的时间间隔，从而改善应用程序的服务质量。

近年来，在自动驾驶领域中，相关应用对数据传输与交互时延的要求也非常高。每台自动驾驶汽车上都配有多颗摄像头和激光雷达，这些传感器无时无刻不在产生大量数据。在自动驾驶过程中，如果等待这些数据传输到云计算中心处理后再做决策，那么将会产生严重的后果。这时边缘计算就成为自动驾驶中实时数据处理的利器。当汽车遇到故障或危险时，传感器能够迅速发出故障信息，然后将其发送到本地网关进行处理。网关在识别出故障后的几毫秒或几秒内发出警报或指令以关闭机器。边缘计算在自动驾驶领域可快速处理数据、实时做出判断，充分保障乘客安全。

4．协同调度基础

（1）计算切分。

在传统的云计算中，计算切分已经被广泛研究。其旨在优化应用的计算切分方案，从而最小化应用程序的执行时间或移动终端的能量消耗。该领域最初关注和研究的是单个用户任务的计算切分问题，后来开始关注和研究多用户计算切分模型。其中，多用户计算切分模型考虑存在多个用户竞争资源的情况，例如云端的计算服务器，云端与用户之间的网络带宽或物理层通信资源。

此外，多用户之间所存在的资源竞争使得各用户切分方案的决策存在相互影响的情况。在现有的计算切分相关研究中,一个可卸载的应用程序可以被看作是由具有不同粒度级别和依赖性的多个计算单元组成。对应用程序的切分可以从不同的角度出发,主要分为方法级别、线程级别、代码级别、类级别以及任务级别。通过对不同的应用进行切分而得到的各个计算模块可能存在优先级的约束。通常,这种模块化切分的应用程序可以通过图模型来表征,图模型中的每一个顶点表示应用程序的单个计算模块,而图中边的方向和边的权重分别表示模块之间的执行顺序关系和两个模块之间的数据传输耗时。一些基于图或网络的理论模型以及算法,可以帮助降低应用程序的响应延迟,减少网络开销或节省移动终端设备的能量消耗。

对于模块化可分割应用程序,在进行计算切分和分发决策之前需要预先确定计算模块的数量、每个模块的计算量大小和相互之间的依赖关系。针对模块化可分割应用程序中计算数据和计算任务的切分,Google 的 Map Reduce 提出了一个简单的编程抽象,并对开发人员隐藏了分布式与并行计算的复杂实现细节。在 Dryad 中,其提供的应用程序模型比 Map Reduce 更加通用。但是 Map Reduce 和 Dryad 的框架不适用于交互式应用程序(实时操作/查询系统)和开发移动流应用程序。诸如 Aurora、Borealis 和 TelegraphCQ 等系统为数据流的连续查询提供了支持。这些系统在处理流数据的过程中具有自适应性,并考虑了实时约束。但是,这些工作并不适用于边缘计算,因为它假设一个应用程序的所有计算都在云端执行,并且不提供灵活的自适应机制,以实现在客户端和云上运行计算。

此外,针对应用程序的负载可切分性,Veeravalli 等人将应用程序切分为多个部分,其中每个部分可以由服务器独立执行。负载可切分性应用可以是那些本质上可分的应用,也可以是由许多相对较小的独立任务组成的近似。切分方案能够实现计算卸载的精细粒度。应用程序切分问题的研究工作已经进行了很长一段时间,但是这些工作只考虑了静态应用程序切分问题,随后又有研究人员扩展了这些工作以支持动态应用程序切分。他们认为,移动客户端在访问远程数据和服务时,可能面临网络状况和本地资源可用性的快速变化。为了使应用程序和系统能够在这样的动态环境中继续运行,客户端和云端必须能够自适应地响应移动环境的变化。Zhang 等人提出了一种新的弹性应用程序模型,可以通过帮助移动终端设备访问并利用云资源,来增强资源受限的移动终端设备的计算能力。Giurgiu 等人提出了一种技术,可以显著优化在移动终端设备上使用云应用程序的性能。

(2)计算卸载。

在云计算系统当中,计算卸载的一般策略是将计算密集型的任务卸载至计算资源丰富的云计算中心设备上执行。在万物互联的环境下,如果将边缘设备所产生的海量数据全部通过网络传输至云计算系统中的云中心进行计算,不仅会增加高额的网络传输开销,还会给云计算中心带来过高的负载。云计算中心的计算时延较边缘设备的计算时延可能高几个数量级,尤其在万物互联环境下,海量数据的传输开销将会大大限制云计算系统的整体性能。边缘计算中的计算卸载策略的出发点是处理云计算系统亟待解决的问题,可以帮助计算密集型任务(或应用程序功能)在移动终端设备和边缘服务器上合理分配各自的计算任务。因此,边缘计算中的计算卸载策略以减少网络传输数据量为出发点,并保证边缘计算中的服务器处于一个相对合理的负载下。计算卸载是一个复杂的处理过程,其不仅和用户的行为偏好以及用户移动终端设备的计算能力有关,还和无线电、回程连接质量、当前网络带宽和服务器的可利用性等因素有关。

在实际的应用场景当中,计算卸载的几个关键问题如下。

① 计算任务是否可以卸载。

② 按照何种策略进行卸载。

③ 卸载哪些计算任务。

④ 执行部分卸载还是完全卸载等。

计算卸载的规则和方式需要结合实际应用中的具体模型。首先,应该考虑应用是否可以利用计算卸载。然后针对可以完成计算任务卸载的应用,思考是否能够通过相关的技术手段获得应用处理所需的准确数据量大小,以及能否高效地协同处理计算卸载。此外,计算卸载技术还可以综合考虑能源消耗、边缘设备的计算时延、网络带宽的使用情况和传输数据量等因素,寻找最合适的计算卸载方案。计算卸载的关键问题是决定是否应该卸载、应该卸载什么以及应该卸载多少。

按照应用的卸载方式不同,将会有如下三种情况。

① 本地执行。其意味着所有模块都将在本地完成相应的计算。模块的计算卸载策略并未执行,可能是由于当前时刻的服务器计算资源不可用,也可能是由于网络繁忙,或者是设备问题导致卸载不成功。

② 部分卸载。通过适当的策略和处理技术,将一个应用的部分计算模块部署在本地执行,一部分计算模块卸载到边缘服务器上执行。

③ 完全卸载。其意味着一个应用的所有计算模块都将会被卸载到边缘服务器上执行,并将最终的结果返回给移动设备。需要注意的是,如果此时的边缘所提供的服务器资源远小于实际用户所需要的服务器资源,将会出现高延迟现象。

边缘计算的一般计算策略是在网络边缘处,首先对边缘系统的边缘设备采集或产生的数据进行预处理操作,预处理操作的数据可以是部分或者全部数据,接着对计算中的无用数据进行过滤,这将在一定程度上降低数据传输所消耗的带宽资源。另外,我们可以设计合适的策略,使边缘系统能够根据边缘设备当前的计算能力完成动态的任务划分,防止大量的计算任务被卸载到边缘计算系统中的同一台边缘服务器上,导致任务过载,进而影响系统的性能。

(3) 任务调度。

传统的调度算法主要包括先到先服务(First Come First Served,FCFS)调度策略、短作业优先调度策略和优先权调度算法。当 FCFS 调度策略被用于任务调度时,每轮调度的策略是,从待选的任务队列中按任务的到达时刻顺序依次选择一个或若干个最先进入该队列的任务,为它们分配相应的计算资源。在短作业优先调度策略中,首先预估待执行任务队列中各任务的执行时间,然后从中选择一个或多个估计运行时间最短的任务,为它们分配相应的计算资源。此外,在经典的调度策略中,除了按照任务或者进程的最先到达时间进行任务或进程选取的 FCFS 调度策略之外,还可以使用优先权调度策略。将此策略用于任务调度时,首先需要设计任务优先权重的计算方法,然后从备选任务队列中选择权重大于某一阈值的任务,并为之分配计算资源。

任务调度算法中最经典的启发式算法之一是异构最早完成时间算法(HEFT),它包含两个主要执行阶段。首先,通过综合考虑每个任务的平均执行和通信时间,进行排序后选择排名靠前的任务。然后,根据基于插入的方法选择具有最小执行时间的服务器,以最小化给定任务的最早完成时间。由于该算法只关心任务的最小完成时间,而忽视了服务质量(QoS)等约束,所以一些工作开始考虑结合 QoS 约束来扩展该算法。例如,预算约束的异构最早完成时间(BHEFT)算法考虑了时间和预算的最后期限,其在服务选择阶段制定相应规则,以便在最早的完成时间内获得价格合理的服务。类似的,异构预算约束调度(HBCS)算法用于解决单目标调度问题,其中的优化目标为处理时间,预算被设置为约束。与 BHEFT 的第二阶段不同,HBCS 考虑了所有服务器的预算和完成时间,以评估应选择哪一个服务器。虽然 BHEFT 和 HBCS 通过扩展 HEFT 算法解决了约束问题,但它们都只专注于单目标优化。

相比以往的云计算,边缘计算下的服务器资源和网络资源是有限的。为了优化边缘计算下的资源利用率、降低应用的延迟、减少能源的消耗以及优化任务处理的整体执行方案,选取合适的调度策略显得尤为重要。边缘计算系统的调度策略与传统分布式系统的调度策略具有一定程度上的相似性和差异性。相似性主要表现在处理各个节点的计算任务和资源时,边缘计算系统和传统分布式系统具有十分相似的特点。差异性主要体现在边缘计算系统中资源的异构性。不同于云计算系统下的调度策略,边缘计算系统的调度策略还受到其自身计算资源条件的限制。

此外,更加复杂的边缘计算调度策略还可以根据用户所处的实时位置所造成的执行应用程序的额外开销来执行不同的调度策略。在现有的边缘计算系统中,如何高效利用计算资源是重要的研究领域之一。优秀的边缘计算调度策略,不仅可以保证最大化资源的利用率,也可以保证边缘系统中用户应用程序的执行时间尽可能短,在一定程度上改善服务质量。

第2节　移动边缘计算与5G

为了更好地适应未来大量移动数据的爆炸式增长,并加快新服务、新应用的研发,第五代移动通信(5G)网络应运而生。5G作为满足今后移动通信需求的新一代移动通信网络,已经成为国内外移动通信领域的研究热点。欧盟在第七框架计划中启动了面向5G研发的METIS项目。

在高速发展的移动互联网和不断增长的物联网业务需求的共同推动下,要求5G具备低成本、低能耗、安全可靠的特点,同时传输速率应当提升10～100倍,峰值传输速率达到10Gb/s,端到端时延达到毫秒级,连接设备密度提升10～100倍,流量密度提升1000倍,频谱效率提升5～10倍,能够在500km/h的速度下保证用户体验。5G将使信息通信突破时空限制,给用户带来更好的交互体验:大大缩短人与物之间的距离,并快速地实现人与万物的互通互联。5G移动通信将与其他无线移动通信技术密切结合,构成无处不在的新一代移动信息网络,5G呈现出如下新特点。

(1)室内移动通信业务已占据应用的主导地位,5G室内无线覆盖性能及业务支撑能力将作为系统优先设计目标。

(2)与传统的移动通信系统理念不同,5G研究将更广泛的多点、多用户、多天线、多小区协作方式组网作为突破的重点,从而在体系架构上寻求系统性能大幅度的提高。

(3)5G研究将更加注重用户体验,网络平均吞吐速率、传输时延以及对虚拟现实、3D等新兴移动业务的支撑能力都将成为衡量5G系统性能的关键指标。

为了满足高带宽、低时延等业务需求,作为5G关键技术之一的移动边缘计算已经受到学术界和产业界的广泛关注,移动边缘计算为网络边缘入口的服务创新提供了很大的可能性。4G/5G时代,各式各样的应用对网络的要求越来越高,而移动边缘计算可以提供一个强大的平台,为这些应用提供有力支撑。

我们可以从以下几个角度,如业务和用户感知、跨层优化、网络能力开放、C/U分离、网络切片等5G趋势技术,来分析移动边缘计算对5G发展的促进作用。

1. 移动边缘计算与核心网业务和用户感知共同推动5G管道智能化

传统的运营商网络是"哑管道",资费和商业模式单一,对业务和用户的管控能力不足。面对该挑战,5G网络智能化发展趋势的重要特征之一就是内容感知,通过对网络流量的内容进行分析,可以增加网络的业务黏性、用户黏性和数据黏性。业务和用户感知也是移动边缘计算的关键技术之一,通过在移动边缘对业务和用户进行识别,可以优化利用本地网络资源,提高网络服务质量,并且可以为用户提供差异化的服务,带来更好的用户体验。与核心网的内容感知相比,移动边缘计算的无线侧感知更加分布化和本地化,服务更靠近用户,时延更低,同时业务和用户感知更有本地针对性。但是,与核心网设备相比,移动边缘计算服务器的能力更受限。移动边缘计算对业务和用户的感知,将促进运营商由传统的哑管道向 5G 智能化管道发展。

2. 移动边缘计算有效推动跨层优化

跨层优化是提升网络性能和优化资源利用率的重要手段,在现有网络以及 5G 网络中都能起到重要作用。移动边缘计算可以获取高层信息,同时由于靠近无线侧而容易获取无线物理层信息,十分适合做跨层优化。目前移动边缘计算跨层优化的研究主要包括视频优化、TCP 优化等。移动网络中视频数据的带宽占比越来越高,这一趋势在未来的 5G 网络中将更加明显。当前对视频数据流的处理是将其当作一般网络数据流进行处理,有可能造成视频播放出现过多的卡顿和延迟。而通过靠近无线侧的移动边缘计算服务器估计无线信道带宽,选择适合的分辨率和视频质量来做吞吐率引导,可大大提高视频播放的用户体验。另一类重要的跨层优化是 TCP 优化。TCP 类型的数据目前占据网络流量的 $95\% \sim 97\%$。但是,目前常用的 TCP 拥塞控制策略并不适用于无线网络中快速变化的无线信道,容易造成丢包或链路资源浪费,难以准确跟踪无线信道状况的变化。通过 MEC 提供无线低层信息,可帮助 TCP 降低拥塞率,提高链路资源利用率。其他的跨层优化还包括对用户请求的 RAN 调度优化(如允许用户临时快速申请更多的无线资源),以及对应用加速的 RAN 调度优化(如允许速率遇到瓶颈的应用程序申请更多的无线资源)等。

3. 移动边缘计算有力地支撑了 5G 网络能力开放

网络能力开放旨在实现面向第三方的网络友好化,充分利用网络能力,互惠合作,是 5G 智能化网络的重要特征之一。除了 4G 网络定义的网络内部信息、服务质量控制、网络监控能力、网络基础服务能力等方面的对外开放外,5G 网络能力开放将具有更加丰富的内涵,网络虚拟化、软件定义网络技术以及大数据分析能力的引入,也为 5G 网络提供了更为丰富的可以开放的网络能力。由于当前厂商设备各异,缺乏统一的开放平台,导致网络能力开放需要对不同厂商的设备分别开发,加大了开发工作量。欧洲电信标准协会对移动边缘计算的标准化工作中,很重要的一块就是网络能力开放接口的标准化,包括对设备的南向接口和对应用的北向接口。移动边缘计算将对5G网络的能力开放起到重要支撑作用,成为能力开放平台的重要组成部分,从而促进能力可开放的5G网络的发展。

4. C/U分离技术有利于推动移动边缘计算的实现

移动边缘计算由于将服务下移,流量在移动边缘就进行本地化卸载,计费功能不易实现,也存在安全问题。而C/U分离技术通过控制面和用户面的分离,用户面网关可独立下沉至移动边缘,自然就能解决移动边缘计算计费和安全问题。所以,作为5G趋势技术之一的C/U分离,同时也是移动边缘计算的关键技术,可为移动边缘计算计费和安全提供解决方案。移动边缘计算相关应用的按流量计费功能和安全性保障需求,将促使5G网络的C/U分离技术的发展。

5. 移动边缘计算有利于驱使5G网络的切片发展

网络切片作为5G网络的关键技术之一,目的是区分出不同业务类型的流量,在物理网络基础设施上建立起更适应于各类型业务的端到端逻辑子网络。移动边缘计算的业务感知与网络切片的流量区分在一定程度上具有相似性,但在流量区分的目的、区分精细度、区分方式上都有所区别。移动边缘计算与网络切片的联系还在于,移动边缘计算可以支持对时延要求最为苛刻的业务类型,从而成为超低时延切片中的关键技术。移动边缘计算对超低时延切片的支持,丰富了实现网络切片技术的内涵,有助于驱使5G网络切片技术加大研究力度、加快发展。

在未来,5G系统还将具备足够的灵活性,具有网络自感知、自调整等智能化能力,以应对信息社会的快速变化,而这更需要移动边缘计算技术相关研究的支持。

6. 移动边缘计算研究的问题

移动边缘计算研究的问题可以分为7方面,包括特征(Characteristics)、参与者(Actors)、接入技术(Access Technologies)、应用(Applications)、目标(Objectives)、计算平台(Computational Platforms)及关键使能(Key Enablers)技术。

(1) 特征。

移动边缘计算有如下几个属性特征。

① 紧邻性。在移动边缘计算中,移动设备通过无线接入网等接入边缘网络。移动设备也可以通过机器对机器通信连接到附近的设备,同时移动设备还可以连接到位于移动基站的边缘服务器。由于边缘服务器紧邻移动设备,它可以提取设备信息,分析用户行为模式,进而提高服务质量。

② 部署密集性。移动边缘计算在网络边缘提供信息技术和云计算服务,在地理上是广泛分布的,这些分散的基础设施对移动边缘计算有多方面的好处。服务可以基于用户移动性提供,而无须跨越整个广域网。

③ 低时延性。移动边缘计算的一个目标是减少访问核心云的时延。在移动边缘计算中,应用程序托管在位于边缘网络的移动边缘服务器或云计算中心。与核心网相比,边缘网络的可用带宽高,可以减少网络的平均时延。

④ 位置感知性。当移动设备靠近边缘网络时,基站可以采集用户移动模式,同时预测未来的网络状况。应用开发者可以利用用户位置,给用户提供上下文感知服务。

⑤ 网络上下文感知性。实时的无线接入网信息(如订阅者位置、无线网络状况、网络负载等)可以用来为用户提供与上下文相关的服务。无线接入网信息可以被应用开发者和内容提供商用来提供服务,从而提高用户满意度和体验质量。

(2) 参与者。

移动边缘计算环境由许多具有不同角色的个人和组织组成,这有助于建立一个在无线接入网范围内提供上下文感知、低时延、按需云服务的平台。移动边缘计算的总体目标是为所有参与者带来可持续发展的商业模式,并使全球市场增长。一些参与者是应用开发商、内容提供商、移动用户、移动边缘服务提供商、软件供应商和 OTT 玩家。

(3) 接入技术。

在移动边缘计算环境中,移动设备通过蜂窝网络或 Wi-Fi 接入点等无线通信与其他设备或边缘网络进行通信。由于网络部署密集,用户可以通过切换任何可用的接入网络连接到边缘网络。

(4) 应用。

移动边缘计算拥有提供一系列应用的巨大潜力,其最近的应用可以被分为计算卸载、协同计算、物联网中的内存复制和内容分发。这些应用程序在边缘网络执行计算,从而利用高带宽改善网络时延。上述应用程序利用网络上下文信息,在用户处于移动状态时也可以提供不同的服务,进而提升用户满意度。

① 计算卸载。许多移动应用程序是计算密集型的,如人脸识别、语音处理、移动游戏等。但是,在资源受限的设备上运行计算密集型应用程序要消耗大量的资源和电量。不是在移动主机上运行,而是部分计算被迁移至云数据中心,并在成功执行任务后返回结果。由于边缘设备和核心云之间的通信需要长时间的时延,在移动边缘计算中,资源有限的服务器被部署在网络边缘,因此,计算密集型任务被迁移。

② 协同计算。协同计算使许多个人和组织在分布式系统中相互协作。在当

前场景中,协同计算的应用范围涵盖从简单的传感设备到远程机器人手术。在这种类型的应用中,设备的位置和通信时延在通信过程中至关重要。在移动边缘计算环境中,增强实时协同应用在边缘网络中提供了一个强大的实时上下文感知协作系统。

③ 内存复制。最近几年,长期演进技术(LTE)正在成为设备间的主要连接技术。物联网设备的计算和存储能力较差,这些设备从周围收集数据,并将其作为内存对象迁移至可扩展的云基础设施,以做进一步的计算。物联网设备的数量不断增长和高时延复制内存对象造成了网络瓶颈。移动边缘计算中的边缘网络为每个设备承载多个克隆云,把计算能力带到物联网设备附近,这样就减少了网络时延。

④ 内容分发。内容分发技术可以优化 Web 服务器上的 Web 内容,从而提供高可用性、高性能的服务和降低网络时延。传统的 Web 内容分发技术在优化完成后不能适应用户请求,而移动边缘计算可以基于网络状态和可用的网络负载动态优化 Web 内容。由于接近设备,边缘服务器可以利用用户移动性和服务体验来呈现内容优化。

(5)目标。

目标属性定义了移动边缘计算的主要目标。移动边缘计算的各个组成部分,如移动节点或网络运营商,都有不同的目标。移动节点试图借助移动边缘计算基础设施的计算和存储能力,来最小化移动设备的通信时延和能耗。网络提供商的目标是最小化基础设施的成本,并实现高吞吐量。

(6)计算平台。

计算平台属性表示移动边缘计算平台中的不同计算主机。在对等计算中,任务还被迁移至邻近移动设备。任务还可以被迁移至部署在边缘网络的边缘云。在移动边缘计算中,移动边缘服务器部署在每个基站。

(7)关键使能技术。

移动边缘计算技术的实现需要各种关键使能技术的支持。关键使能技术属性有助于在无线接入网内给移动用户提供上下文感知、低时延、高带宽服务的不同技术。

① 云与虚拟化。虚拟化允许在同一个物理硬件上创建不同的逻辑基础设施。位于网络边缘的云计算平台利用虚拟化技术创建不同的虚拟机,用于提供不同的云计算服务,如软件即服务、平台即服务和基础设施即服务。

② 大容量服务器。传统的大容量服务器或移动边缘服务器部署在边缘网络的每个移动基站。移动边缘服务器执行传统的网络流量转发和过滤,并且负责执行被边缘设备迁移的任务。

③ 网络技术。多个小蜂窝被部署在移动边缘计算环境中。Wi-Fi 和蜂窝网络

是用于连接移动设备和边缘服务器的主要网络技术。

④ 移动设备。位于边缘网络的便携式设备用于计算低强度的任务和与硬件相关(不能被迁移至边缘网络)的任务,还可以在边缘网络内通过机器与机器间的通信执行对等计算。

⑤ 软件开发工具包。拥有标准化应用程序接口的软件开发包有助于适应现有的服务,并促进新的弹性边缘应用的开发。这些标准的应用程序接口易于集成到应用程序的开发过程中。

第3节　移动边缘计算应用场景

云计算目前已被应用于各个行业,在不同程度上影响着人们的生活习惯和行为方式。云计算中心在理论上更是拥有着骇人的处理性能和不可估量的存储上限。

正是因为云计算中心的这些特点,物联网的发展才可以如此迅猛。物联网终端节点自身存储能力弱、续航能力非常有限,不适宜对大型任务进行存储和计算处理,云计算中心完美地弥补了物联网在这一方面的不足。但是,随着 IoT 终端数量的激增,海量数据的传输和存储会成为一件非常困难的事情,即使云计算有着超大的资源平台,也不能有效解决上述问题。云计算中心对用户始终开放这一特性,在终端节点频繁交互和共享数据的情境中,使得云计算中心不堪重负。智能穿戴设备、个人计算机、智能家电和智能传感器都在网络边缘,远离云计算中心,同时它们还具备一定的移动性。这些设备的通信请求和任务处理的请求往往会带来大量的通信资源开销和计算资源开销,它们任务的实时性也不能够得到很好的满足。

现今通信技术在飞速进步,移动终端有着越来越强的性能的同时,它们所产生的需求也在不断增加。终端用户个人隐私泄露的风险也在日益增加。因此,去中心化是成为云计算演变的一种趋势。利用网络边缘设备来完成一定量的数据分析、处理,减少数据传输,这就是之前提及的边缘计算。边缘终端设备既可以是计算产生的地方,也可以是计算执行的地方,在与源数据物理距离这一点上,终端节点比之云计算有着非常明显的优势。另外,随着物联网的不断发展、应用生态的日益变化、本地应用的不断衍生,边缘计算必将给人类社会带来长久的影响。边缘计算在云端任务卸载、边缘数据采集分析和本地内容分发、边缘协同等方面的应用,有着非常巨大的商业潜力。

1. 云端任务卸载

在云端任务卸载这一点上,现今的 IoT 终端设备具备不俗的计算处理以及信息存储的能力,云端任务可以自然而然地卸载至网络边缘。传统的内容分发网络(Content Delivery Network,CDN)将数据从云中心备份到边缘服务器,方便用户存取所需资源,减少了相当一部分的传输开销,边缘计算同样适用于这一理论。如若用户终端本身能够执行相应的计算任务,则可以实现零传输开销,这便是云端计算卸载在实际生活中的一种运用。

云端计算任务卸载的应用有许多,例如:在无人驾驶的车联网中,汽车上装载的智能芯片可以进行一定量级的路径实时规划,尽可能降低汽车位置的变化带来的传输开销和传输时延,安全系数也能得到保障;当用户在网络上购物时,其商城购物车是在实时变化的。如今,智能手机的性能越来越强,已经完全可以执行购物车变化这一部分的计算任务,实现云端计算任务卸载。

2. 数据边缘实时分析

如今,随着科技的飞速发展,移动智能手机、网络摄像头嵌入式软硬件和视频人像分析等软件的使用开始大量普及,也带来了入侵隐私等社会问题和因科技发展不足而产生的数据传输延迟等问题。因此,交通视频监控、视频面部识别与追踪等视频分析技术使得云计算不再是合适的分析技术手段,我们需要数据边缘实时分析。

由于我国的天网工程,县级地区主要部分部署有监控设备,而智能手机和4G、Wi-Fi,以及马上到来的5G等通信,使得网络覆盖更加广泛,传输更加迅速。庞大的数据网络和终端设备,使得视频人像可以在云端生成,通过通信网络发送到智能手机、摄像头等硬件终端,去进行搜索并将数据返回到云端,如此便完成了一次数据边缘实时分析。

因此相对于云计算,数据实时分析能通过云端的计算和终端的数据收集而更快获取到结果,如此可用于防御突发事件,比如地震、海啸、台风等,并通过快速的计算和传输,达到预防和应急的目的。

但是由于终端所处的环境一般较为复杂,例如海洋、森林、草原等,因此会产生终端设备损坏、网络可覆盖率不够、海量数据传输延迟高等问题。在以上环境中,在终端设备上收集数据便显得尤为重要。从网络边缘处理收集来的数据,可以第一时间进行分析处理,有助于终端快速响应。

3. 本地内容分发

有线网络和Internet的发展拓展了信息分享的应用范围,例如:终端可以通过网络将视频、音频、图片、文字等信息进行共享,也可以通过边缘服务器将需要传输的信息进行编辑,如网络直播中的字幕和广告。本地内容分发便是将某一种信息直接添加到视频上,而不是将视频和信息分别发送到服务器进行处理并发送回基站,此种方式大大减少了因为处理视频而产生的传输延迟。

4. 边缘的交互与协同

众所周知,边缘计算在终端交互、任务协同上都颇有建树。例如在追踪嫌疑犯的过程中,犯罪分子隐匿在人群中,要识别犯罪分子,我们就需要广泛的信息监控,在这样的情形下,我们身边部署的广泛的边缘网络,就为信息采集这重要的一环打下了坚固的基础。这些边缘网络存在的地理环境往往各不相同,逻辑上也不属于相同的系统,例如我们常见的家庭监控系统、街道监控系统等。

将各 IoT 终端组的设备网栅用以监控罪犯,可以多维度观测嫌疑犯的行动,性能强劲的 MEC 系统甚至能够预测嫌疑犯的行踪,给抓捕行动提供一个提前量。可以与其他各种类型的网络连接起来或者集成在一起,形成一个庞大的实时信息平台。在这个巨网中,无论是任何分支捕捉到异常,追踪嫌疑犯的系统就会立即捕获。以上多维度监测追踪是十分高效的,因为警方可以根据 MEC 系统提供的信息提前量,提早一步实施行动,部署抓捕方案。边缘计算相对于终端交互协同层面的优势,正是传统集中式计算的缺陷。

5. 预测性维护

传统的维护方式主要是事后维护和预防性维护,事后维护会导致业务中断,预防性维护采用人工例行检修,导致维护成本大幅度上升。以梯联网为例,全球有超过 1500 万部电梯在网运行,电梯维保和售后服务正成为电梯行业的"新蓝海",越来越多的电梯厂商转向整合产业链、依靠维保服务增加企业收入。但电梯通过事后维护和预防性维护的成本很高,且首次维护成功率低于 20%。为实现商业模式创新,电梯厂商必须通过数字化改造提升运维效率、降低运维成本。通过引入边缘计算,可以助力电梯厂商从传统的预防性维护升级到新一代实时预测性维护,从而实现产品向服务的价值延伸。

(1)预测性维护,降低维护成本。

以电梯为例,基于电梯内大量的传感器,可以对电梯运行状态实时感知。通过本地的边缘计算融合网关可以提供数据分析能力,第一时间发现设备的潜在故障。同时提供本地存活,一旦与云端连接发生故障,数据可以本地保存,连接恢复后,本地收敛数据自动同步到云端,确保云端可以对每部电梯形成完整视图。同时,采用预测性维护,减少维护工作量,降低劳动强度;提高设备的可靠性,延长设备的使用寿命;提高设备的利用率,减少维修费用,从而降低维护成本,提高企业的综合竞争力。

（2）安全保障。

提供覆盖终端、网关芯片、网关 OS、网络、数据的多重安全保护。

（3）产品向服务的延伸。

可以帮助电梯厂家改善产品质量、提升售后服务满意度；可以开放给楼宇物业等，帮助提供紧急救援等服务；可以为广告厂商等提供媒资传播平台。典型的行业应用场景包括电梯、特种车、数控机床、二次供水设备、能源预测性维护等。

6. 能效管理

随着世界经济的发展，发展需求与能源制约的矛盾愈加明显，能耗水平反映了一个国家或地区的经济发展水平和生活质量。在能源需求日趋紧张的情况下，如何实现建筑能耗量化管理以及效果评估，降低建筑物（包括空调、路灯照明、办公设备等）运行过程中所消耗的能量，从而降低运行成本，同时提高用户使用满意度，满足各大企业从提供产品向提供服务转型，成为各大企业或组织机构最为关注的问题。以路灯为例，世界上 80％的路灯厂商都准备向智能路灯转型，通过智能路灯节能减排，相关国家和国际组织也逐步在法律中明确建设绿色节能标准，如全球气候组织呼吁十年内完成全球路灯智能化改造，实现能耗减半。

照明、制冷、电器的过度无序使用，造成电能的大量浪费，传统的人工控制的方式无法根据实际环境的需求实时有序地控制照明及制冷系统，造成即使没有人也灯常亮、空调常开的情况，无谓地浪费大量的能源。因此迫切需要边缘计算根据实际环境和能效控制策略进行实时有序的控制，实现精细化管理，并定期与云端同步。通过引入边缘计算，能够为能效管理带来以下提升。

（1）更低的能源消耗。

通过实时能效控制有效降低建筑能耗，节约能源方面的开支。据澳大利亚墨尔本项目客户提供的数据，楼宇能效解决方案部署后，有效降低了约 60％的能耗。

（2）更低的维护成本。

实现能源信息采集自动化，节省人工采集费用，降低维护成本，智能路灯解决方案部署后，有效降低了 80％的维护成本。

（3）更高的可靠性。

多级可靠保证，控制计划和策略同步并存储在边缘侧，在云端控制出现异常时，保证正常工作和管理。同时，边缘侧能够实时监测路灯、开关、空调等采集设备的状态，进行可预测性维护，在设备可能出现故障时实时进行策略调整。

7. 智能制造

随着消费者对产品需求的日益提高，产品的生命周期越来越短，小批量多批次,具有定制化需求的产品生产模式将在一定程度上替代大批量生产制造模式,先前制造体系严格的分层架构已经无法满足当前的制造需求(如图 1-1 所示)。以某消费电子类产品的制造生产线为例,采用 PLC＋OPC 的模式构建,由于订单种类增加,单批次数量减少,导致平均每周的切单转产耗时 1~2 天;新工艺升级每年至少 3 次,设备更替每年近百次,导致的控制逻辑/工序操作重置、接口配置耗时5~12 周,严重影响了新产品上线效率。另外,制造智能化也是中国、美国、德国等世界主要制造大国未来 10 年的发展方向。以中国为例,到 2025 年,制造业的重点领域将全面实现智能化,试点示范项目的运营成本降低 50%,产品生产周期缩短50%。不良品率降低 50%。制造智能化首先需要加强制造业 ICT 系统和 OT 系统之间的灵活交互,显然先前的制造体系也无法支撑全面智能化。

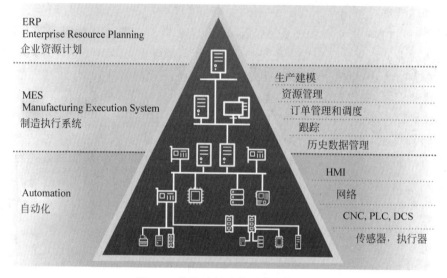

图 1-1　传统的制造体系分层架构

　　边缘计算能够推动智能制造的实现。如图 1-2 所示,边缘计算在工业系统中的具体表现形式是工业 CPS 系统。该系统在底层通过工业服务适配器,将现场设备封装成 Web 服务;在基础设施层,通过工业无线和工业 SDN 网络,将现场设备以扁平互联的方式连接到工业数据平台中;在数据平台中,根据产线的工艺和工序模型,通过服务组合对现场设备进行动态管理和组合,并与 MES 等系统对接。工业 CPS 系统能够支撑生产计划,灵活适应产线资源的变化,支持旧的制造设备快速替换与新设备上线。

　　通过引入边缘计算,能够为制造业带来以下提升。

　　(1) 设备灵活替换。

　　通过 Web 互操作接口进行工序重组,实现新设备的即插即用,以及损坏设备

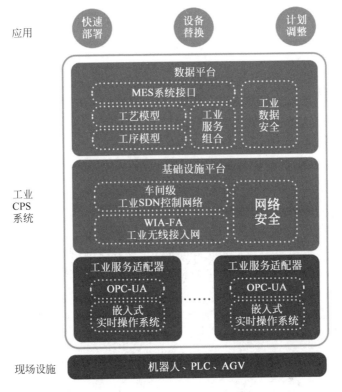

图 1-2　引入边缘计算后的系统架构

的快速替换。减少人力投入 50%(取消了 OPC 配置工作,工作量下降一半),实施效率提升 1 倍。

(2) 生产计划灵活调整。

通过生产节拍、物料供给方式的自动变化,来适应每天多次的计划调整,消除多个型号的混线切单,降低物料路径切换导致的 I/O 配置时间损耗。

(3) 新工艺/新型号快速部署。

通过 Web 化的工艺模型的自适应调整,消除新工艺部署带来的 PLC(涉及数百个逻辑块、多达十几层嵌套判断逻辑)重编程、断电启停、数百个 OPC 变量修改重置的时间,新工艺部署时间缩短 80%以上。

第 **2** 章

MEC总览

第1节　系统整体架构

如图 2-1 所示,MEC 系统位于无线接入点及有线网络之间。在电信蜂窝网络中,MEC 系统可部署于无线接入网与移动核心网之间。MEC 服务器是整个系统的核心,基于 IT 通用硬件平台构建。MEC 系统可由一台或多台 MEC 服务器组成。MEC 系统基于无线基站内部或无线接入网边缘的云计算设施(即边缘云)提供本地化的公有云服务,并能连接位于其他网络(如企业网)内部的私有云,从而形成混合云。

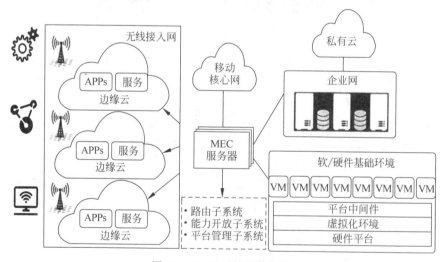

图 2-1　MEC 系统整体架构

MEC 系统基于特定的云平台(例如 OpenStack)提供虚拟化软件环境,用以规划管理边缘云内的 IT 资源。第三方应用以虚拟机(Virtual Machine,VM)的形式部署于边缘云或者在私有云内独立运行。无线网络能力通过平台中间件向第三方应用开放。MEC 系统只对边缘云的 IT 基础设施进行管理,对私有云仅提供路由连接及平台中间件调用能力。

1. 系统基本构成

如图 2-2 所示,MEC 系统的基本组件包括路由子系统、能力开放子系统、平台管理子系统及边缘云基础设施,这些组件以松耦合的方式构成整个系统。其中,前3 个子系统可集中部署于一台 MEC 服务器,或者采用分布式方式运行在多台MEC 服务器上,边缘云基础设施由部署在接近移动用户位置的小型或微型数据中心构成。在分布式运行状态下,路由子系统也可以基于专用的网络交换设备(例如交换机)进行构建。

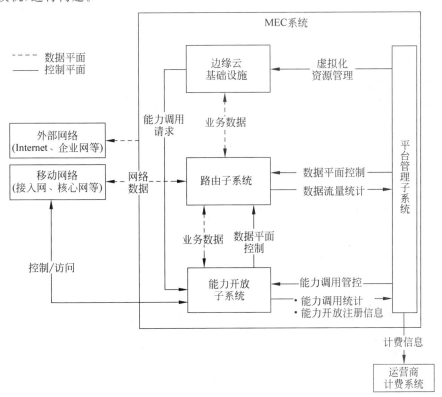

图 2-2　MEC 系统基本构成

在 MEC 系统中,无线接入点与有线网络之间的数据传输必须通过路由子系统转发,其转发行为由平台管理子系统或能力开放子系统控制。在路由子系统中,终端用户的业务数据既可以被转发至边缘云基础设施实现低时延传输,也可以被转发至能力开放子系统用于支持特定的网络能力开放。运行在边缘云基础设施的第三方应用在收到来自终端用户的业务数据后,可通过向能力开放子系统发起能力调用请求,获取移动网络提供的能力。

(1)边缘云基础设施。

边缘云基础设施为第三方应用提供基本的软/硬件及网络资源,用于本地化业务部署,在其中运行的第三方应用可向能力开放子系统发起能力调用请求。

(2)路由子系统。

路由子系统为 MEC 系统中的各个组件提供基本的数据转发及网络连接能力,对移动用户提供业务连续性支持,并且为边缘云内的虚拟业务主机提供网络虚拟化支持。路由子系统还可对 MEC 系统中的业务数据流量进行统计并上报至平台管理子系统用于数据流量计费。

(3)能力开放子系统。

能力开放子系统为平台中间件提供安装、运行及管理等基本功能,支持第三方以调用 API(应用程序接口)的形式,通过平台中间件驱动移动网络内的网元实现能力获取。能力开放子系统向平台管理子系统上报能力开放注册信息以及能力调用统计信息,用于能力调用方面的管控及计费。能力开放子系统可根据能力调用请求,通过设置路由子系统内的转发策略,对移动网络的数据平面进行控制。基于该特性,能力开放子系统可以通过路由子系统接入移动网络的数据平面,从而通过修改用户业务数据,实现特定能力的开放。

(4)平台管理子系统。

平台管理子系统通过对路由子系统进行路由策略设置,可针对不同用户、设备或者第三方应用需求,实现对移动网络数据平面的控制。平台管理子系统对能力开放子系统中特定的能力调用请求进行管控,即确定是否可以满足某项能力调用请求。平台管理子系统以类似传统云计算平台的管理方式,按照第三方的要求,对边缘云内的 IT 基础设施进行规划编排。平台管理子系统可与运营商的计费系统对接,将数据流量及能力调用方面的计费信息进行上报。

2. 系统基础环境

MEC 系统的基础环境由软件环境和硬件环境两部分构成,主要负责为 MEC 服务器及边缘云基础设施提供基本的软/硬件运行条件。

(1)软件基础环境。

MEC 服务器上的软件环境应提供运营商级别的可靠性支持,为路由子系统、能力开放子系统及平台管理子系统提供软件支撑。对于路由子系统,需要在时延上对数据面转发进行专门优化,并且从软件层面上防止路由功能出现单点故障,支持路由功能故障判断和自我恢复,从而保证无线接入网与移动核心网之间的互联互通。对于能力开放子系统,需要构建一个安全稳定的中间件支撑平台,保证底层网络系统及第三方应用的正常运行,并且确保相关数据的安全。对于平台管理子系统,需要支持第三方虚拟化业务环境的部署及优化,能实现虚拟机的快速定位、跟踪及迁移。

边缘云设施上的软件环境应保证第三方业务支撑上的灵活性和可扩展性,通过虚拟化技术,将物理主机的 CPU、内存和存储空间整合成统一的逻辑资源池,从中创建虚拟服务器为应用提供服务,从而提高资源利用率,简化服务器管理,尽可能地提升边缘云内的应用部署、运营维护、故障恢复的效率。

（2）硬件基础环境。

MEC 系统的硬件基础环境需要满足数据中心和电信设备的双重需求,提供灵活的子系统化设计及充分支持虚拟化,支持边缘云资源的按需分配以及 MEC 服务器的稳定可靠运行。具体来说,MEC 服务器需要在严苛的环境下保持良好的工作状态。例如,可支持在宽温环境下工作,具备防尘防水功能及耐冲击、耐震动的特点等。MEC 服务器需要支持经过优化的网络 I/O 虚拟化能力,这有助于路由子系统提高无线接入网与移动核心网之间的数据连接性能。此外,MEC 服务器必须从物理网络连接上防止无线接入网回传出现单点故障,保证其传输可靠性达到电信级要求。

边缘云设施应具备硬件辅助虚拟化功能,包括 CPU、内存、网络和 I/O 的虚拟化,以简化软件的实现。尽可能以高密度服务器单元的形式将尽可能多的通用存储及处理等资源整合在一起,并搭配相应的电源、散热装置及网络端口。基于这种形式构建的服务器单元在 IT 资源密度上高于传统塔式或机架式服务器,但通过采用标准化程度较高的功能组件,可使其具备较强的平台可扩展性,从而保证在易维护性上强于刀片式服务器。因此,以高集成度的服务器单元为基础构建边缘云,可实现一体化的快速交付,有助于提高管理维护效率。

第 2 节　系统组件详解

MEC 系统的基本组件包括路由子系统、能力开放子系统、平台管理子系统及边缘云基础设施,它们是构成 MEC 系统的核心模块。

1. 路由子系统

路由子系统在 MEC 系统、无线接入网及无线核心网之间提供数据转发通路,实现数据流量的本地卸载,并为边缘云内的虚拟机提供网络虚拟化支持以及 MEC 系统各组件之间的数据转发。路由子系统对外提供网络流量控制功能,以允许对第三方应用的路由规则进行灵活配置。当第三方业务在网络边缘完成部署后,可在路由子系统内设定相应的规则,实现业务流量的本地导出。

由于 MEC 系统需要在移动终端及边缘业务主机之间实现正常和透明的业务数据传输,因此路由子系统必须具备对 GTP-U 数据流的解析处理能力。在上行方向,路由子系统应首先对来自基站的 GTP 分组进行解析,以获取其封装的用户数据的相关信息,并根据路由规则将数据转发至边缘云内的业务服务器。在下行方向,路由子系统应将来自边缘服务器的用户数据封装至正确的 GTP 隧道,以便移动终端能够通过基站进行接收。

由于无线接入网可能引入 IPSec,对回传线路上的用户数据进行加密,因此路由子系统还需要支持 IPSec 加/解密功能。在上行方向,首先对 GTP-U 数据流进行解密处理,然后再进行解析操作。如解密后的 GTP-U 数据流不需要进行本地转发,则路由子系统必须重新对数据流加密,并完成向移动核心网的回传。在下行方向,路由子系统对来自边缘云服务器或私有云服务器的 IP 数据完成 GTP 封装后,需要进一步进行加密处理,并最终完成向无线接入网的数据下发。

路由子系统应具备保证业务会话连续性的能力。由于移动终端的运动可能导致其网络接入点位置的变化,从而引起业务会话中断,进而严重影响用户体验。当前 MEC 服务器的路由子系统可通过与其他 MEC 服务器的路由子系统建立数据转发隧道,实现业务数据的连续传输。

路由子系统必须为工作在数据面的 GTP 隧道提供备份链路。当其内部转发功能失效时,用户数据仍可通过备份链路以传统方式传输,从而避免网络中断。

在 MEC 系统内,路由子系统需要支持下列路由功能。

(1) 虚拟业务主机之间。

路由子系统依赖内置交换机实现业务主机之间的数据交换。例如构建基于业务链的虚拟网络环境。

(2) MEC 服务器之间。

路由子系统通过公网络由或者移动网络的内部路由实现 MEC 服务器之间的数据交换。对于公网络由,路由子系统应向 MEC 服务器提供静态 NAT 设置,以保证传输质量。对于移动网络内部路由,无须启动 NAT 功能。

(3) 虚拟业务主机和 MEC 服务器之间。

路由子系统依赖内置交换机实现业务主机和 MEC 服务器之间的数据交换。例如,虚拟主机内运行的第三方应用调用平台中间件实现网络能力调用。

(4) 虚拟业务主机和 Internet 主机之间。

路由子系统通过一个或多个公网络由完成业务主机和 Internet 主机之间的数据交换。鉴于公网络由数量有限,路由子系统必须具备 NAT 功能。

（5）MEC 服务器和 Internet 主机之间。

路由子系统通过一个或多个公网络由完成 MEC 服务器和 Internet 主机之间的数据交换。路由子系统应为 MEC 服务器提供静态 NAT 设置，以保证传输质量。

（6）MEC 服务器和移动网络内部主机之间。

路由子系统通过公网络由或者移动网络的内部路由实现 MEC 服务器同移动网络内部主机（如运营支撑系统主机）之间的数据交换。

2. 能力开放子系统

能力开放子系统依赖平台中间件提供的 API 向第三方开放无线网络能力。不同的网络能力通过特定的平台中间件对外开放，对平台中间件 API 的调用既可来自外部的第三方应用，也可来自系统内部的其他中间件。

能力开放子系统主要包括平台中间件及中间件管理器。依赖平台中间件，特定的网络能力被抽象为功能模型，为外部调用提供服务。中间件管理器负责平台中间件在能力开放子系统内的安装、注册授权、监控及调用管理，确保只有经过授权的第三方才能获得可信的能力调用服务。第三方通过北向接口发起的能力调用请求首先由中间件管理器接收，完成鉴权后再转交至相应的平台中间件完成调用处理。在调用请求转交过程中，中间件管理器不会改变北向接口的调用内容及形式规范，第三方不会感知到中间件管理器的存在。

根据访问及控制对象，平台中间件主要分为以下 5 类。

① 面向无线接入设备（如基站）的中间件。

② 面向移动核心网设备（如服务网关，即 SGW）的中间件。

③ 面向业务及运营支撑系统（如 BSS 及 OSS）的中间件。

④ 面向 MEC 系统基本组件（如路由子系统）的中间件。

⑤ 面向用户数据流（如 DNS 查询请求）的中间件。

第①～③类平台中间件负责向第三方提供访问控制无线网络的能力，可由设备厂商针对其产品自行构建，或者按照统一标准构建。这些平台中间件必须在 MEC 系统内完成注册才可正常使用。第④类平台中间件为第三方提供访问控制 MEC 系统内部组件的能力，由 MEC 系统直接集成，无须外部提供。第⑤类平台中间件直接对来自第三方应用的数据流进行截取控制，但是不支持对无线网络及 MEC 基本组件的访问。例如，为移动用户提供的 DNS 缓存服务可基于此类中间件实现。这类平台中间件也由 MEC 系统直接集成，无须外部提供。图 2-2 给出的能力开放子系统与路由子系统之间的数据通路也可基于此类平台中间件实现。

（1）平台中间件。

平台中间件提供面向底层网络的南向接口及面向外部调用的北向接口，以实现网络能力开放。通过南向接口,平台中间件可根据调用请求驱动相关网元完成设备操作。对于厂商针对自身设备构建的平台中间件,其南向接口的具体工作方式可由厂商自行设定。对于按照统一标准构建的平台中间件,需要定义标准的南向接口(如 OpenFlow)实现网元操作。平台中间件通过北向接口接受来自第三方的能力调用请求。北向接口必须基于通用的协议(如 RESTful)并按照统一标准实现,以方便第三方使用。不同的平台中间件之间也可通过北向接口进行相互调用。

需要指出的是,为平台中间件提供标准的南向接口可有效减少能力开放子系统中针对不同厂商设备的平台中间件数量,进而减少能力开放子系统对整个 MEC 平台资源的消耗。但是,标准化的南向接口也会为不同厂商设备之间的互操作性带来挑战,尤其是对已经部署的现网设备,可能涉及复杂的设备升级工作。然而随着超密集组网的出现,无线网络中的基站数量将出现明显增长,统一标准化的南向接口有助于 MEC 系统应对这种情况。

(2)中间件管理器。

中间件管理器通过特定的安全机制(例如签名证书),只允许可信的平台中间件被注册部署在能力开放子系统上。在为第三方提供网络能力调用服务前,中间件管理器必须通过内部控制接口连接平台管理子系统,根据其提供的信息,对调用请求进行鉴权,只有得到授权的请求才被允许得到进一步处理。中间件管理器还需要支持中间件监控功能,对平台中间件的运行信息进行采集,并根据平台管理子系统的指示,对特定的平台中间件实施中止或者删除等操作。中间件管理器可将中间件的注册信息上报至平台管理子系统,向第三方提供服务发现功能,方便其调用。例如,第三方应用开发者可通过平台管理子系统的用户界面,查找所需的平台中间件 API 并获取相应的调用方式。

中间件管理器的核心作用在于实现平台中间件的可控可管,保障用户及网络安全。不同于部署在边缘云内的普通第三方应用,平台中间件具备访问及控制底层网络的能力。为避免恶意中间件植入或者第三方恶意调用在网络及用户安全性方面带来的隐患及威胁,必须依托中间件管理器对平台中间件的安装、调试及运行进行全方位监控。

平台中间件为第三方调用网络能力及不同中间件之间的相互调用提供了基础支撑,提升了第三方应用及平台中间件的开发效率。由于平台中间件具备控制底层网络的能力,已不仅是某种具体应用,因此中间件管理器应具有以下特性。

① 高伸缩性。

中间件管理应足够智能化,能够弹性处理突发的负载。

② 操作便捷。

中间件管理应提供便于使用的工具,支持对中间件的高效管理。

③ 高包容性。

中间件管理应方便中间件的部署,通过定义标准的接口及流程,允许来自不同厂商的中间件在系统内进行注册并对其进行管理。

④ 高可用性。

确保得到授权的第三方(包括第三方应用及其他中间件)能够对合法的平台中间件进行正常调用,支持包括订阅/发布及主动访问在内的不同调用方式。

⑤ 高安全性。

对安全威胁实现有效防御,保证移动网络不会因恶意中间件的调用而出现严重故障。

(3)能力开放类型及内容。

MEC能力开放应综合考虑第三方应用平台在系统架构及业务逻辑方面的差异性,实现网络能力的简单友好开放。MEC平台应保证网络能力的开放具有足够的灵活性。随着网络功能的进一步丰富,可向第三方应用实现持续开放,而不必对第三方平台及无线网络系统进行复杂的改动。

网络能力开放类型主要分为以下3种。

① 网络及用户信息开放。

② 业务及资源控制功能开放。

③ 网络业务处理能力开放。

表2-1针对上述开放类型的具体内容进行了总结,其中能力开放内容仅给出了部分实例,随着网络功能的完善,可能进一步丰富而不仅限于表中内容。

表 2-1　网络能力开放类型及内容

能力开放类型	能力开放内容
网络及用户信息开放	• 蜂窝负载信息; • 链路质量(CQI、SINR、BLER等); • 网络吞吐量; • 移动用户的定位信息; • 终端能力; • 终端数据连接类型; • 移动用户签约信息(签约标识、优先权等); • 基于网络及用户信息的大数据分析; ……
业务及资源控制功能开放	• 业务质量调整(QCI); • 网络资源分配; • 路由策略控制; • 域名解析服务(DNS); • 安全策略控制和监控; ……

续表

能力开放类型	能力开放内容
网络业务处理能力开放	• 语音； • 短消息； • 多媒体消息服务； ……

3. 平台管理子系统

平台管理主要包括 IT 基础资源的管理、能力开放控制、路由策略控制以及支持计费功能。其中，IT 基础资源管理指为第三方应用在边缘云内提供虚拟化资源规划。能力开放控制包括平台中间件的创建、销毁以及第三方调用授权。路由策略控制指通过设定路由子系统内的路由规则，对 MEC 系统的数据转发路径进行控制，并支持边缘云内的业务编排。计费功能主要涉及 IT 资源使用计费、网络能力调用计费及数据流量计费。

(1) IT 基础资源管理。

IT 基础资源管理通过虚拟机监控器对系统内的物理和虚拟 IT 基础结构进行集中管理，实现资源规划部署、动态优化及业务编排，其主要功能如下。

① 对边缘云的 IT 资源池（如计算能力、存储及网络等）进行管理。

② 对虚拟化技术提供支持。

IT 基础资源管理采用子系统化设计，支持管理员及第三方租户通过基于 Web 的控制面板手动选择和配置资源，或者提供 API 支持基于编程方式的选择和配置服务。

IT 基础资源管理包括下列组件。

① 控制器。

为单个用户或使用群组启动虚拟机实例，并为包含多个实例的特定项目设置网络，也提供预制的镜像或是为用户创建的镜像提供存储机制，使得用户能够以镜像加载的形式启动虚拟机。

② 对象存储系统。

基于大规模可扩展系统，通过内置冗余及容错机制实现对象存储，为虚拟机提供数据存储服务。

③ 虚拟机镜像服务。

提供虚拟机镜像检索服务，支持多种虚拟机镜像格式。

(2) 能力开放控制。

能力开放子系统的运行受到平台管理子系统的控制，对平台中间件的调用必须经过平台管理子系统授权才可进行。第三方应用在通过能力开放子系统获取网络能力之前,必须向平台管理子系统进行相关的 API 使能注册,即第三方必须向平台管理子系统说明需要调用哪种 API。

如图 2-3 所示,平台管理子系统通过业务数据库对能力开放调用请求进行使能控制。第三方应用必须事先在业务数据库中创建相关的数据记录,完成 API 使能注册。平台管理子系统根据业务数据库的记录,将授权及控制信息传递给能力开放子系统,以便其对第三方 API 调用请求进行鉴权及访问控制。

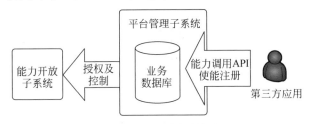

图 2-3　能力开放控制框架

业务数据库的数据记录定义如表 2-2 所示。数据记录的索引为第三方应用的注册账号,可有多种表现形式,例如域名或特定数字序列等。数据记录的内容为第三方应用注册的 API 调用列表,由一系列二元组(action,lifetime)组成。每个二元组对应一项能力调用请求,其中 action 指具体的网络能力调用信息,即特定的 API 标识(例如 API 名称);lifetime 指定了该二元组的生存时间,即某项网络能力面向特定第三方开放的有效期。

表 2-2　业务数据库记录定义

索　引	行 为 规 则
注册 ID	(action,lifetime) (action,lifetime) (action,lifetime) …

图 2-4 给出了平台管理子系统进行能力开放控制的过程。第三方应用发起的能力调用请求首先由能力开放子系统内的中间件管理器获取,然后中间件管理器向平台管理子系统内的业务数据库发起能力调用授权请求,该请求包含第三方应用的注册账号及请求的能力调用 API 标识。随后业务数据库将相应的数据记录返回至中间件管理器。最后,中间件管理器根据返回的记录决定是否将能力调用请求进一步转发至相应的平台中间件以完成能力调用。中间件管理器可在本地缓存数据记录,用于以后的调用请求控制,以减少业务数据库的查询压力。

（3）路由策略控制。

平台管理子系统同路由子系统之间需要建立控制接口,用于在路由子系统内设定路由转发规则。路由策略控制允许第三方应用根据业务部署需要,设定路由

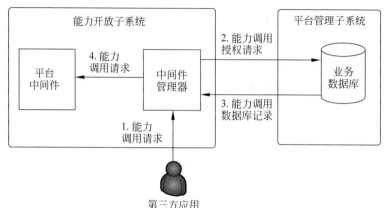

图 2-4　能力开放控制过程

规则。具体来说,向第三方提供的路由策略控制包括以下几方面。

① 将无线数据卸载至边缘云内。

② 在边缘云内创建业务链。

③ 将无线数据卸载至外部网络。

④ 将无线数据先卸载至边缘云内,再回传至移动核心网。

⑤ 将无线数据先卸载至边缘云内,再传输至外部网络。

⑥ 创建不同路由子系统间的转发通路,支持业务会话连续性。

平台管理子系统也可自行在路由子系统内预先设定路由控制策略,以满足管理需要,其具体需求包括以下几方面。

① 数据流量计费。

② 合法侦听。

③ DNS 处理。

④ 网络能力开放支持。

⑤ 数据分析。

⑥ 网络性能优化。

⑦ 移动性支持。

（4）计费功能。

平台管理子系统的计费功能包括 3 方面:IT 资源使用计费、网络能力调用计费及数据流量计费。表 2-3 对这 3 种计费类型的具体内容进行了总结。

表 2-3　平台管理子系统的计费功能

计 费 类 型	计 费 内 容
IT 资源使用	对第三方租用的虚拟主机提供 IT 资源用量统计,根据事先定义好的计费规则对资源用量进行费用核算,并对第三方应用形成账单

续表

计 费 类 型	计 费 内 容
网络能力调用	对第三方调用网络能力的情况进行统计,根据 API 类型的不同以及发起 API 调用的来源(即 MEC 系统内调用、MEC 系统外调用)不同,按照不同计费规则(按调用次数付费、按订阅时间付费)进行费用核算,并对第三方应用形成账单
数据流量	对路由子系统在本地导出的数据流量进行统计并完成对移动用户的计费,具体形式包括离线计费、内容计费及实时计费。其中,离线计费基于用户标识生成话单并交由移动网络的计费网关处理。内容计费可对 MEC 系统内产生的数据流量进行统计,通过减免用户流量费用引导第三方在 MEC 系统内部署业务。实时计费需要和移动网络现有的计费系统实现对接,按照用户产生的数据流量进行实时扣费

4. 边缘云基础设施

边缘云基础设施提供包括计算、内存、存储及网络等资源在内的 IT 资源池。它基于小型化的硬件平台构建,以类似于 Tier-1 级数据中心的方式向租户提供 IT 能力。

边缘云的软/硬件基础环境以符合开放式标准定义的商用现成品或技术为主。边缘云的软件基础环境基于云计算平台,能够以快速、简单及可扩展的方式为第三方创建业务环境,并以虚拟化的方式支持对 IT 基础设施的管理。边缘云的硬件基础环境构建在以 x86 架构为处理核心的硬件平台上,并且通过硬件支持虚拟化技术。

边缘云基础设施可以划分为以下 3 种类型。

① 以数据存储为主的存储型平台。

② 以数据处理为主的计算型平台。

③ 兼顾数据处理和数据存储的综合平台。

在构建边缘云时,可根据实际第三方需求及 MEC 系统的能力规划,配置合适的软/硬件基础环境。

边缘云位于无线接入网边缘,通常需要和无线基站的基带处理单元(Base Band Unit,BBU)一同放置,因此其硬件平台应采用节省空间的紧凑式设计,并且在保证性能的条件下,尽可能降低管理维护难度及总体拥有成本。目前的云平台设施通常部署在集中化的大中型数据中心,单个机柜的尺寸多在 40U 以上,而基于边缘云的数据中心因受到部署条件的限制,所能提供的机架空间往往十分局促(例如≤5U),因此边缘云在硬件方面应充分考虑小型化及高密度组件。

部署空间的限制给边缘云的构建带来两方面挑战:一方面,边缘云所能提供的 IT 能力无法完全与传统的数据中心相比;另一方面,由于设备密度成倍增加,边缘云的散热能力将受到考验。

由于边缘云的 IT 资源相对有限,因此它必须支持基于混合云方式的业务部署。随着移动互联网业务的日趋复杂,单个业务往往需要多个功能协同工作才能交付,而这些功能在实际环境中通常部署在处于不同物理位置的云平台内。考虑到边缘云有限的 IT 能力,混合云将成为 MEC 系统主要的工作方式。第三方应用可将时延或者带宽敏感的功能部署在边缘云上,而将 IT 资源消耗巨大但时延或者带宽不敏感的功能部署在移动核心网之外的集中化数据中心,这就要求边缘云必须具备足够的网络连接能力,以保证与其他云平台的协同工作。

不同于传统数据中心采用专用制冷设备进行散热的方法,边缘云通常只能依靠自身携带的散热装置排除设备运行时产生的热量。从提升散热能力的角度来说,在设计硬件平台时,可考虑以面对面或背对背的方式对计算节点进行摆放,从而在机架内部形成冷风通道和热风通道,避免冷热风混合,导致气流短路,阻碍制冷效果。从减少发热量的角度来说,边缘云应注重绿色节能问题,在保证 IT 处理能力的前提下,尽量采用低功耗部件,使系统整体效能比实现最大化。

据统计,在传统数据中心机房,由服务器、存储和网络通信等设备产生的功耗占总功耗的 50% 左右,其中服务器功耗占比约为 40%,存储设备和网络通信设备均分 10% 的功耗。因此,服务器将是边缘云在能效设计上关注的重点。除了硬件优化,软件优化也是提高边缘云能效的主要手段。软件为边缘云实现绿色节能的最大贡献体现在,软件可以改变边缘云的系统架构,减少服务器及其相关配件设备的数量。

第 3 节 对 5G 网络演进的影响

MEC 系统的引入,将带来网络功能的重构,对 5G 网络演进产生的影响主要体现在无线接入网及移动核心网的接口定义以及相关功能方面。图 2-5 总结概括了 5G 网络演进过程中可能引入或影响的与 MEC 系统相关的接口。

需要指出的是,3GPP 不会在 5G 网络中引入专门的网元用于支持 MEC 系统。由于 3GPP 已明确规定 5G 移动核心网将分割为用户平面及控制平面两部分,其中用户平面负责业务数据传输,控制平面负责处理信令,因此,MEC 相关功能可能分别在 5G 无线接入网、5G 移动核心网控制平面及 5G 移动核心网用户平面实现。换言之,本章所给出的部分 MEC 基本组件或者组件内的部分功能可能以某些 5G 移动核心网网元的形式出现在实际的网络中。例如,对于 MEC 系统中的路由子系统,其与数据本地分流及移动性支持相关的部分,可能作为 5G 移动核心网的用户面功能体存在。

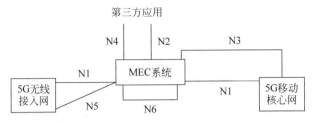

图 2-5 5G 网络演进中与 MEC 系统相关的接口

（1）N1 接口。

N1 接口为 5G 无线接入网与 5G 移动核心网之间的数据平面接口。引入 MEC 系统后，为了支持本地流量转发及处理，该接口将被 MEC 系统拦截。也就是说，MEC 系统将对 5G 无线接入网的数据平面进行检测分析，以确定相关的处理动作。对该接口的操作由 MEC 系统的路由子系统负责。

（2）N2 接口。

N2 接口为第三方应用到 MEC 系统的数据平面接口，类似于 EPC 网络内的 SGi 接口。第三方应用通过该接口实现本地化的业务运行，对该接口的操作由 MEC 系统的路由子系统执行。目前，3GPP 已在 5G 核心网的用户平面内引入了上行流量分类器（Uplink Classifier），用于支持面向本地第三方应用的流量卸载。

（3）N3 接口。

N3 接口为 MEC 系统与移动核心网之间的控制接口，该接口使得 MEC 系统可以与移动核心网在计费及策略控制等方面实现对接。利用该接口，部署在移动网络外部的应用也可以通过特定的控制接口（例如 Rx）向 MEC 系统发起网络能力调用请求。对该接口的操作由 MEC 系统的能力开放子系统及平台管理子系统负责。

（4）N4 接口。

N4 接口为 MEC 系统与第三方应用之间的控制接口，该接口为第三方应用发起网络能力调用提供了北向接口。对该接口的操作由 MEC 系统的能力开放子系统负责。

（5）N5 接口。

N5 接口为 MEC 系统与 5G 无线接入网之间的控制接口。MEC 系统通过该接口对无线接入设备进行操作控制，完成无线网络能力的调用。该接口实际上为 MEC 能力开放子系统中的平台中间件提供了一种规范化的南向接口，对该接口的操作由 MEC 系统的能力开放子系统负责。

（6）N6 接口。

N6 接口是 UPF（User Plane Function）与 DN（Data Network）的接口。该接口类似于 LTE 基站之间的 X2 接口，同时支持数据平面及控制平面功能。该接口在用户移动状态下,为基于 MEC 系统运行的业务提供了业务连续性支持。对该接口的操作由 MEC 系统的路由子系统执行。

1. 本地数据分流

MEC 系统在 5G 网络内会带来本地数据分流机制的变化,主要体现在数据分流的触发条件及发起控制上。

(1) 数据分流的触发条件。

目前的移动网络只支持基于公用数据网(Public Data Network,PDN)连接的数据分流机制,无线接入网根据 PDN 连接关联标识(如 APN 及 E-RAB ID)确定是否将相应的数据流分流至本地。

MEC 系统要求更为丰富的数据分流机制。MEC 系统不但可以根据 PDN 连接关联标识执行本地分流,也可以依据每个业务数据分组的分组头信息(如五元组)决定是否进行本地分流。随着业务的发展,可能出现更为复杂的分流触发条件。例如,根据不同的用户、不同的终端设备以及不同移动业务的组合来确定本地分流的触发条件。

随着内容分发网络(Content Delivery Network,CDN)及应用交付网络(Application Delivery Network,ADN)技术的广泛应用,目前大部分在线业务都基于成熟的 CDN 或 ADN 系统实现交付,因此 MEC 系统必须考虑其数据分流触发机制如何与现有的 CDN 或 AND 系统结合,避免由于系统间不协调带来的分流失效。例如,CDN 系统可能因为其应用路由功能与 MEC 系统的本地分流机制不一致,导致其无法将移动用户的业务请求重定向至部署在无线接入网边缘的服务器。

(2) 数据分流的发起控制。

目前移动网络内的本地分流由终端发起,即移动终端以专门用于本地分流的 APN 发起特定的 PDN 连接,移动网络在完成相关的鉴权控制后,在无线接入网内建立专门用于本地分流的承载。

MEC 系统在数据分流的发起控制方面的要求更为复杂,其不但允许移动终端发起本地分流,也允许驻留在边缘云或者私有云内的第三方应用服务器发起本地分流。这意味着无线网络或者 MEC 系统必须提供相应的接口及操作规程加以支持。

2. 本地策略控制

目前的移动网络依托 3GPP 在 R7 版定义的网络资源与策略计费控制(Policy and Charging Control,PCC)架构中对业务进行控制,其主要子系统策略与计费规则功能(Policy and Charging Rules Function,PCRF)和策略与计费执行功能

(Policy and Charging Enforcement Function,PCEF)均位于移动核心网内部,因此其对业务的控制管理是以端到端方式进行的,而位于无线接入网边缘的设备无法对业务数据流发起控制。例如,3GPP 提出的本地分流机制 LIPA/SIPTO 均不支持对分流数据提供 QoS 保证,也不提供针对移动终端的业务连续性支持。

MEC 系统的引入导致网络形态发生变化。目前的 5G 网络演进体现在接入部分比较分散,但策略控制功能仍然较为集中,而且有越来越集中的趋势。但 MEC 系统却需要向部署在边缘云内的第三方应用提供更丰富的网络开放能力,这就要求移动网络在本地增加控制功能。相关的本地策略控制主要包括 QoS 控制、网络能力开放控制、业务数据流检测、门控功能、用户隐私保护及业务连续性等。

基于 MEC 系统进行本地策略控制意味着 PCRF 功能及 PCEF 功能将下沉到网络边缘,这将导致策略控制功能的复杂化,并在网络层面和业务层面带来投入成本。因此,必须结合 MEC 系统所适用的业务场景及商业模式,明确需要下沉的策略控制功能,以减少功能过度下沉带来的网络成本及复杂度的上升。

3．本地计费

移动网络仍然基于 PCC 架构实现计费功能。移动核心网根据 PCRF 的策略,基于不同计费准则对特定的数据流分组进行识别检测,并完成基础数据采集,而且能够根据用户信用等信息对其消费行为进行适度提醒及约束。上述过程都由移动核心网的网元以端到端的方式执行,无线接入网无法进行感知。

MEC 系统实现了业务数据本地分流,这使得现有的网络计费设备无法检测相关的业务使用情况,因而无法对用户进行计费和行为管控。这就要求在移动网络边缘引入本地计费功能。MEC 系统因此需要具备业务数据流检测能力,并且要能够建立与移动网络用户信息数据库及现有计费系统的接口。

第 **3** 章

边缘路由技术

边缘路由技术的定位是将用户数据流量由局域网汇接至广域网。在传统的移动网络中,边缘路由技术主要用于实现无线接入网同移动核心网的连接,即移动回传功能。随着移动业务的发展及用户需求的多样化,越来越多的业务需要在无线接入网边缘(例如小基站)交付,本地数据分流随之被引入。

本地数据分流需求最初基于家庭基站(HeNodeB)网络提出,其含义是用户的业务流数据直接通过家庭基站进入无线接入网,不必经过移动核心网,从而减轻了核心网络的负荷和传输成本。引入本地数据分流后,移动用户可以通过移动核心网访问公众 Internet 业务,也可以与家庭网络中的其他节点通信,实现本地资源共享,减少本地数据传输时延,提高本地业务体验。

无线接入技术的发展大大提升了移动终端的数据传输速率,伴随着用户数量的不断增加,移动核心网及移动回传线路开始面临巨大的流量压力。无线宏基站因此也开始引入本地数据分流,通过将特定的 IP 业务从无线侧分流出去,实现移动回传及移动核心网资源消耗的降低。基于宏基站的本地分流要求在靠近用户的位置(如市、区等)分布式地部署网关设备,从而允许用户数据从地理或逻辑更近的节点进行路由。

移动性管理是移动网络必须具备的能力,以保证终端在移动状态下的业务连续性。传统的移动网络提供完整的移动性管理方案,边缘路由技术只需要对相关的控制信令及隧道协议进行路由支持。引入本地数据分流后,移动性管理将变得更为复杂。边缘路由技术必须扩展其现有功能,既支持宏网络中的移动性,也支持小基站和宏网络之间以及小基站间的移动性。

第 1 节　本地数据分流概述

本地数据分流的实现机制主要有 3 类:流量卸载、本地 IP 接入(LIPA)/选择 IP 流量卸载(SIPTO)及分组过滤。

1. 流量卸载

流量卸载的架构中增加了一个新的网元,即流量卸载功能(Traffic Offload Function,TOF)。该网元的部署方式包括单独设置、与 RNC 合设以及与家庭基站网关(HNodeBGW)合设。TOF 提供标准的 Iu-PS 接口到 RNC 和 SGSN,并执行 Gi 接口的部分功能,实现业务流量在本地被分流至 Internet。该方案可在一个 PDN 连接或 PDP 上下文上同时支持分流业务和非分流业务。

TOF 根据运营商的策略,通过 NAT 及分组检测实现本地数据分流。其分流策略可基于多种层次,例如特定用户、APN、业务类型及 IP 地址等。具体的分流策略可通过运营商的运维管理(Operation Administration and Maintenance,OAM)系统进行设置。

在移动性支持方面,流量卸载方案对非分流业务的连续性不会产生任何影响。对于分流业务,当用户只在同一个 TOF 覆盖的区域内移动时,其业务连续性同样能够得到支持,即 TOF 并不支持跨区域(即跨多个 TOF)的用户移动性。

TOF 执行流量卸载的具体过程如下。

① TOF 解析控制平面的信令消息(如 NAS 消息及 RANAP 消息),获取用户信息及 PDP 上下文信息,创建本地分流数据的上下文信息。

② TOF 在 PDP 上下文中被激活后,根据创建的本地分流数据上下文信息确定分流规则。

③ 在数据传输过程中,TOF 对上行数据流进行分组检测。

④ 对于符合分流规则的上行数据,TOF 先通过 GTP-U 解封装操作获取原始业务数据分组,再启动 NAT 将数据进行卸载分流。

⑤ 对于符合分流规则的下行数据,TOF 先对业务数据分组进行反向 NAT,再执行 GTP-U 封装操作,将其送入正确的下行 GTP 隧道。

⑥ 当 TOF 检测到 PDP 上下文中激活信令消息时,则删除对应的本地数据分流上下文信息,并终止相应的流量卸载操作。

⑦ TOF 启动超时定时器跟踪终端同网络之间的数据信令连接,如果连接的静默时间超过定时器门限,则触发 TOF 删除对应的本地数据分流上下文信息,并终止相应的流量卸载操作。

TOF 执行的分组检测功能,依实际情况差异具有不同的复杂性。当分流策略基于应用层信息(例如 HTTP 头信息)时,则需要进行较为复杂的深度分组检测,TOF 必须对每个数据分组的内容进行扫描跟踪。如果分流策略基于 IP 五元组,TOF 只需要对每个数据分组的分组头进行检测即可。当分流策略基于用户信息时,TOF 需要同运营商的用户数据库进行交互,以获得相应信息。

除了流量卸载,TOF 还具备下列功能。

① 对分流数据进行计费。

② 对分流数据进行合法侦听。

③ 对处于空闲状态的终端进行寻呼。

鉴于移动业务主要由终端发起,因此在大部分情况下,TOF 不必执行寻呼功能。

2. LIPA/SIPTO

LIPA/SIPTO 机制由 3GPP TS 23.401 提出,是面向 LTE 网络的设计,该方案使得用户数据可直接进入本地局域网络或者 Internet,而不必经过移动核心网。其核心是在 LTE 网络中增加了新的网元,即本地网关(LGW)。该网元的部署方式包括单独设置、与家庭基站(HeNodeB)合设以及与服务网关(SGW)合设。

LIPA/SIPTO 依赖特定的 PDN 连接实现本地数据分流。终端必须使用专门的 APN 向网络发起 PDN 连接,从而在无线接入网内建立起一条支持本地数据分流的隧道。因此,LIPA/SIPTO 的分流策略较为简单,只是基于特定的 APN 实现本地数据分流。

LIPA/SIPTO 的本地数据分流过程如下。

① 终端基于特定 APN 向网络发起 PDN 连接请求。

② 网络内的 MME 收到 PDN 连接请求后,根据终端及用户信息,选择一个在地理位置或者逻辑位置上距离终端最近的 LGW 用于建立本地分流通路。

③ MME 通知终端所附着的 eNodeB 及选定的 LGW 创建相关的 GTP 隧道上下文,完成分流数据通路的建立。

④ 终端将需要分流的数据送入建立起来的分流数据通路。

LIPA/SIPTO 最初主要面向企业网应用,用户可为特定的企业应用申请专用 APN 进行本地分流。随着移动互联网业务的普及,为了简化数据分流至 Internet 的过程,在 LIPA/SIPTO 的基础上,3GPP 又提出了 SIPTO@LN 机制。该机制允许 LGW 直接对用于 Internet 流量传输的 PDN 连接进行本地分流,这样用户不必为进行 Internet 数据分流而使用专用 APN 建立 PDN 连接。

LIPA/SIPTO 不对用户提供终端移动状态下的业务连续性支持。如果终端的 IP 地址在移动过程中由于 LGW 重选发生变化,则会出现业务会话中断的情况。

LIPA/SIPTO 不支持在进行本地分流的 PDN 连接内创建专用承载,因此也就不能为本地分流的业务提供高优先级的 QoS 保证。

运营商通过 HSS 内的用户记录对本地分流功能进行控制。如果某个 APN 被注明禁止向特定的用户开放本地分流功能,则 MME 不会选择 LGW 为该用户建立 PDN 连接用于本地分流。

3. 分组过滤

分组过滤用于对数据分组进行分析、选择,通过检查数据流中每个数据分组的分组头域(如源 IP 地址、目的 IP 地址、源端口号、目的端口号、协议类型及特定隧道的封装信息等)或它们的组合,来确定某个数据分组是否符合过滤规则,以便对其进行相应的处理。

ETSI 在 MEC 系统内引入此类机制来实现本地分流操作 DI,其定义的过滤规则包括无线接入承载(E-RAB)层面的规则及 IP 分组层面的规则,未来 ETSI 会根据实际需要引入更多的过滤规则。表 3-1 对 ETSI 目前定义的分组过滤策略进行了总结。

表 3-1　ETSI 在 MEC 中定义的分组过滤策略

过 滤 层 面	过滤检测信息
无线接入承载	用户文件代码(SPID); QoS 等级标识(QCD); 分配和保留优先级(ARP)
IP 分组	终端 IP 地址; 网络 IP 地址; IP 协议号

不同于传统的分组过滤规则,ETSI 目前定义的部分过滤规则无法直接通过对数据分组的头域进行检测来实现。MEC 系统必须基于特定的上下文信息,才能建立上述过滤规则与数据分组头域之间的映射关系。例如,MEC 系统首先建立下列映射关系,才能在无线接入承载面实现基于 QoS 等级的过滤策略。

QoS 等级标识→无线接入承载 ID→SI-U 接口上的 GTP-U 隧道 ID→目的端口为 2152 的 UDP 分组内的第 5~8 字节。

考虑到与无线接入网相关的分组过滤规则在实际执行时的复杂性,可参考 SDN 技术,引入支持软件定义的分组过滤器来实现本地数据分流。如图 3-1 所示,基于软件定义的分组过滤器可采用类似于 OpenFlow 协议定义的流表,根据 IP 五元组、二层封装信息或者应用层信息等内容及其组合进行数据分组过滤转发。

如图 3-2 所示,本地数据分流可分为下列两种形式。

穿透模式:数据流量先卸载至本地网络,完成处理后,再由本地网络回传至分流功能实体,随后分流功能实体将本地网络回传的数据流量重新传至移动核心网。

终点模式:数据流量先卸载至本地网络,完成处理后,再由本地网络回传至分流功能实体,随后分流功能实体将本地网络回传的数据流量传至无线接入网。

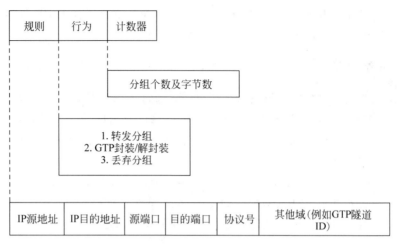

图 3-1 基于软件定义的分组过滤器

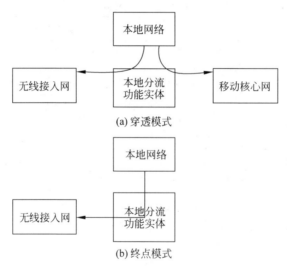

(a) 穿透模式

(b) 终点模式

图 3-2 基于数据分组过滤机制的本地数据分流模式

穿透模式实现了业务链向无线接入网的下沉,有助于更多创新业务的生成。例如,通过 TCP 头增强,实现基于无线信息的 TCP 优化。终点模式为传统的本地分流形式,实现方式上类似于流量卸载机制及 LIPA/SIPTO 机制。对于 3GPP 网络来说,基于上述模式的数据量转发必须基于 PDN 连接,以面向承载(Bearer)的方式在 GTP 隧道内进行。

在移动性支持方面,基于分组过滤的本地分流机制可以在不影响现有 PDN 连接的情况下,灵活控制数据转发的方向,但是需要在不同的分流功能实体之间引入新的信令及协调机制,以保证业务会话的连续性。目前 ETSI 并没有为 MEC 系统设计专门的移动性管理机制,而是继续沿用 LTE 网络内已有的方法,因此其提供的移动性支持方案基本类似于 LIPA/SIPTO。

在 QoS 保障方面,基于分组过滤器的本地分流机制可以在不影响 PDN 连接的情况下,通过特定的转发操作实现对数据转发速率的控制。例如,OpenFlow 流表动作指令集定义的 Meter 指令就可在 SDN 交换机内提供限速支持。但是基于分组过滤的本地分流机制无法控制基站的 QoS 行为(例如调度优先级控制),因此需要考虑是否可能引入新的机制,从而允许分流功能实体对基站实现一定的控制。ETSI 目前没有针对 MEC 定义任何 QoS 保障方面的机制。

第2节 移动性支持

边缘路由技术在移动性支持方面面临的挑战主要来自边缘网关位置变化带来的终端公网 IP 地址的变化。在实际网络中,当终端改变接入的边缘网关时,通常导致其公网 IP 地址的变化,这会使正在进行的业务会话中断。对于在线实时消息这样的短时业务来说,业务中断产生的影响可忽略不计;但是对在线视频等长时业务来说,业务中断会严重恶化用户体验。

1. 协调式 SIPTO

协调式 SIPTO(CSIPTO)由 3GPPTR22.828 提出,用以解决 L-GW 变化导致的业务中断问题。其核心思想是引入两个同时工作的 PDN 连接,一个 PDN 连接用于本地分流,另一个按照传统的方式通过移动核心网转发数据,终端根据业务类型决定使用哪个 PDN 连接进行数据传输。

如图 3-3 所示,实线标注了传统的 PDN 连接,虚线标注了支持本地分流的 PDN 连接。当终端需要传输短时业务数据时,选择虚线 PDN 连接;当长时业务产生时,终端选择实线 PDN 连接。

当终端由于移动导致接入点发生变化时,网络会对 LGW 进行重选以确保实现最有效的本地分流。此时,虚线 PDN 连接会被重新建立,终端原有的用于本地分流的公网 IP 地址会发生变化,正在进行的业务会产生中断。对实线 PDN 连接来说,网络只进行 SGW 重选而保持 PGW 不变,因此其公网 IP 地址得以保留。这样,正在实线 PDN 连接上传输的业务不会发生中断。

协调式 SIPTO 在业务中断及传输效率方面进行了折中,一方面保证了短时业务的传输效率,另一方面确保了长时业务在连续性上的用户体验。但是该机制要求终端对具体的业务信息有所了解,这就需要在业务开发者及终端厂商之间引入一定的协调机制。

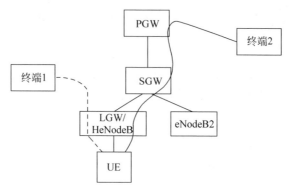

图 3-3 协调式 SIPTO 架构

2. IP 流移动性

IP 流移动性(IP Flow Mobility,IFOM)由 TS 23.261 在 R10 版本引入,其关注终端在同一个 PDN 连接下的不同 IP 流如何被路由到不同的接入系统,以及在用户进行系统间切换时,如何保证这些 IP 流的连续性和无缝移动性。目前的 IFOM 方案基于 DSMIPv6(即双栈移动 IPv6 协议),能够保留用户的 IP 地址,这使得终端在系统间移动时也可保持 IP 流的连续性。

DSMIPv6 由 IETF 提出,对移动 IPv6 协议的特性进行了扩展,加入了对 IPv4 网络的支持。允许移动节点请求其家乡代理将发往其家乡地址的 IPv4 或 IPv6 数据分组通过隧道转发至 IPv4 或 IPv6 转交地址上,从而实现了移动节点在 IPv4 和 IPv6 网络之间移动时的通信的连续性。

IFOM 允许终端以同一个 PDN 连接接入多个网关,并使用 DSMIPv6 协议向不同的网关分流数据。通过使用 DSMIPv6 的 IP 地址处理机制,终端无须了解不同的网络路径即可保持会话。

IFOM 对 DSMIPv6 的信令进行了扩展,以携带路由过滤器信息。如果 UE 在不同的系统上配置了不同的 IP 地址,则可通过多个绑定消息在家乡代理上分别将这些地址注册为 CoA。此外,为了将 IP 流路由到特定的接入,UE 需要在绑定的更新消息中包含流标识(Flow Identification,FID)参数。

FID 定义了路由规则,包含路由过滤器及路由地址。利用这些信息,系统可区分来自不同网关的业务数据。当终端产生移动时,会通过绑定更新消息更新路由信息;移动核心网收到路由更新信息后,会进行相应的承载释放或者创建,从而实现 IP 流的无缝切换。

IFOM 在传统 LTE 网络的基础上引入了 DSMIPv6 协议,这就要求终端及网络设备进行相应的升级,尤其是引入对移动 IP 协议的支持。因此,IFOM 在移动性支持上除了会产生移动网络中的切换信令,还会在 IP 层产生额外的信令开销。

3．分布式移动性管理

针对网络架构扁平化的趋势,IETF 成立了分布式移动性管理(Distributed Mobility Management,DMM)工作组研究分布式移动性管理机制。与传统的集中式移动性管理相比,分布式移动性管理主要包括以下特征。

① 移动性管理可基于网络,也可基于终端。会话标识符和转发地址之间存在映射关系,通常终端在移动之前的初始 IP 地址作为会话标识符。

② 移动性管理支持主要依据会话标识符与终端移动后的转发地址之间的映射关系,通过选路完成。

③ 移动性相关的控制平面以混合方式实现。部分功能以分布式方式在移动锚点处实现,用户管理、用户数据库以及网络接入认证鉴权等功能以集中方式实现。

④ 分布于网络边缘的移动锚点同时具备数据平面和控制平面,其数据平面完成数据转发,控制平面处理与映射及选路相关的控制信令。

如图 3-4 所示,在 DMM 架构中,数据平面分布在无线接入网及移动核心网内部,负责移动性管理的控制平面作为移动锚点分布在无线接入网边缘,在移动核心网内,则作为移动管理中心集中部署。DMM 架构的移动性支持功能包括位置信息管理和数据转发。其中,位置信息管理属于控制平面功能,数据转发又分为数据平面的数据转发及控制平面的消息转发,对数据平面转发功能的管理由控制平面在无线接入网及移动核心网协同控制。

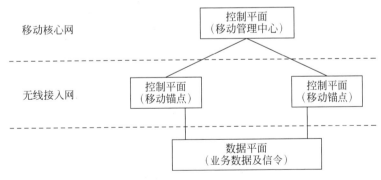

图 3-4　DMM 架构

DMM 架构十分适合采用基于 SDN 的实现方式,SDN 交换机灵活的数据转发路径设置功能能够在数据平面上实现更高效快捷的路由。控制平面仅需通过更新 SDN 交换机的流表即可完成数据平面的路由优化。SDN 交换机也可支持控制平面信令消息的转发。

　　SDN 基于流表的分组处理方式能够快速适应网络变化。当终端改变网络接入点时,控制平面通过 SDN 交换机传输移动性方面的信令,或者通过 SDN 控制器感知到终端位置的变化。根据移动性管理策略完成转发规则的计算后,控制平面将转发规则以流表的形式下发至 SDN 交换机。当用户会话结束时,控制平面根据相关信令,将 SDN 交换机内的相关流表删除,从而在数据平面终止相应的转发规则。这种方式结合 NAT 功能可以在不改变移动终端公网 IP 地址的情况下,实现应用层会话的连续性。

　　基于 SDN 的 DMM 架构还有若干问题需要解决,例如移动终端的位置变化事件如何被控制平面快速感知、移动锚点间的转发路径如何快速建立等。

第 4 章

无线网络能力开放

随着移动互联网应用的不断丰富发展,构建统一的网络能力开放平台、合理地提供基础业务及信息等能力成为激发移动业务创新、增强运营商未来竞争力的关键所在。网络开放的核心是面向第三方应用的友好化及智能化,使应用能够以API的方式快速便捷地调用网络能力,而网络可对外部调用请求进行高效智能的响应。

网络能力开放的首要因素是网络所能开放的具体能力及信息,它们必须能实现多方共赢。对业务提供者来说,可以订购网络能力,实现差异化服务,提升用户体验,并能基于开放的网络能力加快推出新业务。对运营商来说,能力开放能促进运营商提升网络建设运营,优化网络资源利用率。对用户来说,网络能力开放能加速创新业务的出现,带来业务体验的全面提升。

网络能力开放架构是实现能力开放的基础,其主要功能包括能力开放使能和能力开放管理。能力开放使能负责网络能力调用及相应的具体执行工作,向第三方应用提供北向接口,其南向接口用于对具体的网络功能实体进行访问控制。能力开放管理涉及网络能力开放的安全性及可靠性保障,既保证网络能力向可信的第三方应用开放,也确保第三方应用调用到可靠的网络能力。此外,能力开放管理还需要对计费功能进行支持。

网络能力开放目前还存在一定障碍,运营商现有的网络架构及业务体系并未充分考虑支持能力开放。部分现网物理设备基于封闭式架构开发,不能提供开放能力。运营商现有业务系统也具有相当的封闭性,大部分运营支撑系统(OSS/BSS)不支持对外开放。目前基于现网系统只能实现烟囱式的网络能力开放,且开放接口的定义种类繁多,无法支持多种能力的组合调用。因此,第三方应用的调用复杂度偏高,网络信息上报存在重复且易出错的现象,这些都导致第三方应用基于现有能力开放系统的开发效率不高。

第 1 节　能力开放架构

1. 3GPP SCEF 架构

3GPP TR 23.708 基于移动网络业务能力开放的场景、需求、能力开放架构和关键技术等方面的考虑,对网络能力开放架构进行了设计。为满足应用场景需求,其在移动网络中引入网络能力开放平台,即业务能力开放功能(Service Capability Exposure Function,SCEF),实现第三方应用的认证授权、计费及与网络侧网元的信息交互、信息隐藏及封装调用。通过 SCEF,可向第三方安全地开放服务与网络能力。

如图 4-1 所示,SCEF 架构基于网络业务 APL 并提供发现功能,帮助第三方快速定制开发个性化的电信业务。API 规范可由 OMA、GSMA 或其他标准组织制定。SCEF 提供具备足够的安全保护能力的可信域,运营商可将其管理的网络功能实体置于其中,进行安全可靠的能力开放。SCEF 可通过 3GPP 协议定义的接口获取相应的网络能力,例如通过 Rx 接口实现业务质量控制。SCEF 需要针对不同的网络能力及其相关的功能实体和接口,产生不同的运行实例。

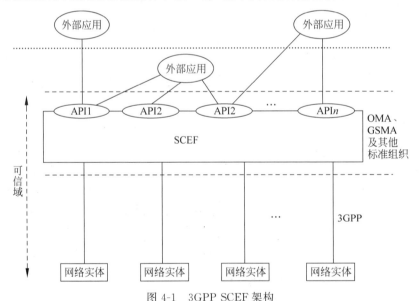

图 4-1　3GPP SCEF 架构

SCEF 为第三方应用提供了两种运行空间域:可信域和非可信域。在可信域,第三方应用可直接通过 3GPP 协议定义的接口访问相关功能或网元(例如 PCRF),而无须经过 SCEF 处理;在非可信域,第三方应用进行的任何能力调用必须通过 SCEF 处理。

SCEF 的主要功能如下。

① 鉴权及授权。

② API 调用请求识别。

③ 概要管理。

④ 接入控制管理。

⑤ 面向外部实体的开放能力发现功能。

⑥ 策略管理,包括基础设施策略,例如防止短消息服务中心过载;业务策略,例如业务路由设置;应用层策略,例如流量限速。

⑦ 流量记账功能。

⑧ 外部连接功能。

⑨ 网络能力抽象,主要指屏蔽底层 3GPP 网络的接口及协议,支持网络功能集成。具体来说,网络功能集成包括底层协议连接、路由及流量控制、将 API 映射至相应的网络接口、协议翻译。

图 4-2 给出了一个基于 3GPP SCEF 架构的短信业务能力调用实例。第三方应用调用短信业务 API 实现短信收发。短信业务能力开放模块向所有应用提供统一的调用接口。短信业务抽象模块负责连接短消息服务中心,并管理所有的短信业务会话。该模块支持各种短信传输协议,如 SMPP 和 UCP 等。面向外部应用的 API 接口在该模块被映射为 T4 及 TSMS 接口。

2. ETSI MEC 能力开放架构

ETSI MEC 工作组基于其提出的 MEC 服务器平台设计了网络能力开放架构,如图 4-3 所示,网络能力以中间件的形式作为 MEC 平台业务向第三方应用开放。每个平台业务都向外部应用提供 API,以支持相应的能力调用。

平台业务同第三方应用之间以面向服务的体系结构(Service-Oriented Architecture,SOA)进行通信。SOA 是一种粗粒度、松耦合的服务架构,这使得第三方应用对网络能力的调用只需通过简单、精确定义的通信接口就可进行,不涉及底层编程接口和通信模型。ETSI MEC 设计了一种基于代理的"发布/订阅"协议用于平台业务同第三方应用之间的通信,这种方式支持一对多的消息分发能力,并且不依赖具体的第三方应用。来自第三方的发布及订阅操作是可控的,需要经过鉴权及授权才能生效,发布/订阅消息的传输同业务内容无关。第三方应用可能的恶意操作或错误操作必须通过额外的安全机制进行屏蔽。

平台业务需要在 MEC 服务器内进行注册,以支持面向第三方的发现功能。根据相关注册信息,第三方可获知某个具体平台业务的状态(例如可用性)以及相

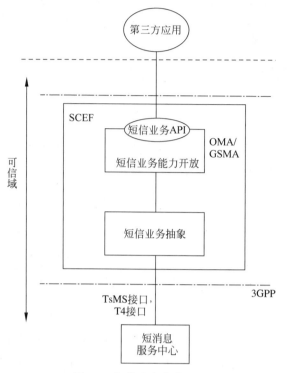

图 4-2　短信业务能力调用

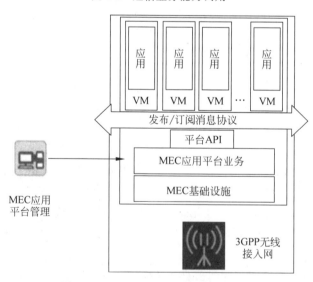

图 4-3　ETSI MEC 网络能力开放架构

关的通信接口。平台业务的注册必须经过鉴权及授权才能生效。平台业务所能提供的具体网络开放能力有赖于相关的 3GPP 标准进程,而平台业务同底层 3GPP

无线接入网之间的通信机制由设备厂商自行决定。

ETSI MEC 提供平台管理功能,用以对平台业务的可操作性及生命周期进行管理,其主要功能包括以下两方面。

第一,应用平台的配置管理。

第二,平台业务的生命周期管理。

3. IMT-2020 能力开放架构

IMT-2020(5G 推进组)网络组成立了能力开放子组,重点研究面向 5G 网络能力开放的场景及能力开放对 5G 网络的影响等问题,并且提出了能力开放平台架构,如图 4-4 所示。其主要特性有以下几种。

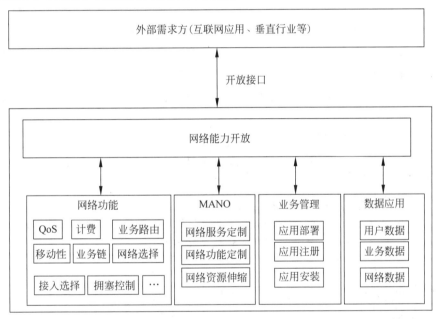

图 4-4　IMT-2020 的 5G 能力开放平台架构

(1) 按照控制转发功能分离的原则,能力开放平台基于集中部署的控制面,实现网络能力的统一调用。

4G 网络的能力开放架构基于"不同功能、各自开放"的原则,将网元控制功能分布在不同位置上,导致能力开放平台需要维护多种南向协议接口,使得平台结构异常复杂。这一方面增大了部署难度,另一方面使第三方的能力调用方式变得十分繁琐,带来不友好的第三方开发体验。5G 网络实现了控制功能的逻辑集中以及中心化部署,这给能力开放平台提供了简单统一的调用接口,使第三方能够对网络功能按统一的方式进行调用,例如移动性支持、会话、QoS 和计费等功能。

（2）基于虚拟化的基础设施，能力开放平台提供优化的管控及调度能力。

由于刚性硬件环境及规划部署方式的限制，不同垂直行业在网络功能、资源和组网方式上的差异化需求无法在现有网络上得到满足。5G网络可将虚拟化管理及编排能力（Management and Orchestration，MANO）对外开放。能力开放平台通过与其对接，可调用网络虚拟化管理及编排能力（NFV Management and Orchestration，NFV MANO）功能，允许第三方动态定制网络，虚拟化网元生命周期管理、网元功能的定制化及基础设施平台虚拟化资源的统一调度。

（3）基于网络边缘计算平台，能力开放平台对第三方业务提供运营管控能力。

利用位于网络边缘的计算平台，第三方可将业务逻辑和数据存储部署于其中，使得业务更靠近用户的位置，从而提供高性能（时延保证与连接服务）和高可靠的业务部署环境，降低业务开发门槛。第三方可更便捷地获取并利用网络信息（例如用户移动轨迹、小区负载等），从而提升终端用户的服务体验。

5G网络实时产生海量的用户、业务、网络相关的统计信息和数据，为大数据分析提供了重要的数据来源。能力开放平台除了提供跟网络功能相关的能力开放服务外，还可对外提供数据应用，实现移动网络同大数据分析应用的对接联动，充分发掘5G网络蕴藏的价值。

第2节　能力开放实现

网络能力开放的实现基本遵循如图4-5所示的模式。能力开放平台基于南向接口对底层网络系统进行访问控制，通过北向接口处理来自第三方应用的能力调用请求。能力开放从实现角度来说涉及两个方面：开放接口及开放方式。

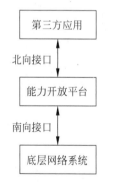

图4-5　网络能力开放的实现模式

1. 开放接口

（1）北向接口。

北向接口是为第三方接入和管理网络提供的接口，即向上提供的接口。北向接口通常基于API支持第三方开发各种应用对网络进行访问或控制，例如采集网络运行中产生的数据。能力开放平台通过北向接口为第三方应用提供了对网络的顶层抽象。

北向接口的构建模式分为两种类型，一类注重对网络资源抽象及控制能力的开放，通常将底层网络系统分解成若干信息模型；另一类关注应用或服务的需求同，同具体的底层网络技术无关。目前主流的北向接口基本按照第一类方式构建,第二类方式仍处在探索阶段。

北向接口可基于不同的协议实现,大致分为以下三类。

① 基于传统网管协议,例如 CORBA 及 SNMP 等。

② 基于 SDN 的网管协议,例如 NETCONF 协议及 RESTCONF 协议等。

③ 基于互联网业务的协议,例如 REST(RESTful API)、XMPP 协议及 WebSockets 协议等。ETSI MEC 能力开放框架目前已基于 REST 接口定义了用于获取无线网络信息的北向接口。

北向接口的工作模式主要分为两类。

① Pull(拉取)模式,指第三方应用主动向能力开放平台发起调用请求。这种模式适合第三方根据需要实时获取网络能力,但每次调用都会产生额外的开销,用于同能力开放平台的交互。

② Push(推送)模式,指能力开放平台根据与第三方应用的事先约定,按照其需求,主动为其提供网络能力开放服务。这种模式适合能力开放平台同时服务于多个第三方应用的情况,可减少 Pull 模式中产生的调用开销,但是在服务实时性上存在一定延迟。ETSI MEC 能力开放框架中引入的发布/订阅协议即采用了此类模式,并且定义了相应的 API 来支持 SI。

(2) 南向接口。

南向接口是用于管理控制网络设备的接口,即向下提供的接口。南向接口通常由设备厂商按照私有标准自行定义,但目前部分网络运营商正在推动相关的标准化活动,试图对该接口进行统一。

南向接口支持多种形式的接口协议,大致分为以下三类。

① 基于 SDN 的协议,例如 OpenFlow 协议。

② 基于传统网管协议,例如 SNMP 及 TR069 网协议,其中 TR069 协议又被称为客户端广域网管理协议,广泛用于家庭网络设备的远程管理配置。

③ 基于特定网络的协议,例如用于 LTE/EPC 网络 Rx 接口的 Diameter 的协议。Rx 接口是 3GPP 定义的专门用于 LTE/EPC 网络策略和计费控制的接口。

2. 开放方式

网络能力的开放方式指能力开放平台对第三方网络能力调用请求的具体服务执行过程,其主要形式包括共路开放和随路开放。具体来说,共路开放指第三方应用独立于自身的业务会话,通过另行创建与能力开放平台的会话连接,实现网络能力的调用。随路开放指第三方应用基于已有业务会话直接调用网络能力,而不必额外与能力开放平台创建会话。随路开放是对共路开放的增强,需要基于共路开放方式实现相关功能。

(1) 共路开放。

共路开放方式是目前主流的网络能力开放实现方式。如图 4-2 给出的实例，第三方应用针对特定的网络能力在北向接口发起会话请求进行 API 调用，能力开放平台基于南向接口完成处理后，将调用结果通过在北向接口上已建立的会话返回至第三方应用服务器。

对于共路开放实现方式，第三方应用需要将能力调用过程与其业务会话进行同步，从而实现二者的对接。例如，当第三方服务器收到终端用户的 HTTP 视频流请求后，需要先挂起正在进行的业务流程，然后通过北向接口向能力开放平台发起能力调用请求，要求网络为即将发起的视频流分配足够的带宽用于传输高清视频。待能力调用执行完成且得到能力开放平台的响应后，第三方服务器再继续执行视频请求处理流程，将请求的视频交付给用户。

上述过程表明在共路开放方式下，第三方需要对其业务逻辑(即业务处理流程)进行相应的改动，才能实现能力调用。而在互联网业务日趋复杂的情况下，业务逻辑的改动往往带来业务平台架构的变动，这可能导致第三方应用的使用成本及难度的上升。

(2) 随路开放。

随路开放主要面向基于 Web 方式实现的第三方应用，网络能力被拆分为可通过 HTTP 操作的逻辑资源，并嵌入特定的 HTTP 会话内随业务数据一起交付。第三方应用平台，尤其是目前主流的移动互联网业务提供商，可基于已有的生产环境调用网络能力，无须修改自身平台架构及业务逻辑。也就是说，在随路开放方式下，第三方应用无须将能力调用请求与其业务会话进行同步。从第三方的角度来看，这简化了能力调用的过程，提升了开发体验。

但是，随路开放实现方式要求对用户的业务数据流做修改，而且主要针对以 HTTP 协议为基础的业务，因此其在适应性方面不如共路开放方式。此外，随着 HTTPS 协议逐渐用于互联网业务，用户数据流将以加密的方式进行传输，这将导致能力开放平台无法通过对业务数据流处理实现能力开放。因此，随路能力开放在业务的适应性方面有待进一步完善。

图 4-6 给出了随路开放方式的具体工作过程。其中，第三方应用不直接通过北向接口发起请求，而是依赖一种特殊的 HTTP 透明代理服务器，完成基于随路方式的网络能力调用。HTTP 透明代理服务器作为第三方应用的代理，驱动能力开放平台完成网络能力调用。HTTP 透明代理服务器可看作面向用户业务数据流的平台中间件。此外，业务数据库记录网络能力调用的相关信息(例如触发条件及使能方式)，用以向 HTTP 透明代理服务器进行相关操作指示。第三方应用必须事先在业务数据库内创建相关记录，以完成能力调用请求的注册。

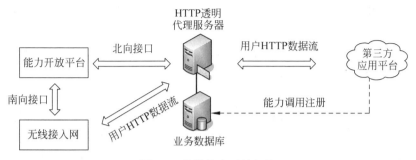

图 4-6 随路能力开放架构

HTTP 透明代理服务器是实现随路开放的核心模块。用户的业务流量必须能够导入 HTTP 透明代理服务器,以便其能够解析业务数据,并根据解析结果对业务数据库进行查询,以确定具体的能力调用使能方式。HTTP 透明代理服务器获取业务数据库记录后,通过能力开放平台的北向接口发起网络能力调用请求。获得调用结果后,控制或者改写导入的用户 HTTP 流量,完成面向第三方应用的能力开放。

表 4-1 给出了业务数据库中支持随路能力开放的数据记录定义方式,每条记录以第三方业务的域名为索引。记录内容由一系列三元组(trigger,action,lifetime)构成。trigger 有以下两种定义方式。

① 针对某个 URL 内路径名的正则表达式。

② HTTP 请求/响应头内的某个 key-value 字段。

trigger 代表能力调用的触发条件,具体是指当其定义的内容与 HTTP 业务流匹配时,HTTP 透明代理服务器必须在北向接口发起相应的调用请求。action 指具体调用的网络能力,即特定 API 的名称。lifetime 指定了该三元组的生存时间,即相关网络能力开放的有效期。

表 4-1 支持随路能力开放的业务数据库记录

索　　引	行　为　规　则
域名	(trigger,action,lifetime) (trigger,action,lifetime) (trigger,action,lifetime) …

HTTP 头改写主要指在 HTTP 请求/响应头内加入特定的 key-value 字段。HTTP 头识别指对 HTTP 请求/响应头内特定的 key 字段进行识别。URL 改写指对 URL 的 Query 字段添加内容。URL 识别指对 URL 内的特定字段进行识别。

HTTP 头改写及 URL 改写主要用于网络及用户信息的开放,能力开放平台可将特定内容插入 HTTP 头或 URL 内,从而实现对第三方应用的信息开放。HTTP 头识别及 URL 识别用来实现控制能力的开放,能力开放平台通过识别 HTTP 头或 URL 内的特定字段,确定是否需要向该业务开放特定的控制能力,比如为指定的 HTTP 数据流提供更多的网络资源以保证其用户体验。

HTTP 透明代理服务器通过获取移动用户的 DNS 请求来驱动面向第三方的能力调用执行,其具体实现方式如图 4-7 所示。终端发出的 DNS 请求首先被转发给 HTTP 透明代理服务器。DNS 请求包含的域名由 HTTP 透明代理服务器抽取并作为索引向业务数据库进行查询,业务数据库将相应的记录返回至 HTTP 透明代理服务器。返回的数据库记录可缓存在 HTTP 透明代理服务器,直至其达到指定的生存时间。

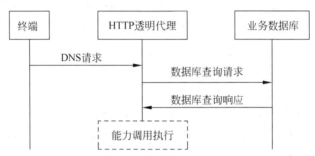

图 4-7   基于随路开放方式的网络能力调用流程

HTTP 透明代理服务器的能力调用执行流程分为以下 3 种情况。

① 无数据库记录,即业务数据库内没有以查询域名为索引的记录。

② 无匹配数据库记录,即业务数据库内返回了以查询域名为索引的记录,但其能力调用触发条件同当前业务上下文不匹配。

③ 有匹配数据库记录,即业务数据库内返回了以查询域名为索引的记录,且其能力调用触发条件同当前业务上下文匹配。

在条件①下,HTTP 透明代理服务器通过内置的 DNS 代理向公共 DNS 发起 DNS 查询请求,并将查询结果返回给终端,从而使得终端同第三方平台建立业务连接。

在条件②下,HTTP 透明代理服务器通过内置的 DNS 代理向公共 DNS 发起 DNS 查询请求,获取第三方应用服务器的地址。接着,HTTP 透明代理服务器分别从终端及第三方应用服务器获取 HTTP 请求及响应信息,根据数据库查询结果发现无匹配的触发条件后,通过 HTTP 重定向机制引导终端连接第三方平台。

在条件③下,HTTP 透明代理服务器通过内置的 DNS 代理向公共 DNS 发起 DNS 查询请求,获取第三方应用服务器的地址。接着,HTTP 透明代理服务器分别从终端及第三方应用服务器获取 HTTP 请求及响应信息,根据数据库查询结果发现匹配的触发条件时,通过北向接口驱动相应的平台中间件完成能力调用执行。HTTP透明代理服务器则作为中间代理,实现终端同第三方平台的会话连接。

下文给出了一个实例,用于描述所述随路方式下,能力调用执行的具体工作过程。第三方应用提供商首先在业务数据库内录入记录a.b.com-(is_vip=1,0x0001,10/14/2015 4:02 PM),其中a.b.com为索引,(is_vip=1,0x0001,10/14/2015 4:02 PM)为记录内容。is_vip=1表示业务流的URL内必须包含is_vip=1这个字段,0x0001为能力开放平台定义的开放方式,具体指将匹配业务流的QoS优先级调高一个等级,10/14/2015 4:02 PM指该条记录在该时间之前有效。

终端发起业务会话之前,先向网络发送一条针对a.b.com的DNS查询请求,该请求被转发至HTTP透明代理服务器。随后,HTTP透明代理服务器以a.b.com为索引向业务数据库发起请求。业务数据库通过检索,将记录(is_vip=1,0x0001,10/14/2015 4:02 PM)并返回至HTTP透明代理服务器。

HTTP透明代理服务器在收到数据库查询结果后,向终端返回DNS响应,引导终端向其发送HTTP请求。同时,HTTP透明代理服务器通过内置的DNS代理向公共DNS发起DNS查询请求,获取第三方应用服务器的地址。HTTP透明代理服务器收到HTTP请求后,抽取分析其中的URL部分。当发现存在is_vip=1这个字段后,HTTP透明代理服务器确定当前业务流满足能力调用执行触发条件,接着通过北向接口驱动无线网络完成QoS等级调整。而HTTP透明代理服务器将DNS查询获取的地址作为透明代理连接第三方服务器,并将业务数据转发给终端。

第3节　能力开放内容

能力开放平台所能提供的开放内容是网络能力开放的核心价值所在。基于开放的内容,运营商可通过提供增值服务或开放API的形式,将移动网络业务能力开放给第三方业务提供商。移动网络可开放的能力主要包括网络及用户信息、业务及资源控制以及网络业务处理。随着移动网络功能的不断丰富,能力开放所涉及的内容将不断增加。

1. 网络及用户信息

网络及用户信息包括实时的和非实时的,其中实时信息包括用户位置、蜂窝负载信息、链路质量统计(CQL SINR、BLER)及网络吞吐量统计等,非实时信息包括终端能力和数据连接类型、用户签约信息(如签约标识及优先权)等。运营商基于网络运行情况获得的大数据分析结果也可作为网络信息对外开放,根据不同的分析方法,此类信息既可实时提供也可非实时提供。

2. 业务及资源控制

业务及资源控制能力指对业务质量、网络运行策略和安全方面的控制和监控功能。例如,通过路由策略控制,第三方应用可根据业务需求灵活配置数据转发功能,实现路由定制。对于移动边缘计算而言,第三方应用可根据交付内容,通过路由定制,确定将业务流量卸载至边缘云还是私有云,或者按正常方式通过移动核心网回传至其集中化数据中心。

3. 网络业务处理

网络业务处理指包括语音、短消息及多媒体消息服务在内的传统通信业务。随着 IMS 业务的发展,网络业务处理还将涉及更多的新型业务,例如多方会议及富通信服务(Rich Communication Suite,RCS)等。此外,部分传统移动网络的后台支撑功能(例如计费服务等),也可作为业务处理能力向第三方开放。

第 **5** 章

边缘计算基础资源架构

作为一种新型的服务模型,边缘计算将数据或任务放在靠近数据源头的网络边缘侧进行处理。网络边缘侧可以是从数据源到云计算中心之间的任意功能实体,这些实体搭载着融合网络、计算、存储等核心能力于一体的边缘计算平台,为终端用户提供实时、动态和智能的服务计算。同时,数据就近处理的理念也为数据安全和隐私保护提供了更好的结构化支撑。

边缘计算模型的总体架构主要包括核心基础设施、边缘数据中心、边缘网络和边缘设备。从架构功能角度划分,边缘计算包括基础资源(计算、存储、网络)、边缘管理、边缘安全以及边缘计算业务应用,如图 5-1 所示。

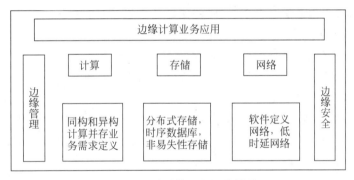

图 5-1 边缘计算功能划分模块

边缘计算的业务执行离不开通信网络的支持,其网络既要满足与控制相关业务传输时间的确定性和数据完整性,又要能够支持业务的灵活部署和实施。时间敏感网络(TSN)和软件定义网络(SDN)技术是边缘计算网络部分的重要基础资源。异构计算支持是边缘计算模块的技术关键。随着物联网和人工智能的蓬勃发展,业务应用对于计算能力提出了更高的要求。计算需要处理的数据种类也日趋多样化,边缘设备既要处理结构化数据,又要处理非结构化数据。为此,边缘计算架构需要解决不同指令集和不同芯片体系架构的计算单元协同起来的异构计算,满足不同业务应用的需求,同时实现性能、成本、功耗、可移植性等的优化均衡。

目前,业界以云服务提供商为典型案例,已经实现部署了云上 AI 模型训练和推理预测的功能服务。将推理预测作为边缘计算工程应用的热点,既满足了实时性要求,又大幅减少了占用云端资源的无效数据。边缘存储以时序数据库(包含数据的时间戳等信息)等分布式存储技术为支撑,按照时间序列存储完整的历史数据,需要支持记录物联网时序数据的快速写入、持久化、多维度的聚合等查询功能。

本章首先介绍边缘计算与前沿技术的关联和融合,然后详细介绍边缘计算网络、存储、计算三大基础资源架构技术。

第 1 节　边缘计算与前沿技术的关联和融合

1. 边缘计算和云计算

边缘计算的出现不是替代云计算,而是互补协同,也可以说边缘计算是云计算的一部分。边缘计算和云计算的关系可以比喻为集团公司的地方办事处与集团总公司的关系。二者各有所长,云计算擅长把握整体,聚焦非实时、长周期数据的大数据分析,能够在长周期维护、业务决策支撑等领域发挥优势;边缘计算则专注于局部,聚焦实时、短周期数据的分析,能更好地支撑本地业务的实时智能化处理与执行。云边协同将放大边缘计算与云计算的应用价值:边缘计算既靠近执行单元,又是云端所需的高价值数据的采集单元,可以更好地支撑云端应用的大数据分析;反之,云计算通过大数据分析,优化输出的业务规则或模型可以下发到边缘侧,边缘计算基于新的业务规则进行业务执行的优化处理。

边缘计算不是单一的部件,也不是单一的层次,而是涉及边缘 IaaS、边缘 PaaS 和边缘 SaaS 的端到端开放平台。如图 5-2 所示为云边协同框架,清晰地阐明了云计算和边缘计算的互补协同关系。边缘 IaaS 与云端 IaaS 实现资源协同;边缘 PaaS 和云端 PaaS 实现数据协同、智能协同、应用管理协同、业务编排协同;边缘 SaaS 与云端 SaaS 实现服务协同。

2018 年年底,阿里云和中国电子技术标准化研究院等单位发表了《边缘云计算技术及标准化白皮书(2018)》,提出了边缘云的概念。现阶段被广为接受的云计算定义是《信息技术云计算概览与词汇》中给出的定义:云计算是一种将可伸缩、弹性的共享物理和虚拟资源池以按需自服务的方式供应和管理的模式。云计算模式由关键特征、云计算角色和活动、云能力类型和云服务类别、云部署模型、云计算共同关注点组成。

但是,目前对云计算的概念都是基于集中式的资源管控提出的,即使采用多个数据中心互联互通的形式,依然将所有的软硬件资源视为统一的资源进行管理、调度和售卖。随着 5G、物联网时代的到来以及云计算应用的逐渐增加,集中式的云

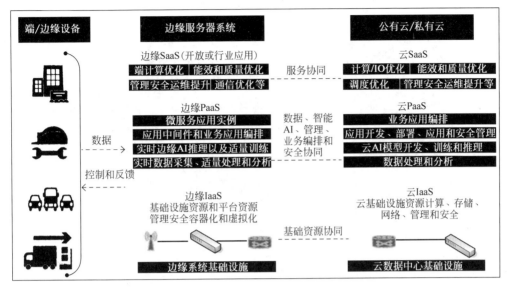

图 5-2　云边协同框架

已经无法满足终端侧"大连接、低时延、大带宽"的资源需求。结合边缘计算的概念,云计算将必然发展到下一个技术阶段:将云计算的能力拓展至距离终端更近的边缘侧,并通过"云-边-端"的统一管控实现云计算服务的下沉,提供端到端的云服务。边缘云计算的概念也随之产生。

《边缘云计算技术及标准化白皮书(2018)》把边缘云计算定义为:基于云计算技术的核心和边缘计算的能力,构筑在边缘基础设施之上的云计算平台。同时,边缘云计算也是形成边缘位置的计算、网络、存储、安全等能力的全面的弹性云平台,并与中心云和物联网终端形成"云边端三体协同"的端到端的技术架构。通过将网络转发、存储、计算、智能化数据分析等工作放在边缘处理,可以降低响应时延、减轻云端压力、降低带宽成本,并提供全网调度、算力分发等云服务。

边缘云计算的基础设施包括但不限于分布式 IDC、运营商通信网络边缘基础设施、边缘侧客户节点(如边缘网关、家庭网关等)等边缘设备及其对应的网络环境。图 5-3 描述了中心云和边缘云协同的基本概念。边缘云作为中心云的延伸,将云的部分服务或者能力(包括但不限于存储、计算、网络、AI、大数据、安全等)扩展到边缘基础设施之上。中心云和边缘云相互配合,实现中心—边缘协同、全网算力调度、全网统一管控等能力,真正实现"无处不在"的云。

边缘云计算在本质上是基于云计算技术的,为"万物互联"的终端提供低时延、自组织、可定义、可调度、高安全、标准开放的分布式云服务。边缘云可以最大限度地与中心云采用统一架构、统一接口、统一管理,这样能够降低用户的开发成本和运维成本,真正实现将云计算的范畴拓展至距离产生数据源更近的地方,弥补传统

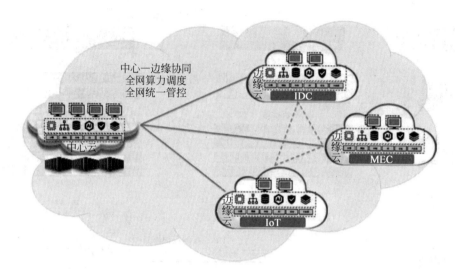

图 5-3　中心云和边缘云协同

架构的云计算在某些应用场景中的不足。

　　根据所选择的边缘云计算基础设施的不同以及网络环境的差异,边缘云计算技术适用于以下场景:将云的计算能力延展到距离"万物"10km 的位置,例如将服务覆盖到乡镇,街道级"10km 范围圈"的计算场景。"物联网云计算平台"能够将云的计算能力延展到"万物"的身边,可称为"1km 范围圈",工厂、楼宇等都是这类覆盖的计算场景。

　　除了网络能够覆盖到的"10km 计算场景"和"1km 计算场景",边缘云计算还可以在网络无法覆盖的地域,即通常被称为"网络黑洞"的区域提供"边缘云计算服务",例如"山海洞天"(深山、远海航船、矿井、飞机)等需要计算的场景。在需要时将处理的数据进行实时处理,联网之后再与中心云协同处理。边缘云计算具备网络低时延、支持海量数据访问、弹性基础设施等特点。同时,空间距离的缩短带来的好处不只是降低了传输时延,还降低了复杂网络中各种路由转发和网络设备处理的时延。此外,由于网络链路被争抢的概率大大减小,能够明显降低整体时延。边缘云计算给传统云中心增加了分布式能力,在边缘侧部署部分业务逻辑并完成相关的数据处理,可以大大缓解将数据传回中心云的压力。边缘云计算还能够提供基于边缘位置的计算、网络、存储等弹性虚拟化的能力,并能够真正实现"云边协同"。

2. 边缘计算和大数据

　　大数据是指无法在一定时间内用常规软件工具对其内容进行抓取、管理和处理的数据集合。大数据技术是指从各种各样的数据中快速获得有价值信息的能力,适用于大数据的技术包括大规模并行处理(MPP)数据库、数据挖掘网络、分布式文件系统、分布式数据库、云计算平台、互联网和可扩展的存储系统。大数据具有以下 4 个基本特征。

① 数据体量巨大。

百度资料表明,其新首页导航每天需要提供的数据超过 1.5PB(1PB＝1024TB),这些数据如果用 A4 纸打印出来,将超过 5000 亿张。有资料证实,到目前为止,人类生产的所有印刷材料的数据量仅为 200PB。

② 数据类型多样。

现在的数据类型不仅是文本形式,更多的是图片、视频、音频、地理位置信息等多种类型的数据,个性化数据占绝大多数。

③ 数据处理速度快。

数据处理遵循"1 秒定律",可从各种类型的数据中快速获得高价值的信息。

④ 数据价值密度低。

以视频为例,在不间断的监控过程中,时长为 1 小时的视频中可能有用的数据仅有一两秒。

(1) 大数据分析方法理论。

只有通过对大数据进行分析才能获取很多智能的、深入的、有价值的信息。如今,越来越多的应用涉及大数据,而这些大数据的属性(包括数量、速度、多样性等)呈现了大数据不断增长的复杂性。所以,大数据的分析方法在大数据领域就显得尤为重要,可以说是判断最终信息是否有价值的决定性因素。基于此,大数据分析普遍存在的方法理论如下。

① 可视化分析。

大数据分析的使用者有大数据分析专家和普通用户,但是二者对于大数据分析最基本的要求都是可视化分析。因为可视化分析能够直观地呈现大数据的特点,同时非常容易被读者接受,就如同看图说话一样简单明了。

② 数据挖掘算法。

大数据分析的理论核心就是数据挖掘算法,各种数据挖掘算法基于不同的数据类型和格式,才能更加科学地呈现出数据本身具备的特点。也正是因为这些统计方法,我们才能深入数据内部,挖掘出公认的价值。另外,也正因为有了这些数据挖掘的算法,才能更快速地处理大数据。

③ 预测性分析。

大数据分析最重要的应用领域之一是预测性分析。预测性分析是从大数据中挖掘出信息的特点与联系,并科学地建立模型,之后通过模型导入新的数据,从而预测未来的数据。

④ 语义引擎。

非结构化数据的多元化给数据分析带来新的挑战,我们需要一套工具系统地分析和提炼数据。语义引擎需要具备人工智能,以便从数据中主动地提取信息。

⑤ 数据质量和数据管理。

大数据分析离不开数据质量和数据管理,有了高质量的数据和有效的数据管理,无论是在学术研究还是在商业应用领域,都能够保证分析结果的真实性和价值。

(2) 大数据的处理方法。

对大数据的处理有采集、导入和预处理、统计分析、挖掘四种方法。

① 采集。

大数据的采集是指利用多个数据库接收客户端(Web、App 或传感器形式等)的数据,并且用户可以利用这些数据库进行简单的查询和处理。例如,电商会使用传统的关系数据库存储每一笔事务数据;除此之外,非关系数据库也常用于数据的采集。

在大数据的采集过程中,其主要特点和挑战是并发数高,因为同时会有成千上万的用户进行访问和操作。例如,火车票售票网站和淘宝网,它们并发的访问量在峰值时达到上百万,所以需要在采集端部署大量数据库才能支撑。如何在这些数据库之间进行负载均衡和分片,需要深入地思考和设计。

② 导入和预处理。

虽然采集端本身会有很多数据库,但是如果要对这些海量数据进行有效的分析,应将这些数据导入一个集中的大型分布式数据库或者分布式存储集群中,并且在导入的基础上做一些简单的数据清洗和预处理工作。也有一些用户会在导入时使用 Twitter 的 Storm 对数据进行流式计算,来满足部分业务的实时计算需求。

导入和预处理过程的特点和挑战主要是导入的数据量大,每秒的导入量经常会达到百兆甚至千兆级别。

③ 统计分析。

统计分析主要利用分布式数据库或分布式计算集群对海量数据进行分析和分类汇总等操作,以满足大多数常见的分析需求。在这方面,一些实时性需求会用到 EMC 的 Green Plum、Oracle 的 Exadata,以及基于 MySQL 的列式存储数据库 Infobright 等。而一些批处理或者基于半结构化数据的需求,可以使用 Hadoop 来满足。

统计分析的主要特点和挑战是涉及的数据量大,其对系统资源,特别是 I/O 会有极大的占用。

④ 挖掘。

与统计分析过程不同的是,数据挖掘一般没有预先设定好的主题,主要是在现有数据上面进行基于各种算法的计算,从而达到预测的效果,实现一些高级别数据分析的需求。比较典型的算法有用于聚类的 K-means、用于统计学习的 SVM 和用于分类的 NaiveBayes,使用的工具主要有 Hadoop 的 Mahout 等。该过程的特点和挑战主要是用于挖掘的算法很复杂,并且计算涉及的数据量和计算量都很大,常用的数据挖掘算法都以单线程为主。

现在,大多数请求被大规模离线系统处理,云服务商也正开发新的技术以便适应这种趋势。持续的大数据处理不仅缩短了磁盘的使用寿命,还会降低云服务器的整体工作寿命。常规 Web 服务器硬件组件的使用寿命达到 4~5 年,而与大数据相关的组件和云服务器的生命周期不超过 2 年。引入边缘计算将帮助解决这个问题,在采集端将信息过滤,在边缘做预处理和统计分析,仅把有用的待挖掘信息提交给云端。

基于云的大数据分析非常强大,给系统提供的有用信息越多,系统就越能对问题提供更好的答案。例如,在零售环境中,面部识别系统收集的消费者画像统计数据可以添加更详细的信息,让商家不仅知道销售了什么,还知道谁在购买这些商品。此外,在制造过程中,测量温度、湿度和波动等信息的物联网传感器有助于构建运维配置信息,预测机器何时可能发生故障,以便提前维护。

以上情景的困难在于,在大多数情况下,物联网设备生成的数据数量非常惊人,而且并非所有数据都是有用的。以消费者画像统计信息为例,它基于公有云的系统,物联网摄像机必须先收集视频,再将其发送到中央服务器,然后提取必要的信息。而借助边缘计算,连接到摄像机的计算设备可直接提取消费者画像统计信息,并将其发送到云中进行存储和处理。这大大减少了收集的数据量,并且可以仅提取有用的信息。

同样使用物联网传感器,是否有必要每秒发送一次测量数据进行存储呢?通过在本地存储数据和计算能力,边缘设备可以帮助减少噪声、过滤数据。最重要的是,在人们担心安全和隐私的时代,边缘计算提供了一种负责任和安全的方式来收集数据。例如,消费者画像统计信息案例中,没有私人视频或面部数据被发送到服务器,而是仅仅发送有用的非个性化数据。

大数据分析有两种主要的实现模式:数据建模和实时处理。数据建模有助于进行业务洞察和大局分析,实时数据可让用户对当前发生的事情做出反应。边缘人工智能提供了最有价值的实时处理。例如在面部识别和消费者画像统计方面,零售商可以根据屏幕前客户的喜好定制显示内容或者调整报价,吸引更多的观看者,从而提升广告关注度和购买转化率。传统的方式会将视频流发送到云,对其进行处理,然后显示正确的商品,这样非常耗时。使用边缘计算,本地可以解码人物画像统计信息,然后在短时间内调整显示内容或商品报价。

3. 边缘计算和人工智能

人工智能革命是从弱人工智能,通过强人工智能,最终达到超人工智能的过程。现在,人类已经掌握了弱人工智能。

2018 年,华为发布的《GIV2025:打开智能世界产业版图》白皮书也指出:到 2025 年,全球物联数量将达 1000 亿,全球智能终端数量将达 400 亿。边缘计算将提供 AI 能力,边缘智能成为智能设备的支撑体,人类将被基于 ICT 网络、以人工智能为引擎的第四次技术革命带入一个万物感知、万物互联、万物智能的智能世界。

全球研究和预测机构认为,到 2023 年,IoT 将推动数字业务创新。2019 年有 142 亿个互联设备被使用,2021 年达到 250 亿个,这一过程会产生大量的数据。人工智能将应用于各种物联网信息,包括视频、静止图像、语音、网络流量活动和传感器数据。因此,公司必须在物联网战略中建立一个充分利用 AI 工具和技能的企业组织。目前,大多数物联网端设备使用传统处理器芯片,但是传统的指令集和内存架构并不适合于端设备需要执行的所有任务。例如,深度神经网络(DNN)的性能通常受到内存带宽的限制,而并非受到处理能力的限制。

到 2023 年,预计新的专用芯片将降低运行 DNN 所需的功耗,并在低功耗物联网端点中实现新的边缘架构和嵌入式 DNN 功能。这将支持新功能,例如与传感器集成的数据分析,以及低成本电池供电设备中所设置的语音识别。Gartner 建议人们注意这一趋势,因为支持嵌入式 AI 等功能的芯片将使企业能够开发出高度创新的产品和服务。

边缘计算可以加速实现人工智能就近服务于数据源或使用者。尽管目前企业不断将数据传送到云端进行处理,但随着边缘计算设备的逐渐应用,本地化管理变得越来越普遍,企业上云的需求或将面临瓶颈。由于人们需要实时地与他们的数字辅助设备进行交互,因此等待数千米(或数十千米)以外的数据中心是行不通的。以沃尔玛为例,沃尔玛零售应用程序将在本地处理来自商店相机或传感器网络的数据,而云计算带来的数据时延对沃尔玛来说太高了。

人工智能仍旧面临优秀项目不足、场景落地缺乏的问题。另外,随着人工智能在边缘计算平台中的应用,加上边缘计算与物联网"云-边-端"协同推进应用落地的需求不断增加,边缘智能成为边缘计算的新形态,打通物联网应用的"最后一千米"。

(1) 边缘智能应用领域。

① 自动驾驶领域。

在汽车行业,安全性是最重要的问题。在高速驾驶情况下,实时性是保证安全性的首要前提。由于网络终端机时延的问题,云端计算无法保证实时性。车载终端计算平台是自动驾驶计算发展的未来。另外,随着电动化的发展,低功耗对于汽车行业变得越来越重要。天然能够满足实时性与低功耗的 ASIC 芯片将是车载计算平台未来的发展趋势。目前,地平线机器人与 Mobileye 是 OEM 与 Tierl 的主要合作者。

② 安防、无人机领域。

相比于传统视频监控,AI＋视频监控最主要的变化是把被动监控变为主动分析与预警,解决了需要人工处理海量监控数据的问题。安防、无人机等终端设备对算力及成本有很高的要求。随着图像识别与硬件技术的发展,在终端完成智能安防的条件日益成熟。海康威视、大疆公司已经在智能摄像头上使用了 Movidious 的 Myriad 系列芯片。

③ 消费电子领域。

搭载麒麟 980 芯片的华为 Mate 20 与同样嵌入 AI 芯片的 iPhone XS 将手机产业带入智能时代。另外,亚马逊的 Echo 引爆了智能家居市场。对于包括手机、家居电子产品在内的消费电子行业,实现智能的前提是要解决功耗、安全隐私等问题。据市场调研表明,搭载 ASIC 芯片的智能家电、智能手机、AR/VR 设备等智能消费电子产品已经处在爆发的前夜。

(2) 边缘智能产业生态。

边缘智能产业生态架构已经形成,主要有以下三类玩家。

① 第一类:算法玩家。

从算法切入,如提供计算机视觉算法、NLP 算法等,典型的公司有商汤科技和旷视科技。2017 年 10 月,商汤科技同美国高通公司宣布将展开"算法＋硬件"形式的合作,将商汤科技机器学习模型与算法整合到高通面向移动终端、IoT 设备的芯片产品中,为终端设备带来更优的边缘计算能力。而旷视科技为了满足实战场景中不同程度的需求,也在持续优化算法以适配边缘计算的要求。

② 第二类:终端玩家。

从硬件切入,如提供手机、PC 等智能硬件。拥有众多终端设备的海康威视在安防领域深耕多年,是以视频为核心的物联网解决方案提供商。其在发展过程中,将边缘计算和云计算加以融合,更好地解决物联网现实问题。

③ 第三类:算力玩家。

从终端芯片切入,例如开发用于边缘计算的 AI 芯片等。对于边缘计算芯片领域,华为在 2018 年发布昇腾系列芯片——昇腾 310,面向边缘计算产品。

国际上,谷歌云推出 TPU 的轻量级版本——Edge TPU,用于边缘计算,并开放给商家。亚马逊也被曝光开发 AI 芯片,主要用来支持亚马逊的 Echo 及其他移动设备。不过单独占据一类的参与者不是终极玩家,边缘智能需要企业同时具备终端设备、算法和芯片的能力。

4. 边缘计算和 5G

5G 技术以"大容量、大带宽、大连接、低时延、低功耗"为诉求。联合国国际电信联盟(ITU-R)对 5G 定义的关键指标包括:峰值吞吐率 10Gb/s、时延 1ms、连接数 100 万、移动速度 500km/h。

(1) 高速度。

相对于 4G,5G 要解决的第一个问题就是高速度。只有提升网络速度,用户体验与感受才会有较大提高,网络才能在面对 VR 和超高清业务时不受限制,对网络速度要求很高的业务才能被广泛推广和使用。因此,5G 的第一个特点就定义了速度的提升。

其实和每一代通信技术一样,很难确切说出 5G 的速度到底是多少。一方面,峰值速度和用户的实际体验速度不一样;另一方面,不同的技术在不同的时期速率也会不同。5G 的基站峰值要求不低于 20Gb/s,随着新技术的使用,还有提升的空间。

(2) 泛在网。

随着业务的发展,网络业务需要无所不包,广泛存在。只有这样才能支持更加丰富的业务,才能在复杂的场景上使用。泛在网有两个层面的含义:广泛覆盖和纵深覆盖。广泛是指在社会生活的各个地方需要广覆盖。高山峡谷如果能覆盖 5G,可以大量部署传感器,进行环境、空气质量,甚至地貌变化、地震的监测。纵深覆盖是指虽然已有网络部署,但是需要进入更高品质的深度覆盖。5G 的到来,可把以前网络品质不好的卫生间、地下车库等环境都用 5G 网络广泛覆盖。

在一定程度上,泛在网比高速度还重要。只建一个少数地方覆盖、速度很高的网络,并不能保证 5G 的服务与体验,而泛在网才是 5G 体验的一个根本保证。

(3) 低功耗。

5G 要支持大规模物联网应用,就必须有功耗的要求。如果能把功耗降下来,让大部分物联网产品一周充一次电,甚至一个月充一次电,就能大大改善用户体验,促进物联网产品的快速普及。eMTC 基于 LTE 协议演进而来,为了更加适合物与物之间的通信,对 LTE 协议进行了裁剪和优化。eMTC 基于蜂窝网络进行部署,其用户设备通过支持 1.4MHz 的射频和基带带宽,可以直接接入现有的 LTE 网络。eMTC 支持上下行最大 1Mb/s 的峰值速率。而 NB-IoT 构建于蜂窝网络,只消耗大约 180kHz 的带宽,可直接部署于 GSM 网络、UMTS 网络或 LTE 网络,以降低部署成本、实现平滑升级。

（4）低时延。

5G 的新场景是无人驾驶、工业自动化的高可靠连接。要满足低时延的要求，需要在 5G 网络建构中找到各种办法，降低时延。边缘计算技术也会被采用到 5G 的网络架构中。

（5）万物互联。

在传统通信中，终端是非常有限的，在固定电话时代，电话是以人群定义的。而手机时代，终端数量有了巨大爆发，手机是按个人应用定义的。到了 5G 时代，终端不是按人来定义，因为每人可能拥有数个终端，每个家庭也可能拥有数个终端。

在社会生活中，大量以前不可能联网的设备也会进行联网工作，更加智能。井盖、电线杆、垃圾桶这些公共设施以前管理起来非常难，也很难做到智能化，而 5G 可以让这些设备都成为智能设备，利于管理。

（6）重构安全。

传统的互联网要解决的是信息高速、无障碍的传输，自由、开放、共享是互联网的基本精神，但是在 5G 基础上建立的是智能互联网。智能互联网不仅要实现信息传输，还要建立起一个社会和生活的新机制与新体系。智能互联网的基本精神是安全、管理、高效、方便。安全是 5G 之后的智能互联网第一位的要求，如果 5G 无法重新构建安全体系，那么会产生巨大的破坏力。

在 5G 的网络构建中，在底层就应该解决安全问题。从网络建设之初，就应该加入安全机制，信息应该加密，网络并不应该是开放的，对于特殊的服务需要建立起专门的安全机制。网络不是完全中立、公平的。

如图 5-4 所示，在目前的网络架构中，由于核心网的高位部署传输时延比较高，不能满足超低时延业务需求；此外，业务完全在云端终结并非完全有效，尤其一些区域性业务不在本地终结，既浪费带宽，也增加时延，因此，时延指标和连接数指标决定了 5G 业务的终结点不可能全部在核心网后端的云平台，移动边缘计算正好契合该需求。一方面，移动边缘计算部署在边缘位置，边缘服务在终端设备上运行，反馈更迅速，解决了时延问题；另一方面，移动边缘计算将内容与计算能力下沉，提供智能化的流量调度，将业务本地化，内容本地缓存，让部分区域性业务不必大费周章地在云端终结。

5G 三大应用场景之一的"低功耗大连接"要求能够提供具备超千亿网络连接的支持能力，满足每平方千米 100 万个的连接密度指标要求，在这样的海量数据以及高连接密度指标的要求下，保证低时延和低功耗是非常重要的。5G 甚至提出 1ms 端到端时延的业务目标，以支持工业控制等业务的需求。要实现低时延以及低功耗，需要大幅度降低空口传输时延，尽可能减少转发节点，缩短从源到目的节

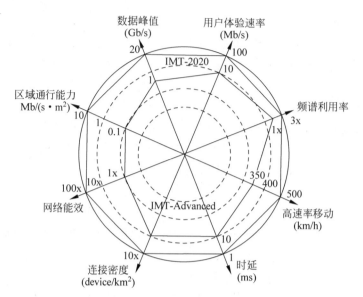

图 5-4　5G 网络架构需求驱动边缘计算发展

点之间的"距离"。

目前的移动技术对时延优化并不充分,LTE 技术可以将空口吞吐率提升 10 倍,但对端到端的时延只能缩短到原来的 1/3。其原因在于,当大幅提升空口效率以后,网络架构并没有充分优化反而成了业务时延的瓶颈。LTE 网络虽然实现了 2 跳的扁平架构,但基站到核心网往往距离数百千米,途经多重会聚、转发设备,再加上不可预知的拥塞和抖动,根本无法实现低时延的保障。

移动边缘计算部署在移动边缘,将无线网络和互联网技术有效地融合在一起,并在无线网络侧增加计算、存储、处理等功能,构建移动边缘云,提供信息技术服务环境和云计算能力。由于应用服务和内容部署在移动边缘,可以缩短数据传输中的转发时间和处理时间,降低端到端时延,满足低时延要求。因此在网络拥堵严重影响移动视频观感的情况下,移动边缘计算是一个好的解决方法。

① 本地缓存。

移动边缘计算服务器是一个靠近无线侧的存储器,可以事先将内容缓存至移动边缘计算服务器上。在有观看移动视频的需求时,即用户发起内容请求,移动边缘计算服务器立刻检查本地缓存中是否有用户请求的内容,如果有就直接提供服务;如果没有,则去网络服务提供商处获取,并缓存至本地。在其他用户下次有该类需求时,可以直接提供服务。这样便降低了请求时间,也解决了网络堵塞问题。

② 跨层视频优化。

此处的跨层是指"上下层"信息的交互反馈。移动边缘计算服务器通过感知下层无线物理层的吞吐率,服务器(上层)决定为用户发送不同质量、清晰度的视频,在减少网络堵塞的同时提高线路利用率,从而提升用户体验。

③ 用户感知。

根据移动边缘计算的业务和用户感知特征,可以区分不同需求的客户,确定不同的服务等级,实现对用户差异化的无线资源分配和数据包时延保证,合理分配网络资源,以提升整体的用户体验。

5. 边缘计算和物联网

由无数类型的设备生成的大量数据需要推送到集中式云以保留(数据管理)、分析和决策。然后,将分析的数据结果传回设备。这种数据的往返消耗了大量网络基础设施和云基础设施资源,进一步增加了时延和带宽消耗问题,从而影响关键任务的物联网使用。例如,在自动驾驶的连接车中,每小时产生了大量数据,数据必须上传到云端进行分析,并将指令发送回汽车。低时延或资源拥塞可能会延迟对汽车的响应,严重时可能导致交通事故。

这就是边缘计算的用武之地。边缘计算体系结构可用于优化云计算系统,以便在网络边缘执行数据处理和分析,更接近数据源。通过这种方法,可以在设备本身附近收集和处理数据,而不是将数据发送到云或数据中心。边缘计算驱动物联网发展的优势包括以下方面。

① 边缘计算可以降低传感器和中央云之间所需的网络带宽(即更低的时延),并减轻整个 IT 基础架构的负担。

② 在边缘设备处存储和处理数据,而不需要网络连接来进行云计算,这消除了高带宽的持续网络连接。

③ 通过边缘计算,端点设备仅发送云计算所需的信息而不是原始数据,有助于降低云基础架构的连接和冗余资源的成本。当在边缘分析由工业机械生成大量数据并且仅将过滤的数据推送到云时,这是有益的,从而显著节省 IT 基础设施。

④ 利用计算能力使边缘设备的行为类似于云类操作。应用程序可以快速执行,并与端点建立可靠且高度响应的通信。

⑤ 通过边缘计算实现数据的安全性和隐私性:敏感数据在边缘设备上生成、处理和保存,而不是通过不安全的网络传输,并有可能破坏集中式数据中心。边缘计算生态系统可以为每个边缘提供共同的策略,以实现数据完整性和隐私保护。

⑥ 边缘计算的出现并不能取代对传统数据中心或云计算基础设施的需求。相反,它与云共存,因为云的计算能力被分配到了端点。

第2节　边缘计算优势、覆盖范围和基础资源架构准则

1. 边缘计算优势

在实际应用中,边缘计算可以独立部署,但大多数情况下都是与云计算协作部署。云计算适合非实时的数据处理分析、大量数据的长期保存、通过大数据技术进行商业决策等应用场景;而边缘计算在实时和短周期数据的处理和分析,以及需要本地决策的场景下起着不可替代的作用,例如无人驾驶汽车、智能工厂等。它们都需要在边缘就能进行实时的分析和决策,并保证在确定的时间内响应,否则将导致严重的后果。

边缘计算具备一些云计算没有的优势,除低时延之外,还包括如下优势。

(1) 数据过滤和压缩。

通过边缘计算节点的本地分析能力,可以大大降低需要上传的数据量,从而降低上传网络的带宽压力。

(2) 环境感知能力。

由于边缘计算节点可以访问无线网络,例如 Wi-Fi 热点、5G 的无线接入单元 RRU 等,因此可以给边缘应用提供更多的信息,包括地理位置、订阅者 ID、流量信息和连接质量等,从而具备环境感知能力,为动态地进行业务应用优化提供了基础。

(3) 符合法规。

边缘计算节点可以将敏感信息在边缘侧处理并终结,而不传输到公有云中,从而符合隐私和数据定位信息等相关法律法规。

(4) 网络安全性。

可以通过边缘计算节点来保护云服务提供商的网络不受攻击。

如图 5-5 所示,边缘计算和云计算在数字安防中协同工作,网络摄像头在地理上分散部署,如果将所有视频流和相关元数据都上传到云端进行分析和存储,将消耗大量的网络带宽和成本。通过添加边缘计算节点网络硬盘录像机(NVR),可以在网络边缘侧进行视频流的保存和分析,只将分析结果和感兴趣的视频数据上传到云端,然后进行进一步的分析和长期保存,可以大大降低对网络带宽的要求及由此产生的流量成本,同时降低了响应时间并提高了服务质量。同时,由于边缘计算节点更靠近设备端,因此可以获得更多网络摄像头的位置等环境信息,为进一步提高边缘智能提供了基础。

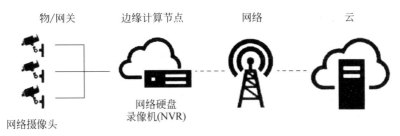

图 5-5 边缘计算和云计算在数字安防中协同工作

2. 边缘计算覆盖范围

如图 5-6 所示,从企业、网络运营商和云服务提供商的角度,边缘计算覆盖的范围不同。对于企业而言,边缘计算由最靠近设备和用户现场的计算节点组成,例如办公室和家庭的智能网关设备,智能工厂内的智能控制器、边缘服务器等;对于运营商而言,边缘计算包括从接入网到核心网之间的基站机房和中心机房内的边缘服务器等。

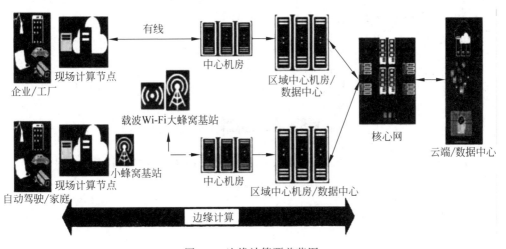

图 5-6 边缘计算覆盖范围

3. 边缘计算基础资源架构准则

(1) 边缘时延要求。

为了应对市场压力,企业变得越来越敏捷。在这样的趋势下,信息技术领域面临着越来越大的压力,因为它需要确保企业能对越来越快的业务速度做出响应。云计算彻底提升了企业可用的后端敏捷性,能够非常快速地为任何企业提供海量的计算和存储能力。敏捷性的下一阶段是前端敏捷,需要重点减少由网络和距离导致的时延。不同业务对时延的要求差异巨大。在工厂自动化中,微秒之差也是至关重要的。例如,运动控制应用需要几十微秒的周期时间,而在 $10\mu s$ 内,光在一根典型的光纤中能够传输约 3000ft($1ft = 0.3048m$)。在这种情况下,即便是缩短 1m 的距离也可能极为重要。

边缘计算的整体架构设计和部署与实际应用场景是分不开的。如图 5-7 所示,不同的应用对于最大允许时延的要求也有很大不同。例如,对于智能电网控制、无人驾驶、AR 或 VR 应用等,时延需要控制在几十毫秒以内;一些工业控制、高频交易等应用甚至需要控制在 1ms 以内。这些应用场合一般都需要边缘计算来提高响应速度,在确定的时间内完成任务。对于 4K 高清视频流媒体、网页加载、网络聊天等应用,虽然它们对时延的敏感度没有那么高,可允许的最高时延一般在 $1\sim 4s$,但过高的时延也会影响用户体验和服务质量。因此,也需要 CDN 来进行边缘侧的内容缓存和分发,从而降低由于网络和距离导致的时延。

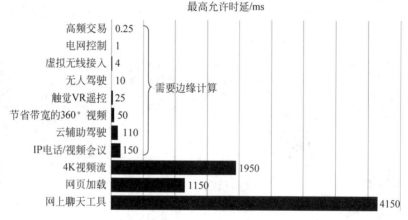

图 5-7　实际应用场景的最大允许时延要求

为了达到边缘应用所需要的高性能和低时延要求,可以从多个方面进行优化。

① 对于虚拟化场景下的网络功能。

可以借助 SR. IOV、直通访问、DPDK、高速网卡(50G/100G)和 NUMA 等来提升性能。

② 对于存储功能。

可以借助分层的存储结构,包括 Memory、SATA、NVMe 等,以及选择合适的内存数据库和数据处理框架来实现。

③ 对于计算功能。

特别是在处理深度学习的推理算法、对称加密或非对称加解密等计算密集型业务时,标准的 CPU 平台是没有太大优势的。因此需要异构的计算平台,例如基于FPGA、GPU 或者 NPU 的加速卡来卸载这些操作,以缩短计算时间,提升响应速度。

（2）异构计算。

随着 AI 技术的快速发展，基于机器学习或深度学习的 AI 技术越来越多地被引入边缘计算节点甚至边缘设备中。如图 5-8 所示，同样是数字安防的例子，在智能摄像头中可以集成人脸识别或跟踪的算法，而在分布式的边缘计算节点中，可以进行人脸对齐或特征提取。同时，在带有本地存储的边缘计算节点中进行人脸匹配或特征存储，并周期性地将聚合的数据同步到云端服务器，进行更大范围的人脸匹配或特征存储。在这个过程中，边缘计算节点除了运行本身的业务和应用外，还需要能够执行边缘的模型推理，或根据收集的带标签的数据进行模型的更新和优化。这就需要在边缘计算节点中增加更多算力来更有效率地执行这些算法，例如，基于 FPGA、GPU、ASIC 等的加速器来卸载这部分业务负载。

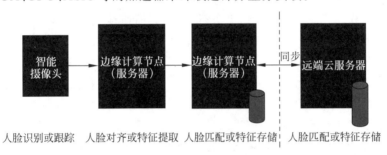

人脸识别或跟踪　人脸对齐或特征提取　人脸匹配或特征存储　人脸匹配或特征存储

图 5-8　AI 在人脸识别边缘服务器的应用

（3）负载整合和业务编排。

在对边缘计算提出更多功能需求的同时，用户往往需要简化系统结构，以降低成本，这就需要将单一功能的设备用多功能的设备取代。随着处理器计算能力的提高，以及虚拟化技术的成熟，基于虚拟化和容器实现多负载整合成为业界发展的趋势。

由于边缘计算节点的分布式特征，既有南北向的节点，也有东西向的节点，并且不同应用对于硬件配置、实时性、网络带宽等需求不尽相同，所以如何在边缘计算节点间进行合理的业务编排是关键。目前，流行的如 Kubernetes 或 Apache Mesos 等容器管理和业务编排器，也正通过用户定制调度器来应对边缘场景下复杂调度的问题。同时，通过业务编排器在分布的边缘节点间实现容灾备份，可提高系统可靠性。

（4）本地互动性。

互动性是指系统协作的速率——本地人与物的"健谈程度"，即确定行动所需的传感器和顺序交互数量。例如，一个人购物的过程包括以下步骤：定位感兴趣的商品，试用这些商品，更换商品，最终做出决定。这是一系列为最终做决策而连续进行的交互。与实时交互的、移动中的人和物组成的复杂多变的系统相比，传感器和制动器对计算能力和时延的要求截然不同。例如，对于自动驾驶车辆在自身系统内、与其他车辆以及周边环境之间进行的交互而言,迅速且果断的决策可以拯救生命。即使往复一次的时延很低,但一个协作的系统会将时延放大多倍,从而需要更短的时延才能满足要求。高水平的本地互动性除了要求解决方案的物理部署位置更接近于边缘,还需要更强大的信息处理能力、多输入关联能力和数据分析能力,而且可能还需要机器学习功能。

（5）数据和带宽。

可以说,今天的互联网是围绕涌向边缘的数据而设计的。而物联网的发展趋势正在打开边缘数据爆炸性增长的大门,这和早期云计算的数据流向是相反的。边缘数据的价值特点是：只在边缘对本地决策有价值,对中心总量分析有价值,时间敏感程度高、半衰期短且很快失去价值。

某一些数据可能比另一些数据更有价值,例如捕捉到物体移动的一帧镜头比空帧或仅记录风吹草动的一帧更有价值。有些数据可能需要归档,有些则不用。一些传感器会产生大量复杂数据,而其他传感器只会产生极少量的数据流。带宽的可用性和成本需要与数据价值、生命周期以及是否需要存储和归档相平衡,排列本地优先级、实行数据过滤和智能化有助于减少数据流量。

当数据仅在本地有价值时,边缘计算能够更近距离地处理甚至储存和归档原始数据,从而节约成本。数据存储和远程数据管理将至关重要。当需要处理海量数据时,本地分析和过滤能够减少需要进行维护或送往云端或企业数据中心的数据量。这降低了组网成本,并为更重要的流量处理保留了有限的网络带宽。

因此,应用在云端服务中心的大数据分析技术在边缘计算节点上应用得也越来越多。而随着边缘侧大数据的 4V 特性的显著增长,数据更快、更大、更多样,不可能像传统的 MapReduce 那样将数据先存储下来,然后进行处理和分析。此外,企业对于边缘侧的大数据处理也提出了更高的诉求,要求更快、更精准地捕获数据价值,高性能的流处理将是解决这些问题的关键之一,在大数据处理中也将扮演越来越重要的角色。例如,通过 Spark Streaming、Flink 流处理框架提供内存计算,并在此之上发展出数据处理、高级分析和关系查询等能力。

（6）隐私和安全。

隐私、安全和监管要求可能需要边缘计算解决方案来满足。对于运营商的网络,一般认为核心网机房处于相对封闭的环境,受运营商控制,安全性有一定保证。而接入网相对更容易被用户接触,处于不安全的环境。由于边缘计算的本地业务处理特性,使得大多数数据在核心网之外得到终结,运营商的控制力减弱,攻击者可以通过边缘计算平台或应用攻击核心网,造成敏感数据泄露、DDoS 攻击等。

边缘计算中的一些数据是公共的,但很多数据是企业保密信息、个人隐私或受到监管的信息。一些边缘计算架构和拓扑将根据数据需要在何地进行安全合法的存储和分析来决定。边缘的场景可能是工作场所、工厂或家庭,边缘计算可以与人和物在一起"就地部署"。或者边缘本身可能并不安全,例如位于公共空间。在这种情况下,边缘计算需要远离人和物部署才能保障安全。监管要求可能因地理位置而异,因此,不同位置的应用有着不同的网络拓扑和数据归档要求。

隐私和安全问题将推动边缘计算拓扑、数据管理、归档策略和位置以及数据分析方案的形成。为满足不同边缘位置的地理和监管要求,不同的边缘计算解决方案之间可能大不相同。

(7) 有限的自主性。

虽然边缘计算是中央数据中心或云服务的一部分或与之相连,位于边缘的用例可能需要一定程度的独立性和自主性,这包括自组织和自发现(处理新连接的人和物),或当一条连接断开时能够继续操作。边缘计算解决方案还可能依赖于云端或中央数据中心的某些功能或协调能力,而后续这种依赖将减弱。自主性要求还与用例如何确保自我恢复能力、如何处理后端的不一致和不确定的时延有关,也可能与用例如何包含边缘机器学习有关。

不依赖于连接后端的边缘计算解决方案需要更广泛的处理能力和数据缓存能力,也就是自我恢复能力。一旦重新建立连接,这些边缘计算解决方案将需要与它的云端或企业数据中心重新同步。它们需要足够灵活,以根据连接是否可用来动态变更计算能力。它们可能需要更丰富的机器学习能力来自我组织和自我发现,而非依赖核心系统的协调。

(8) 边缘部署环境。

对于靠近现场设备端部署的边缘计算节点,一般需要考虑环境的要求。例如,在智能工厂应用中,边缘计算节点可能直接部署在车间的设备旁。因此,为了保证节点长时间稳定运行,需要支持宽温设计、防尘、无风扇运行,具备加固耐用的外壳或者机箱。

边缘计算服务器通常部署在靠近设备端的办公室内或网络边缘等,边缘计算服务器与 BBU 部署在同一个站址,因此其运行环境必须符合 NEBS 要求。NEBS要求包括:服务器的工作温度通常为 $-40\sim50$℃,工作湿度为 $5\%\sim100\%$,并需要具有良好的防水、防腐、防火性能,以及设备可操作性、抗震性等特性。同时,边缘服务器可能会在机架外进行操作和使用,因此外壳尺寸相对于数据中心要小些,并能够灵活地支持各种固定方式,例如固定在墙上、桌子上或者柜子里。

第 3 节　边缘计算架构

1. 边缘计算架构的组成

(1) 服务器。

服务器是构建边缘计算架构的核心。相对于传统的数据中心服务器,边缘服务器应能够提供高密度计算及存储能力。这主要是由于在实际的边缘部署环境中,边缘服务器能够得到的工作空间十分局促,通常不足传统单个数据中心机架(约 40U)的 10%。为了尽可能多地容纳业务部署,边缘服务器需要采用高密度组件,例如多核 CPU(多于 20 核)、预留至少两个半高半长规格的 PCIe 插槽,支持 M.2 E-key 的 Wi-Fi、卸载模块或 M-key 的存储模块、大容量 ECC 内存,以及大容量固态存储器等。

在供电和功耗方面,考虑到深度学习模型推理的场景需要使用卸载卡,总功耗至少在 300W 以上,使用直流电或者交流电供电。对于 5G 基站内部署的服务器,需要支持 48V 直流供电,并支持无风扇散热能力,降低对部署环境的散热要求。

带外管理可以帮助用户在远端管理边缘服务器平台,例如升级系统或诊断故障,是可选的特性。

(2) 异构计算。

随着物联网应用数据的爆炸性增长以及 AI 应用的普及,异构计算在边缘计算架构中也越来越重要。它能够将不同指令集的计算单元集成在一起,从而发挥它们各自最大的优势,实现性能、成本和功耗等的平衡。例如,GPU 具有很强的浮点和向量计算能力,可以很好地完成矩阵和向量的并行计算,适用于视频流的硬件编解码、深度学习模型的训练等;FPGA 具有硬件可编程能力及低时延等特性;而 ASIC 具有高性能、低功耗等特点,可用于边缘侧的深度学习模型推理、压缩或加解密等卸载操作。异构计算在带来优势的同时,也增加了边缘计算架构的复杂度。因此,需要虚拟化和软件抽象层来提供给开发者统一的 SDK 和 API 接口,从而屏蔽硬件的差异,使开发者和用户能够在异构平台上方便地开发和安装。

(3) 虚拟机和容器。

借助虚拟机和容器,系统能够更方便地对计算平台上的业务负载进行整合、编排和管理。虚拟机和容器的主要区别如表 5-1 所示。

表 5-1　虚拟机和容器的主要区别

对 比 项 目	虚 拟 机	容 器
虚拟化位置	硬件	操作系统
抽象目标	从硬件抽象 OS	从 OS 抽象应用
资源管理	每个虚拟机有自己的 OS 内核、二进制和库	容器有同样的主机 OS 和需要的二进制和库
密度	几 GB,服务器能够运行有限的虚拟机	几 MB,服务器上可以运行很多容器
启动时间	秒级	毫秒级
安全隔离度	高	低
性能	接近原生	弱于原生
系统支持	单机支持上千个容器	一般支持几十个容器

虚拟机和容器的选择主要依赖业务需要。若业务之间需要达到更强的安全隔离，虚拟机是较好的选择；如果更看重节省资源、轻量化和高性能，则容器更好。容器可以单独运行在主机 OS 之上，也可以运行在虚拟机中。Docker 等容器技术在多数应用中更适合边缘计算的场景。但是，依然有些边缘场景需要使用传统虚拟机（VM），包括同时需要支持多个不同 OS 的场景，例如 Linux、Windows 或者 VxWorks；以及业务间相差较大并对相互隔离需求更高的时候，例如在一个边缘计算节点中同时运行工业上的 PLC 实时控制、机器视觉和人机界面等。

由于容器具有轻量化、启动时间短等特点，所以能够在需要的时候及时安装和部署，并在不需要的时候立即消失，释放系统资源。同时，一个应用的所有功能再也不需要放在一个单独的容器内，而是可以通过微服务的方式将应用分割成多个模块并分布在不同的容器内，这样更容易进行细粒度的管理。在需要对应用进行修改的时候，不需要重新编译整个应用，而只要改变单个模块即可。

容器管理器用于管理边缘端多个主机上的容器化的应用，例如 Kubernetes 支持自动化部署、大规模可伸缩、应用容器化管理。在生产环境中部署一个应用程序时，通常要部署该应用的多个实例，以便对应用请求进行负载均衡。在 Kubernetes 中，我们可以创建多个容器，每个容器里面运行一个应用实例，然后通过内置的负载均衡策略，实现对这一组应用实例的管理、发现、访问，而这些细节都不需要运维人员去进行复杂的手工配置和处理。

在边缘计算中，终端节点不再是完全不负责计算，而是做一定量的计算和数据处理，之后把处理过的数据再传递到云端。这样一来可以解决时延和带宽的问题，因为计算在本地，而且处理过的一定是从原始数据中进行过精炼的数据，所以数据量会小很多。当然，具体要在边缘做多少计算也取决于计算功耗和无线传输功耗的折中——终端计算越多，计算功耗越大，无线传输功耗通常就可以更小，对于不同的系统存在不同的最优值。

百度 AI 边缘计算架构作为一个典型、完整的边缘计算技术体系，包括基础设施、性能加速、平台资源管理、PaaS、AI 算法框架和开放应用。基础设施主要包括智能终端、接入网技术、移动边缘站点、云边缘站点和 PoP 站点，根据不同资源程度来分配计算任务；性能加速完成边缘计算节点的计算、存储、I/O 优化和节点连接的加速优化；平台资源管理实现对 CPU、GPU、存储及网络的虚拟化和容器化功能，满足资源的弹性调度和集群管理要求；PaaS 提供应用设计及开发阶段的微服务化、运行态环境、通信框架和管理面运行状态监控等支持；AI 算法框架从时延、内存占用量和能效等方面，实现边缘计算节点上 AI 推理加速和多节点间 AI 训练算法的联动；开放应用凭借 AI 算法框架完成强交互的人机交互、编解码、加解密等信息预处理和算法建模，同时需要在数据源带宽低收敛比、低时延响应的物理资源环境中满足数据传输和交互需求。

2. 边缘计算平台架构

边缘计算的基础资源包括计算、网络和存储三个基础模块，以及虚拟化服务。

（1）计算。

异构计算是边缘计算侧的计算硬件架构。近年来，摩尔定律仍然在推动芯片技术不断取得突破，但物联网应用的普及带来了信息量的爆炸式增长，AI技术应用也增加了计算的复杂度，这些对计算能力都提出了更高的要求。计算要处理的数据种类也日趋多样化，边缘设备既要处理结构化数据，也要处理非结构化数据。同时，随着边缘计算节点包含了更多种类和数量的计算单元，成本成为关注重点。

为此，业界提出将不同指令集和不同体系架构计算单元协同起来的新计算架构，即异构计算，以充分发挥各种计算单元的优势，实现性能、成本、功耗、可移植性等方面的均衡。

同时，以深度学习为代表的新一代AI在边缘侧应用还需要新的技术优化。当前，即使在推理阶段，对一幅图片的处理也往往需要超过10亿次的计算量，标准的深度学习算法显然不适合边缘侧的嵌入式计算环境。业界正在进行的优化方向包括自顶向下的优化，即把训练完的深度学习模型进行压缩来降低推理阶段的计算负载；同时，也在尝试自底向上的优化，即重新定义一套面向边缘侧嵌入系统环境的算法架构。

（2）网络。

边缘计算的业务执行离不开通信网络的支持。边缘计算的网络既要满足与控制相关业务传输时间的确定性和数据完整性，又要能够支持业务的灵活部署和实施。时间敏感网络和软件定义网络技术会是边缘计算网络部分的重要基础资源。

为了提供网络连接需要的传输时间确定性与数据完整性，国际标准化组织IEEE执行了TSN（Time-Sensitive Networking）系列标准，针对实时优先级、时钟等关键服务定义了统一的技术标准，是工业以太网连接的发展方向。

SDN（Soft Defined Network）逐步成为网络技术发展的主流，其设计理念是将网络的控制平面与数据转发平面进行分离，并实现可编程化控制。将SDN应用于边缘计算，可支持百万级海量设备的接入与灵活扩展，提供高效低成本的自动化运维管理，实现网络与安全的策略协同与融合。

（3）存储。

数字世界需要实时跟踪物理世界的动态变化，并按照时间序列存储完整的历史数据。新一代时序数据库TSDB（Time Series DataBase）是存放时序数据（包含数据的时间戳等信息）的数据库，并且需要支持时序数据的快速写入、持久化、多纬度的聚合查询等基本功能。为了确保数据的准确性和完整性,时序数据库需要不断插入新的时序数据,而不是更新原有数据。

（4）虚拟化。

虚拟化技术降低了系统开发成本和部署成本,已经开始从服务器应用场景向嵌入式系统应用场景渗透。典型的虚拟化技术包括裸金属（Bare Metal）架构和将主机（Host）等功能直接运行在系统硬件平台上,然后再运行系统和虚拟化功能。前者有更好的实时性,智能资产和智能网关一般采用该方式。后者是虚拟化功能运行在主机操作系统上。

对于边缘计算系统,处理器、算法和存储器是整个系统中最关键的三个要素,以下进行详细分析。

① 用于边缘计算的处理器。

常规物联网终端节点的处理器是一块简单的 MCU,以控制目的为主,运算能力相对较弱。如果要在终端节点加边缘计算能力有两种做法:第一种是把这块 MCU 做强,例如使用新的指令集增加对矢量计算的支持,使用多核做类似 SIMD 的架构等;第二种是依照异构计算的思路,MCU 还是保持简单的控制目的,计算部分则交给专门的加速器 IP 来完成,AI 芯片大部分做的其实就是这样的一个专用人工智能算法加速器 IP。显然,按前一种思路做出来通用性好,第二种思路则计算效率更高。未来预计两种思路会并行存在,平台型的产品会使用第一种通用化思路,而针对某种大规模应用做的定制化产品则会走专用加速器 IP 的思路。然而,因为内存的限制,IoT 终端专用加速器 IP 的设计会和其他领域的专用加速器有所不同。

② 算法与存储器。

众所周知,目前主流的深度神经网络模型的大小通常在几 MB 甚至几百 MB,这给在物联网节点端的部署带来了挑战。物联网节点端出于成本和体积的考量不能加 DRAM,一般用 Flash（同时用于存储操作系统等）作为系统存储器。我们可以考虑用 Flash 存储模型权重信息,但是缓存必须在处理器芯片上完成,因为 Flash 的写入速度比较慢。由于缓存大小一般都是在几百 KB 到 1MB,限制了模型的大小,因此算法必须能把模型做到很小,这也是最近"模型压缩"话题受关注的原因。

如果算法无法把模型做到很小,就需要考虑内存内计算。内存内计算（in-Memory Computing）是一种与传统冯·诺伊曼架构不同的计算方式。冯·诺伊曼架构的做法是把处理器计算单元和存储器分开,在需要的时候处理器从存储器读数据,在处理器处理完数据之后再写回存储器。因此,传统使用冯·诺伊曼架构的专用加速器也需要配合 DRAM 内存使用,使得这样的方案在没法加 DRAM 的物联网节点端难以部署。内存内计算则是直接在内存内做计算,而无须把数据读取到处理器里,节省了内存存取的额外开销。一块内存内计算的加速器的主体就是一块大容量 SRAM 或者 Flash,然后在内存中再加一些计算电路,从而直接在内存内做计算,理想情况下,能在没有 DRAM 的条件下运行相关算法。

当然,内存内计算也面临一定的挑战。一方面,除了编程模型需要仔细考虑,内存内计算目前的实现方案本质上都是做模拟计算,因此计算精度有限。需要人工智能模型和算法做相应配合,对于低精度计算有很好的支持,避免在低精度计算下损失太多正确率。目前,已经有不少 BNN(Binary Neural Network)出现,即计算的时候只有 1 位精度 0 或者 1,并且仍然能保持合理的分类准确率。

另一方面,目前 IoT 节点终端内存不够的问题除了可以用模型压缩解决外,另一种方式是使用新存储器解决方案来实现高密度片上内存,或者加速片外非易失性存储器的读写速度,并降低读写功耗。因此,边缘计算也将催生新内存器件,例如 MRAM、ReRAM 等。

3. 边缘计算平台架构选型

(1) 英特尔至强 D 平台。

随着 5G 网络等新技术的崛起,终端的数量以及生成、消费的数据量正以指数级别增长,依赖于云端的数据中心处理和分析数据可能会具有较高的时延,并占用大量的带宽。大量终端需要近距离的数据处理能力,并且还要兼顾成本、空间和能耗。全新推出的英特尔至强 D-2100 处理器可以完美满足这些要求,通过集成强大的 Intel Skylake 计算核心、I/O 能力,以及独特的 Intel QAT 加速器和 iWARP RDMA 以太网控制器,它提供了数据中心级别的能力:强大的性能以及极高的可靠性。同时,英特尔至强 D-2100 的热设计功耗维持在 100W 以下,在性能、成本、空间、功耗上取得了平衡。在绝大多数边缘计算场景中,至强 D 系列处理器都可适用,它提供的性能足以应付边缘 AI 和数据分析的工作。

(2) 华为发布面向边缘计算场景的 AI 芯片昇腾 310。

在 HC2018 上,华为正式发布全栈全场景 AI 解决方案。其中,昇腾 310 芯片是面向边缘计算场景的 AI SoC。当前,最典型的几种边缘计算场景是安防、自动驾驶和智能制造。无论哪一种边缘计算场景,都对空间、功耗、算力提出了苛刻的条件。一颗昇腾 310 芯片可以实现高达 16TOPS 的现场算力,支持同时识别包括人、车、障碍物、交通标识在内的 200 个不同的物体;一秒钟内可处理上千张图片。无论是在急速行驶的汽车上,还是在高速运转的生产线上,无论是复杂的科学研究,还是日常的教育活动,昇腾 310 都可以为各行各业提供触手可及的高效算力。昇腾系列 AI 芯片的另一个独特优势是采用了华为开创性的统一、可扩展的架构,即"达·芬奇架构",它实现了从低功耗到大算力场景的全覆盖。"达·芬奇架构"能一次开发适用于所有场景的部署、迁移和协同,大大提升了软件开发的效率,加速 AI 在各行业的切实应用。

（3）ARM 的机器学习处理器。

机器学习处理器是专门为移动和相邻市场推出的全新设计,性能为 4.6TOPS,能效为 3TOPS/W。计算能力和内存的进一步优化大大提高了它们在不同网络中的性能,其架构包括用于执行卷积层的固定功能引擎以及用于执行非卷积层和实现选定原语和算子的可编程层引擎。网络控制单元管理网络的整体执行和网络的遍历,DMA 负责将数据移入、移出主内存。板载内存可以对重量和特征图进行中央存储,减少流入外部存储器的流量,从而降低功耗。有了固定功能和可编程引擎,机器学习处理器变得非常强大、高效和灵活,不仅保留了原始性能,还具备多功能性,能够有效运行各种神经网络。

为满足不同的性能需求,从物联网的每秒几 GOP 到服务器的每秒数十 TOP,机器学习处理器采用了全新的可扩展架构。对于物联网或嵌入式应用,该架构的性能可降低至约 2GOPS,而对于 ADAS、5G 或服务器型应用,性能可提高至 150TOPS,这些多重配置的效率可达到现有解决方案的数倍。由于与现有的 ARM CPU、GPU 和其他 IP 兼容,且能提供完整的异构系统,该架构还可通过 TensorFlow、TensorFlow Lite、Caffe 和 Caffe2 等常用的机器学习框架来获取。

随着机器学习的工作负载不断增大,计算需求将呈现出多种形式。ARM 已经开始采用拥有不同性能和效率等级的增强型 CPU 和 GPU,运行多种机器学习用例。推出 ARM 机器学习平台的目的在于扩大选择范围,提供异构环境,满足每种用例的选择和灵活性需求,开发出边缘智能系统。

（4）霍尼韦尔 Mobility Edge 平台。

Mobility Edge 平台是一款统一、通用的移动计算平台解决方案,它以统一的内核支持三个系列共 9 款不同形态与等级的移动数据终端产品,帮助交通运输、仓储物流、医疗及零售等领域的企业提高移动作业效率,并节约成本。Mobility Edge 平台整合了霍尼韦尔在移动终端领域的技术与经验,为移动数据终端产品提供高度的一致性、可重用性和可扩展性,从而实现对整体终端方案快速安全的开发、部署、性能与生命周期管理。霍尼韦尔已推出第一款基于 Mobility Edge 平台架构的产品——Dolphin CT60 移动计算机。霍尼韦尔 Dolphin CT60 移动计算机专为企业移动化设计,具备网络连接性、扫描性能、坚固的产品设计与贴心的使用体验,能够随时随地为关键业务应用和快速数据输入提供实时连接。Mobility Edge 平台可帮助企业加速配置、认证和部署流程,实现投资回报率最大化,降低总拥有成本,并简化高重复性任务。无论是轻型仓库、制造业还是现场服务,霍尼韦尔 Dolphin

CT60 移动计算机都会是企业绝佳的移动化工作伙伴。

（5）NI 发布 IP67 工业控制器支持 IoT 边缘应用。

美国国家仪器公司（National Instruments，NI）发布首款 IP67 级工业控制器 IC-3173T。全新的控制器非常适合在恶劣的环境中作为工业物联网边缘节点使用，包括喷涂制造环境、测试单元和户外环境，而且无需保护外壳。IP67 防护等级可以确保机器在粉尘和潮湿环境下严格按照 IEC 60529 标准稳定运行。NI 正在不断研发可支持时间敏感型网络（TSN）的新产品，工业控制器就属于其中的一部分。TSN 是 IEEE 802.1 以太网标准的演进版，提供了分布式时间同步、低时延和时间关键及网络流量收敛。除使用 TSN 进行控制器之间的通信外，工程师还可使用 NI 基于 TSN 的 CompactDAQ 机箱来集成高度同步的传感器测量。

（6）AWS Greengrass。

AWS Greengrass 立足于 AWS 公司现有的物联网和 Lambda（Serverless 计算）产品，旨在将 AWS 扩展到间歇连接的边缘设备，如图 5-9 所示。借助 AWS Greengrass，开发人员可以从 AWS 管理控制台将 AWS Lambda 函数添加到联网设备，而设备在本地执行代码，以便设备可以响应事件，并近乎实时地执行操作。AWS Greengrass 还包括 AWS 物联网消息传递和同步功能，设备可以在不连回到云的情况下向其他设备发送消息。AWS Greengrass 可以灵活地让设备在必要时依赖云、自行执行任务和相互联系，这一切都在一个无缝的环境中进行。Greengrass 需要至少 1GHz 的计算芯片（ARM 或 x86）、128MB 内存，还有操作系统、消息吞吐量和 AWS Lambda 执行所需的额外资源。Greengrass Core 可以在从 Raspberry Pi 到服务器级设备的多种设备上运行。

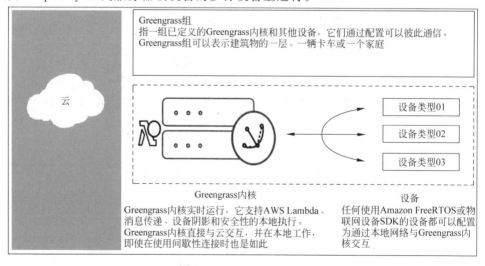

图 5-9　AWS Greengrass

（7）Edge TPU。

谷歌公司推出了能让传感器和其他设备高效处理数据的芯片 Edge TPU，并先投入工业制造领域进行"实验性运行"，其主要用途是检测屏幕的玻璃是否存在制造缺陷。消费电子产品制造商 LG 也将开始对这个芯片进行一系列的测试。据悉，Edge TPU 比训练模型的计算强度要小得多，而且在脱离多台强大计算机相连的基础上进行独立运行计算，效率非常高。

2018 年 7 月，谷歌公司宣布推出两款大规模开发和部署智能联网设备的产品：Edge TPU 和 Cloud IoT Edgeo Edge TPU 是一种专用的小型 ASIC 芯片，旨在在边缘设备上运行 TensorFlow Lite 机器学习模型。Cloud IoT Edge 是软件堆栈，负责将谷歌公司的云服务扩展到物联网网关和边缘设备上。

如图 5-10 所示，Cloud IoT Edge 有三个主要组件：便于网关级设备（至少有一个 CPU）存储、转换和处理边缘数据，并从中提取信息的 Cloud Dataflow 运行时环境，同时与谷歌云 IoT 平台的其余组件协同操作；Edge IoT Core 运行时环境可将边缘设备安全地连接到云；Cloud ML Engine 运行时环境基于 TensorFlow Lite，使用预先训练的模型执行机器学习推理。

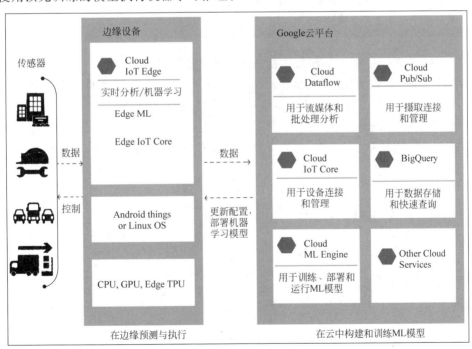

图 5-10　谷歌边缘服务架构

（8）百度 DuEdge。

百度 DuEdge 借助边缘网络计算的力量，破局云与端之间的数据传输和网络流量难题,提升业务灵活性和运行效率。使用 DuEdge 服务网站将使访问速度更快,通过智能路由技术解决不同运营商之间的跨网问题;借助缓存减少设备回源请求,释放带宽资源,提升响应速度。DuEdge 将包括云端设备消息收发、函数计算、安全防护在内的一系列能力拓展到边缘节点,使其成为可编程化的智能节点。此外,百度安全 DuEdge 依靠边缘网络计算的分布式计算原理及在物理上更靠近设备端的特性,能够更好地支持本地数据任务的高效处理和运行,减缓了由设备端到云端中枢的网络流量压力。同时,DuEdge 根据用户的实际使用量计费,可有效减少资源占用开支,节省源站的带宽成本和计算成本。而基于百度安全的一站式服务,用户可依照自身需求选择网站可用性监控和 SEO 等多种增值服务,通过按需配置与资源整合,实现产品整体开发和运维成本的下降。

(9) 阿里云 Link IoT Edge。

阿里云推出的 IoT 边缘计算产品 Link IoT Edge,将阿里云在云计算、大数据、人工智能的优势拓宽到更靠近端的边缘计算上,打造“云-边-端”一体化的协同计算体系。借助 Link IoT Edge,开发者能够轻松地将阿里云的边缘计算能力部署在各种智能设备和计算节点上,例如车载中控、工业流水线控制台、路由器等。此外,Link IoT Edge 支持包括 Linux、Windows、Raspberry Pi 等在内的多种环境。

(10) Azure IoT Edge。

微软的 Azure IoT Edge 技术旨在让边缘设备能够实时地处理数据。Moby 容器管理系统也提供了支持,这是 Docker 构建的开源平台,允许微软将容器化和管理功能从 Azure 云扩展到边缘设备。Azure IoT Edge 包含三个部分:IoT Edge 模块、IoT Edge 运行时环境和 IoT 中心。IoT Edge 模块是运行 Azure 服务、第三方服务或自定义代码的容器,它们部署到 IoT Edge 设备上,并在本地执行。IoT Edge 运行时环境在每个 IoT Edge 设备上运行,管理已部署的模块。而 IoT 中心是基于云的界面,用于远程监控和管理 IoTEdge 设备。

微软 Azure 边缘服务架构如图 5-11 所示。

(11) Oracle 与风河。

Oracle 与风河正在携手合作,提供一个集成化的物联网解决方案,将企业应用系统的信息处理能力扩展到边缘设备。通过实现 Oracle IoT Cloud Service 与风河 Wind River Helix Device 的整合,让企业应用系统自动采集边缘设备传感器中的数据并实现情景化,工业企业就可以在设备的网络互连、管理和安全性等方面节省大量的时间,获取更大的效益。这套集成化的解决方案使设备中的数据快速进入企业后端的 ERP、CRM、资产管理和各种特定目标领域的应用系统中,而且为企业客户提供了简洁明了的配置和部署经验,甚至可以直接远程启动设备,并将其中的数据安全地导入企业应用系统。Wind River Helix Device Cloud 是对 Oracle

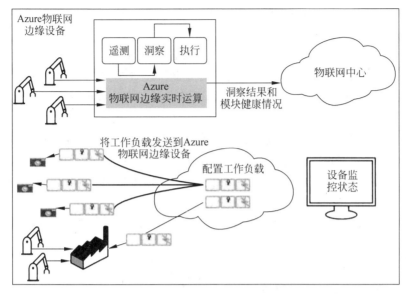

图 5-11　微软 Azure 边缘服务架构

IoT Cloud Service 的扩展,为工业物联网中的设备提供了集中化的设备生命周期管理服务,涵盖安全部署、监视、服务、管理、更新和退役。

4. 机器学习在边缘计算架构中的演进

由于深度学习模型的高准确率与高可靠性,深度学习技术已在计算机视觉、语音识别与自然语言处理领域得到了广泛的应用。

(1) 不同的应用场景,不同的精度需求。

AI 系统通常涉及训练和推断两个过程。训练过程对计算精度、计算量、内存数量、访问内存的带宽和内存管理方法的要求都非常高。而对于推断,更注重速度、能效、安全和硬件成本,模型的准确度和数据精度则可酌情降低。

人工智能工作负载多属于数据密集型,需要大量的存储和各层次存储器间的数据搬移,导致"内存墙"问题非常突出。为了弥补计算单元和存储器之间的差距,学术界和工业界正在以下两个方向进行探索。

① 富内存的处理单元,增加片上存储器的容量并使其更靠近计算单元。

② 创建具备计算能力的存内计算(Process-in-Memory,PIM),直接在存储器内部(或更近)实现计算。

(2) 低精度、可重构的芯片设计是趋势。

关于 AI 芯片的定义并没有一个严格和公认的标准,一般认为面向人工智能应用的芯片都可以称为 AI 芯片。低精度设计是 AI 芯片的一个趋势,在针对推断的芯片中更加明显。同时,针对特定领域而非特定应用的可重构能力的 AI 芯片,将是未来 AI 芯片设计的一个指导原则。

TensorFlow 和 PyTorch 等 AI 算法开发框架在 AI 应用研发中起着至关重要的作用。通过软件工具构建一个集成化的流程,将 AI 模型的开发和训练、硬件无关和硬件相关的代码优化、自动化指令翻译等功能无缝地结合在一起,将是成功部署的关键。

人工智能芯片技术白皮书指出,从 2015 年开始,AI 芯片的相关研发逐渐成为热点。在云端和终端已经有很多专门为 AI 应用设计的芯片和硬件系统。在云端,通用 GPU,特别是 NVDIA 系列 GPU 被广泛应用于深度神经网络训练和推理,其最新的 Tesla VI00 能够提供 120TFLOPS(每秒 120 万亿次浮点指令)的处理能力。很多公司也开始尝试设计专用芯片,以达到更高的效率,其中最著名的例子是 Google TPU。谷歌公司还通过云服务把 TPU 开放商用,处理能力达到 180TFLOPS,提供 64GB 的高带宽内存(HBM)、2400GB/s 的存储带宽。

不光芯片巨头,很多初创公司也看准了云端芯片市场,如 Graphcore、Cerebras、Wave Computing、寒武纪及比特大陆等公司也加入了竞争行列。

此外,FPGA 也逐渐在云端的推断应用中占有一席之地。目前,FPGA 的主要厂商如 Xilinx、英特尔都推出了专门针对 AI 应用的 FPGA 硬件。亚马逊、微软及阿里云等公司也推出了专门的云端 FPGA 实例来支持 AI 应用。一些初创公司,例如深鉴科技等,也在开发专门支持 FPGA 的 AI 开发工具。

(3)边缘 AI 计算让传统终端设备焕发青春。

随着人工智能应用生态的爆发,越来越多的 AI 应用开始在端设备上开发和部署。智能手机是目前应用最为广泛的边缘计算设备,包括苹果、华为、高通、联发科和三星在内的手机芯片厂商纷纷开始研发或推出专门适合 AI 应用的芯片产品。

(4)云+端相互配合,优势互补。

总体来说,云侧 AI 处理主要强调精度、处理能力、内存容量和带宽,同时追求低时延和低功耗;边缘设备中的 AI 处理则主要关注功耗、响应时间、体积、成本和隐私安全等问题。

云和边缘设备在各种 AI 应用中往往是配合工作。最普遍的方式是在云端训练神经网络,然后在云端(由边缘设备采集数据)或者边缘设备上进行推理。

在执行深度学习模型推理的时候,移动端设备将输入数据发送至云端数据中心,云端推理完成后将结果发回移动设备。然而,在这种基于云数据中心的推理方式下,大量的数据通过高时延、带宽波动的广域网传输到远端云数据中心,造成了较大的端到端时延以及移动设备较高的能量消耗。相比面临性能与能耗瓶颈的基于云数据中心的深度学习模型部署方法,更好的方式是结合新兴的边缘计算技术,充分运用从云端下沉到网络边缘端的计算能力,从而在具有适当计算能力的边缘计算设备上实现低时延与低能耗的深度学习模型推理。通用处理器完全可以胜任推理需求,一般不需要额外的 GPU 或者 FPGA 等专用加速芯片。

边缘侧的负载整合则为人工智能在边缘计算的应用找到了突破口。"物"连上网将产生庞大的数据量,数据将成为新的石油,人工智能为数据采集、分析和增值提供了全新的驱动力,也为整个物联网的发展提供了新动能。虚拟化技术将在不同设备上独立地负载整合资源到统一的高性能计算平台上,实现各个子系统在保持一定独立性的同时还能有效分享计算、存储、网络等资源。边缘侧经过负载整合,产生的节点既是数据的一个汇总节点,同时也是一个控制中心。人工智能可以在节点处采集分析数据,也能在节点处提取洞察做出决策。

如何将人工智能应用到边缘侧?网络优化将是关键性技术之一。英特尔认为,可以通过低比特、剪枝和参数量化进行网络优化。低比特指在不影响最终识别的情况下,通过降低精度来降低存储和计算负荷。剪枝指剪除不必要的计算需求,从而降低计算复杂度。参数量化指可以根据参数的特征做聚类,用相对比较简单的符号或数字来表述,从而降低人工智能对存储的需求。

第 4 节　边缘计算相关网络

1. 通信网络

边缘计算的研究主要针对与传统通信运营商和云服务商业务关系密切的 5G 移动网络和部分固网接入业务,下边主要介绍移动网络和固定网络。

移动网络一般可以分为接入网、承载网和核心网等。无线接入网也就是常说的 RAN(Radio Access Network),以 4G 为例,主要包括天线、馈线、无限远端单元(Radio Remote Unit,RRU)和基带处理单元(Base Band Unit,BBU)等功能。天线负责把无线终端的无线信号转换成有线信号,通过馈线进入 RRU 进行射频信号和中频信号的转换,之后由 BBU 完成包括编码、复用、调制和扩频等信号处理,然后通过背传(Backhaul)网络接入移动承载网。

承载网早期主要使用时分复用(Time-Division Multiplexing,TDM)的 T1/E1 技术建立准同步数字系统(Plesiochronous Digital Hierarchy,PDH)网络来支持电话业务,由于语音的带宽是固定的 64kHz,正好对应 TDM 的一个时隙,所以 TDM 特别适合语音业务。但是,由于 PDH 只是准同步,不同级汇聚的设备很复杂,缺乏统一标准,而且维护困难。随着光传输技术的发展,诞生了以光纤为介质的完全同步的光网络 SDH,具有标准统一、支持大容量传输、具备电信级自愈能力等优势,所以一度统一了传输网。然而,随着数据业务开始兴起,需要承载更多类型的接入业务,特别是净荷大小不固定的 IP 数据。于是,在 SDH 的基础上衍生出了多业务传输平台(Multi-Service Transmission Platform,MSTP),即把多业务通过 SDH 传输,实质还是基于 TDM 的网络,虽然可以支持数据业务,但是带宽利用率和灵活性大打折扣。

随着后续技术的演进,产生了分组传送网(Packet Transport Network,PTN),PTN 主要借鉴了多协议标签交换(Multi-Protocol Label Switching,MPLS)的数据交换技术,又增加了管理维护(Operation Administration and Maintenance,OAM)等功能,形成了 MPLS-TP(Transport Profile)协议。通过给数据包打上标签,为报文建立虚拟的转发通道,每台设备对报文只需根据标签进行交换即可。与固定时隙的 SDH 不同,PTN 的传送单元是大小可变的 IP 报文,可以灵活地支持蓬勃发展的数据业务。另外,随着软交换技术的兴起,例如 VoIP、Volte 等语音业务也可以通过数据包传输,TDM 网络越来越边缘化。

随着技术的演进,相比于 2G 和 3G 网络,LTE 网络架构将原控制平面的部分功能和用户数据流转传送的部分功能向基站转移。这要求回传网络架构必须具备智能路由功能,于是希望把所有移动业务都通过三层 IP 传输的 IP RAN 应运而生。相比 PTN 提供二层以太业务,IP RAN 以 IP 和 MPLS 技术为基础,直接承载 L3 的 IP 业务,侧重于用路由器和交换机构建整个网络,支持丰富的路由协议,业务调度灵活,开放性好。但是,由于 L3 层网络复杂,硬件设备成本高,安全和管控也有待提高。传统无线网络的业务和数据处理都是在核心网进行的,包括用户认证和授权、会话建立和管理、数据路由和转发等。

固网可以分为接入网、汇聚网和城域网。与移动接入网络不同,早期家庭客户的接入侧使用有线连接,例如电话线和同轴电缆的各种 xDSL(Digital Subscriber Loop)。国内大城市已经普及无源光网络 PON(Passive Optical Network),实现光纤大带宽的接入;接入机房一般通过 OLT、BRAS、交换机和路由器等设备实现业务数据处理,然后一级一级汇聚接入城域网。政企用户对于带宽可靠性有特殊要求,可以在运营商处申请专线业务,通过业务路由器或 PTN 网络接入城域核心网络。在城域网之上,通过基于波分复用的光传送网 OTN(Optical Transport Network)在全国互联形成骨干网。

(1) 数据中心网络。

在早期的大型数据中心里,网络通常包括接入层、汇聚层和核心层的三层架构,如图 5-12 所示。接入层交换机通常位于机架顶部,也称为 ToR(Top of Rack),连接服务器和存储设备等。汇聚交换机把接入层的数据汇聚起来,同时提供防火墙、入侵检测、网络分析等服务。核心交换机连接多个汇聚交换机,并为数据包提供高速转发。

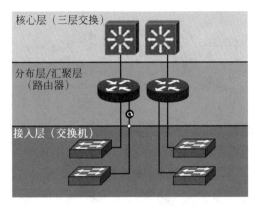

图 5-12 传统三层网络架构

由于核心交换机价格昂贵,所以在实际部署中,接入、汇聚和核心交换机之间有一定的超占比,即:接入层交换机总带宽＞汇聚层总带宽＞核心层总带宽。以太网本身是一种尽力而为的网络设计,允许丢包,而且早期的数据中心以南北向流量居多,即数据请求主要来自外部的设备,由数据中心的部分服务器或者存储设备处理,所以这种网络设计是满足需求的。

随着技术的发展,数据的内容和形式发生了变化。分层的软件架构导致软件功能的解耦合模块化等,使一个系统的软件功能通常分布在多个 VM 或者容器中;新应用的出现,如分布式计算、大数据、人工智能等,使一项业务需要多台甚至上千台服务器合作完成,导致数据中心内的东西向流量急剧增加。对于增加的东西向流量如果都在同一个接入层或者汇聚层交换机中,那么数据转发能力尚可。但是,如果东西向流量需要占用大量宝贵的核心交换机转发带宽,由于超占比的存在,整个网络的数据转发能力会明显下降,并且影响正常的南北向流量。如果单纯依靠提高超占比来提升网络性能,势必要大幅增加昂贵的核心交换机的带宽,网络设备的支出会大幅上升。

为了应对大量涌现的东西向流量,新的数据中心主要采用的是 Spine/Leaf 网络架构,如图 5-13 所示。Leaf 交换机相当于传统三层架构中的接入交换机,作为ToR(Top of Rack)直接连接物理服务器,Spine 交换机相当于核心交换机。Spine交换机和 Leaf 交换机之间通过 ECMP(Equal Cost Multi Path)动态选择多条路径。每个 Leaf 交换机的上行链路数等于 Spine 交换机的数量,从而缓解了超占比的问题,能够更好地处理增加的东西向流量。Spine/Leaf 网络架构本质上是使用中型的交换机替代传统昂贵的核心交换机,成本低,架构更加扁平化,适应云计算的发展趋势,有利于计算等硬件资源的虚拟化和容器化。随着网络规模和东西向流量的增加,可以增加 Spine 交换机的数量,扩展性好;同时,更多的 Spine 交换机可以更好地实现容错能力。Spine/Leaf 架构最具有代表性的就是 Facebook 公开的数据中心架构。

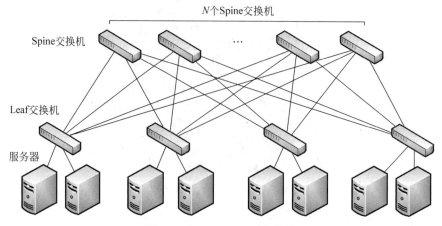

图 5-13　Spine/Leaf 网络架构

在 Spine/Leaf 架构中,L2/L3 层的分界点在 Leaf 交换机上,Leaf 交换机之上是三层网络。这样设计能分隔 L2 广播域,适用的网络规模更大,但也导致服务器的部署和 VM 的迁移局限在 L2 网络内。一种解决方案是 VXLAN,即通过在物理 L2 网络之上构建一个虚拟 L3 网络来解决上述问题。VXLAN 定义了 8 字节的 VXLAN Header,其中的 24bit 用来标识不同的二层网络,这样总共可以标识 1600 多万个不同的二层网络。这个 Header 不属于 L2 MAC 包,而是借用了 L3 的 UDP 包头,将 Ethernet Frame 封装在 UDP 包里面,物理网络的二层边界还存在。但是,VM 的创建迁移的网络数据在三层网络传输,从而跨越了物理二层网络的限制。VXLAN 的优点是突破了 L2/L3 层网络的限制,缺点是实际上模糊了 L2 和 L3 层的网络分层,这点是不符合典型的网络分层架构理念的。

（2）SDN 和 NFV。

SDN 和 NFV 是目前网络发展的热门技术,在使用中经常被混淆。SDN (Software Defined Network)指软件定义网络,其背景是随着网络规模的急剧增加,传统的网络设备交换机和路由器等设备通过专用硬件实现,数据交换面和控制管理面集成在一起,主要通过命令行接口控制,配置部署复杂,对运维人员要求高。一旦部署,后续由于业务需求需要改变网络拓扑非常麻烦,发生问题也不容易定位,维护管理不方便。SDN 的核心思想是把网络的控制面从数据面剥离,主要分为三层,网络基础设施层由专用硬件的交换机负责数据面的转发,简化硬件交换机的设计复杂度并提高数据带宽,从而降低网络成本。另外,由于所有硬件交换机的功能一致,网络可扩展性非常好。控制层具体负责转发控制策略,可以集中运行在通用的服务器上,网络部署只需要改变控制面即可,简单方便。应用层主要通过控制层提供的开放的 API 接口,灵活支持各种不用的业务和应用。一般把应用层和控制层的接口叫作北向接口,控制层和网络基础设施层的接口称为南向接口,目前OpenFlow已经成为事实上的南向接口的标准,但是北向接口的标准目前还没有统一。

NFV(Network Function Virtualization)是指网络功能虚拟化。首先,有必要提一下网络虚拟化(Network Virtualization)。网络虚拟化泛指在一个物理的网络上构造多个虚拟的网络。典型的有 VLAN,在一个物理 L2 网络上通过 Tag 隔离出多个虚拟的 VLAN,来实现数据的隔离和保护,VxLAN 也是一种网络虚拟化。但是 NFV 主要指随着通用处理器处理能力的增强和虚拟化技术的发展,把之前运行在网关、交换机和路由器等专用硬件设备上的网络功能通过软件在通用处理器上实现。同时,利用虚拟化将硬件资源池化,根据需求灵活配置资源,从而实现基于实际业务的灵活部署,并降低昂贵的专用网络设备成本。NFVI(NFV Infrastructure)指的是 NFV 的硬件基础设备,其中的两个重要技术是网卡和交换机的虚拟化。

NFV 和 SDN 侧重点不同,但是也有交集,例如 SDN 的控制和数据分离的策略也可以应用在 NFV 的设计中。SDN 和 NFV 是未来网络灵活性和开放性的主要推动力量。

(3) 网卡虚拟化 VMDq 和 SR-IOV。

随着通用处理器核数的增加和虚拟技术的流行,一台物理主机最多可以支持数十个 CPU 核,每个核可以运行一台虚拟机。但是,一台主机实际的 I/O 设备,特别是物理网卡数量有限,必须通过虚拟化更多的 I/O 接口来支持。由于纯软件的虚拟化方案对 CPU 的资源消耗太大,实际上更多的是通过部分硬件来协助实现I/O 的虚拟化,特别是通过物理网卡虚拟化更多的逻辑网口来支持实现。其中VMDq(Virtual Machine Device Queues)和 SR-IOV(Single-Root Input/Output Virtualization)是针对 I/O 设备虚拟化提出来的两个重要技术。

VMDq 技术使得网络适配器具备了数据分类功能,从而使虚拟化主机的 I/O访问性能接近线速吞吐量,并降低了 CPU 占用率。虚拟机管理器 VMM 在网络适配器中为每个虚拟机主机分配一个独立的队列,使得该虚拟机的数据流量可直接发送到指定队列上,虚拟交换机无须进行排序和路由操作。但 VMM 和虚拟交换机仍然需要将数据流量在网络适配器和虚拟机之间进行复制。

SR-IOV 技术为每个 VM 提供无须软件模拟即可直接访问网络适配器的能力,实现了接近物理宿主机的 I/O 性能。SR-IOV 允许 VM 之间高效分享 PCIe 设备,通过在网络适配器内创建出不同虚拟功能 VF 的方式,呈现给虚拟机独立的网卡设备,VF 和 VM 之间通过直接内存访问 DMA 进行高速数据传输。SR-IOV 的性能优于 VMDq,但需要硬件(包括网络适配器和主板等)的支持。具有 SR-IOV

功能的设备具有以下优点。

① 提供了一个共享任何特定 I/O 设备容量，实现虚拟系统资源有效利用的标准方法。

② 在一个物理服务器上，每个虚拟机接近本地的性能。

③ 在同一个物理服务器上，虚拟机之间的数据保护。

④ 物理服务器之间更平滑的虚拟机迁移，由此实现 I/O 环境的动态配置。

(4) 虚拟交换机 OVS 和 DPDK。

数据中心主要通过虚拟交换机，即 OpenvSwitch(OVS)来实现交换功能的虚拟化。OVS 通过软件扩展，支持网络的自动化运维，具有标准的管理接口和协议，可以在多个物理服务器中运行。与传统的物理交换机相比，虚拟交换机具备配置灵活的优点。一台服务器可灵活支持数十台甚至上百台虚拟交换机。

① 交换虚拟化软件主要具备以下能力。

数据分组的快速导入及导出。

不同物理宿主机和虚拟机之间的高速数据转发。

OVS 的主要瓶颈在于传统 CPU 的 I/O 带宽太小，为了提升转发性能，可将英特尔开发的数据平面开发套件 DPDK(Data Plane Development Kit)和 OVS 结合起来，通过提供高性能数据分组处理库和用户空间的驱动程序，替代 Linux 下的网络数据分组处理功能，实现转发路径的优化。

② 与传统的数据包处理相比，DPDK 具有以下特点。

轮询：降低数据处理时上下文切换的开销。

用户态驱动：减小多余的内存复制和系统调用，加快迭代优化速度。

亲和性与独占：在特定核上绑定特定任务，减小线程核间的切换开销，提高缓存命中率。

降低访存开销：利用内存大页技术降低 TLB 丢失率，利用内存 Lock Step 等多通道技术降低内存时延，并提高内存有效带宽。

软件调优：实现缓存的行对齐、数据预取、批量操作等。

结合 DPDK 的虚拟交换机已经接近中端物理交换机的性能，目前已普遍支持 10Gb/s 的交换速度。

2. 边缘计算网络需求

边缘计算的边缘主要是对应于数据中心，边缘计算的网络可以理解为数据中心之外的网络，即移动网络和政企家庭的固网接入等。

随着高清 2K、4K 甚至 8K 视频点播，虚拟现实，增强现实，人工智能和车联网等高带宽、低时延应用的出现，已有的 4G 网络已经无法满足新兴业务的需求。通过对移动网络的研究,国际电信联盟 ITU M.2083 定义了 5G 的三大应用场景,如图 5-14 所示。

①　增强型移动宽带,随着用户对多媒体内容、服务和数据的访问持续增长,对移动宽带的要求将快速增长。

②　大规模机器类型通信,对应海量设备连接场景,数据量和时延性要求都不高,但是需要低成本和超高的电池续航能力,主要包括智能电表、智慧城市等。

③　超可靠低时延通信,对吞吐量、时延和可靠性等要求十分严格,主要包括远程医疗、自动驾驶等。

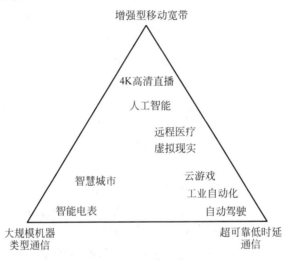

图 5-14　5G 典型应用

欧盟启动了 METIS(Mobile and Wireless Communications Enablers for the Twenty-twenty Information Society)的 5G 研究,并于 2015 年发布"ICT-317669 scenarios, requirements and KPIs far 5G mobile and wireless system with recommendations for future investigations",其中定义了 5 种典型应用和 12 种测试用例。几个典型例子如下:

第一,以虚拟现实办公为例,要求办公区 95% 的地方需要达到 1Gb/s 以上的带宽,20% 以上的区域甚至要达到 5Gb/s。

第二,以智能电网的远程保护为例,1521 字节信息的传送必须满足小于 8ms 的时延和 99.999% 的可靠性。

第三,对于超过万人的体育场馆,必须保证每人 20Mb/s 以上的带宽和小于 5ms 的空口时延。

第四,对于自动驾驶场景,端到端的时延必须小于 5ms,并保证 99.999% 的可靠性。

我国成立了 IMT—2020(5G)推进组,并发布了《5G 愿景与需求》白皮书,其中提到,移动互联网和物联网是未来移动通信的两大重要推动力,也为 5G 提供了广阔的市场前景。

虽然 5G 定义了大规模机器类型通信 mMTC,希望能把物联网统一到 5G 网络,但 5G 实际上是下一代的移动网络,而智能家电、智能台灯、智能电表等物联网设备实际上是很少移动的。而且 5G 的带宽高、功耗高,对于极少数据量的低功耗物联网终端设备,即使配置一个 SIM 卡也会导致成本增加。除了 5G 移动网络,物联网还包含各种远距离无线传输技术,如窄带物联网(Narrow Band Internet of Things,NBIoT)、LoRa(Long Range)、Wi-Fi、蓝牙、ZigBee 等近距离无线传输技术。低功耗、低速率的广域网传输技术适合远程设备运行状态的数据传输、工业智能设备及终端的数据传输等。高功耗、高速率的近距离传输技术,适合智能家居、可穿戴设备以及 M2M 之间的连接及数据传输。低功耗、低速率的近距离传输技术,适合局域网设备的灵活组网应用,如热点共享等。但是,无论使用何种无线接入技术,除了个别巨头公司不计成本自行组网,绝大部分物联网的海量数据汇聚后还是会通过无线或者有线接入运营商的已有网络传输,其海量的设备数量和复杂的业务类型也对现有边缘网络提出了很大的挑战。

随着边缘计算和业务的下沉,原来处于安全的数据中心和核心网的业务,数据和算法等需要下沉到边缘接入机房,出于隐私考虑,安全要求越来越高。另外,对于高铁、高速汽车等超高速移动场景,如何保证移动连接和业务也是一大挑战。

另外,随着光纤入户带来的带宽增加,高清视频点播等大带宽消耗应用的快速增长,企业业务向云迁移带来的大量数据迁移等,进一步对现有网络带宽带来挑战,各种高可靠性业务也对网络质量提出了更高的要求。移动通信系统的现实网络逐步形成了包含多种无线制式、频谱利用和覆盖范围的复杂现状,多种接入技术长期共存成为突出特征。在 5G 时代,同一运营商拥有多张不同制式网络的状况将长期存在,多制式网络将至少包括 4G、5G 以及 WLAN 等。如何高效地运行和维护多张不同制式的网络,不断降低运维成本,提高竞争力,是每个运营商都要面临和解决的问题。

综上,5G 移动网络、物联网、光纤大带宽固网接入和云业务的兴起等,对边缘网络的主要需求包括超高速带宽、毫秒级超低端到端时延、超高密度链接、超高速移动链接、多网络融合和安全隐私保障。

3. 边缘计算网络发展趋势

从网络运营商的角度来看,如何在保证投资收益的前提下更好地满足边缘网络的主要需求成为一项巨大挑战。实际上,没有任何一个网络可以支持所有的功能,以上总结的一些核心需求之间也是互相矛盾的。例如,追求高带宽必然会牺牲时延和可靠性,就好比固定车道的高速公路,大车流必然容易导致意外事故的发生,从而降低数据包的可靠性和时延;而可靠性和低时延的追求,希望尽量减少高速路上不必要的车流量,最好平时没有流量,一旦有数据包传送时,传送过程不会被时延和损坏,从而提高了可靠性和低时延。但是从成本考虑,不可能为不同的业务建造不同的物理网络。

那么如何通过一张物理网络实现多样的网络需求呢? 首先,应该通过合理利用边缘业务平台的存储、计算、网络、加速等资源,将部分关键业务应用下沉到接入网络边缘,极大地降低网络时延。然后,把大部分的本地流量终结到边缘侧,仅把必需的经过压缩的数据传送到核心网和数据中心,也可以极大地缓解核心网和骨干网的带宽压力,提升客户的使用体验。另外,毫米波、大规模多天线技术、新型多载波技术、高阶编码调制拘束、全双工、小区加密技术、波束赋形和设备到设备等新的无线技术可以极大地改善低时延,提高带宽利用率,支持超高速移动连接。通过引入新的25G、50G甚至100G大带宽网络提升管道带宽,降低运营成本。

除此以外,还可以通过全新的无线接入技术、CU/DU 分离部署、端到端网络切片、数控分离的核心网、计算能力下沉和软件定义广域网(SD-WAN)来满足网络需求。

(1) CU 和 DU 分离部署。

4G 无线接入网主要通过基带处理单元(Base Band Unit,BBU)+射频拉远单元(Radio Remote Unit,RRU)实现,BBU 主要采用专用芯片实现,网络拓扑固定,扩展性差,难以实现虚拟化和云化。为了应对高带宽和海量的设备连接,以及由此引起的数据业务类型的复杂化,5G 接入网也引入了全新的有源天线单元(Active Antenna Unit,AAU)、集中单元(Centralized Unit,CU)和分布单元(Distributed Unit,DU)灵活部署的方案。BBU 的部分物理层处理功能与原 RRU 及无源天线合并为 AAU,原 BBU 的非实时部分将分割出来,重新定义为 CU,负责处理非实时协议和服务。BBU 的剩余功能重新定义为 DU,负责处理物理层协议和实时服务,CU 通过交换网络连接远端的 DU。基于 5G RAN 架构的变化,5G 承载网由前传(Fronthaul)、中传(Middlehaul)和后传(Backhaul)三部分构成。其中 AAU 和 DU 之间的数据传输是前传,DU 和 CU 之间是中传,CU 和核心网之间是回传。

无线接入网 CU-DU 分离架构的优点在于能够实现数据集中处理和小区间协作;实现密集组网下的集中控制,获得资源的池化增益,有利于 NFV/SDN 的实现,以及满足运营商某些 5G 场景的部署需求。通过不同的 CU 和 DU 的部署模式,支持不同的网络应用场景,当传送网资源充足时,可集中化部署 DU 功能单元,实现物理层协作化技术,而在传送网资源不足时,也可分布式部署 DU 处理单元。

CU 功能的存在实现了原属 BBU 的部分功能的集中,既兼容了完全的集中化部署,也支持分布式的 DU 部署。可在最大化保证协作化能力的同时,兼容不同的传送网能力。

从 4G 单点 BBU 到 5G CU/DU 的两级架构如图 5-15 所示。

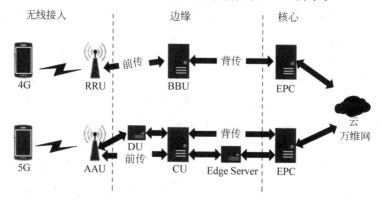

图 5-15　从 4G 单点 BBU 到 5G CU/DU 的两级架构

BBU—基带处理单元;RRU—射频拉远单元;EPC—核心网;

AAU—有源天线单元;DU—分布单元;CU—集中单元

在具体的实现方案上,CU 设备采用通用平台实现,不仅可支持无线网功能,也具备支持核心网和边缘应用的能力。DU 设备可采用专用设备平台或"通用+专用"混合平台实现,通过引入 NFV 和 SDN 架构,在管理编排器(MANO)的统一管理和编排下,实现包括 CU 和 DU 在内的网络配置和资源调度能力,满足运营商业务部署需求。

以中国联通通信云云化网络三层 DC 和一层综合接入机房的四层架构为例,接入机房的部署和 4G 类似,使用 CU/DU 合设方案,CU 管理和其同框的 DU 通过机框背板通信,时延在 2～5ms。边缘 DC 的 CU 大约管理几十个到上百个 DU,时延小于 10ms;本地 DC 的 CU 可能管理几百个 DU,时延小于 20ms;区域 DC 的 CU 可能管理上千个 DU,时延小于 50ms。CU 部署在核心机房,可以直接运行在使用标准的数据中心服务器上,便于虚拟化和池化。本地 DC 机房环境如果不能支持使用标准 19in 服务器,可以采用新兴的边缘服务器支持 CU 的虚拟化和池化,但是范围会比较小。区域 DC 机房条件恶劣,前期可以借用已有的 OLT 和 BRAS 等机架设备的空间,采用类似中兴通讯股份有限公司发布的轻量云内置刀片设计支持 CU 的功能,后续逐步引入 CU/DU 等合设部署。

对时延极其敏感的 ULRRC 业务(低时延、高可靠业务),例如车联网 5ms 的时延、电网远程保护的 8ms 时延,CUR 要部署在接入机房才能满足时延要求。对增强移动宽带的业务而言,为了保证 5G 的无线性能和时延要求,CU 部署在接入机房、边缘 DC 和本地 DC 是能满足时延要求的,但是部署在本地 DC 会导致大量的数据占用汇聚网络的带宽。所以,后期随着高带宽、低时延业务的快速发展,需要平衡边缘侧在网络和计算成本上的投入,例如改造边缘 DC 增加计算能力的下沉,或升级边缘和本地 DC 之间的网络带宽,具体需要每家运营商根据已有的基础光纤、网络和机房情况进行评估。

联通通信云网络架构如图 5-16 所示。

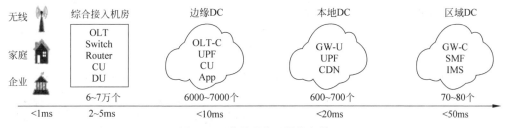

图 5-16 联通通信云网络架构

(2)端到端网络切片。

5G 承载的业务种类繁多,业务特征各不相同,如果使用一张物理网络支撑三大业务场景,并满足网络的速率、移动性、安全性、时延、可靠性、计费等不同的需求,将是巨大的挑战。而端到端的网络切片是 5G 网络支持多业务的基础,也是 5G 网络架构演进的关键技术。

根据不同的业务需求,端到端的网络切片技术使运营商能够在同一个硬件基础设施上切分出多个虚拟的端到端网络,类似于 VLAN,不同的虚拟网络天然隔离,为不同类型的 5G 场景提供不同的通信业务和网络能力。每一个网络切片在物理上源自统一的网络基础设施,而且不同的网络切片可以按需建立,用完解除,弹性敏捷,大大降低了运营商运营多个不同业务类型的建网成本。网络切片本质上是一种按需组网的方式,可以让运营商在统一的基础设施上切出多个虚拟的端到端网络,每个网络切片从无线接入网到承载网再到核心网在逻辑上隔离,适配各种类型的业务应用。5G 主流的三大应用场景就是根据网络对用户数、QoS、带宽等不同的要求定义的不同通信服务类型,可以对应三个切片。eMBB、uRLLC 以及mMTC 三个独立的切片承载于同一套底层物理设施之上。在 eMBB 切片中,对带宽有很高的要求,可以在城域机房的移动云引擎中部署缓存服务器,使业务更贴近用户,降低骨干网的带宽需求,提高用户体验。在 uRLLC 切片中,自动驾驶、辅助驾驶、远程控制等场景对网络有着极为苛刻的时延要求,因此需要将 RAN 的实时处理及非实时处理功能单元部署在更靠近用户的站点侧,并在 CO 机房的移动云引擎中部署相应的服务器(V2X Server)及业务网关,城域及区域数据中心中只部署控制面相关的功能。在 mMTC 切片中,对于大多数 MTC 场景,网络中交互的数据量较小,信令交互的频率也较低,因此可以将移动云引擎部署在城域数据中心,将其他功能以及应用服务器部署在区域数据中心,释放 CO 机房的资源,降低开销。当然,也可以定义更多数量类型的网络切片,但是更多的切片数量会带来设计管理的复杂化,所以切片数量需要根据网络应用和基础设施部署来确定,并不是越多越好。

网络切片的基础首先就是网络本身要能动态支持不同的切分粒度,以 1Gb/s 带宽网卡或者交换机为例,可以很容易切分成 10 个 100Mb/s,甚至 100 个 10Mb/s。但是,传统的基于专用硬件平台的网络通信设备软件和硬件紧耦合,传统物理千兆网卡支持的是一个完整的 1Gb/s 开端,是无法动态切分成不同粒度的。要支持网络切片,最基本的两项技术是网络功能虚拟化和软件定义网络。

NFV 把所有的硬件抽象为计算、存储和网络三类资源并进行统一管理分配,给不同的切片不同大小的资源,且使其完全隔离互不干扰。SDN 实现网络的控制和转发分离,并在逻辑上统一管理和灵活切割。以核心网为例,NFV 从传统网元设备中分解出软硬件的部分。硬件由通用服务器统一部署,软件部分由不同的 NF(网络功能)承担,从而满足灵活组装业务的需求,于是切分粒度的逻辑概念就变成了对资源的重组。重组是根据 SLA(服务等级协议)为特定的通信服务类型选择需要的虚拟资源和物理资源。SLA 包括用户数、QoS、带宽等参数,不同的 SLA 定义了不同的通信服务类型。

一个网络切片包括无线子切片、承载子切片和核心网子切片。核心网目前基于通用处理器的虚拟化程度已经比较高,所以网络切片的实现相对容易。基于服务化架构(Service Based Architecture,SBA),以前所有的网元都被打散,重构为一个个实现基本功能集合的微服务,再由这些微服务像搭积木一样按需拼装成网络切片。汇聚层的承载网切片主要基于 SDN 的统一管理,把网络资源抽象成资源池来进行灵活的分配,从而切割成网络切片。网络切片的最大难点在于接入网的虚拟化和云化,5G 引入的 CU 也更易于支持虚拟化。目前,设备商基于 5G 的接入网方案已经基于通用处理器设计,具备相当的虚拟化能力。但是,DU 和 AAU 目前主要通过专用硬件支持,虚拟化的支持有限。英特尔提出的纯软件的方案 FlexRAN 是很好的接入网云化方案,但是目前性能还不如专用硬件,适应的场景比较有限。具体部署还要看后续 5G 新方案的研发和实现。

(3)数控分离的核心网。

传统 4G 核心网架构如图 5-17 所示。移动管理实体(Mobile Management Entity,MME)负责网络连通性的管理,主要包括用户终端的认证和授权、会话建立以及移动性管理。归属用户服务器(Home Subscriber Server,HSS)作为用户数据集,为 MME 提供用户相关的数据,以此来协助 MME 的管理工作。服务网关

(Serving Gateway,SGW)负责数据包路由和转发,将接收到的用户数据转发给指定的 PDN 网关(PDN Gateway,PGW),并将返回的数据交付给基站侧 eNB (Evolved Node B)。PGW 负责为接入的用户分配 IP 地址以及管理用户平面 QoS,并且是 PDN 网络的进入点。MME 仅承担控制平面功能,但是 SGW 和 PGW 既承担大部分用户平面功能,又承担一部分控制平面功能,这就使得用户平面和控制平面严重耦合,不利于网络可编程化。而且,由于历史兼容原因,很多设备运行在专用硬件平台上,软件和硬件紧耦合,网络部署和维护成本高,对四新业务的支持也有限,可扩展性和通用性都较差。

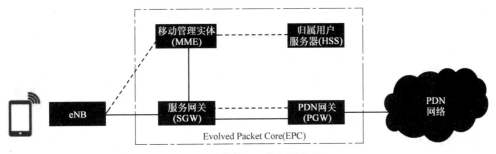

图 5-17　传统 4G 核心网架构

在 5G 时代,众多对时延要求较高的业务需要将网关下移到城域甚至是中心机房,会导致网关节点数量增长 20～30 倍。如果保持现有的网关架构,必然会由于网关业务配置的复杂性,显著增加运营商网络的 CAPEX 和 OPEX。同时,如果控制面订阅了位置、RAT 信息的时间上报,则会产生较多信令在站点、分布式网关、网络控制面功能之间迂回。数量众多的分布式网关会对集中化的控制面网元带来明显的接口链路负担和切换更新信令负荷。

因此,需要对网关的控制面及用户面进行分离,通过剥离网关复杂的控制逻辑,将控制逻辑功能集成到融合的控制面。不仅可以有效降低分布式部署带来的成本压力,还能化解信令路由迂回和接口负担的问题。此外,控制面和用户面分离还能够支持转发面和控制面独立伸缩,进一步提升了网络架构的弹性和灵活性,方便控制逻辑集中,更加容易定制网络分片,服务多样化的行业应用:控制转发演进解耦,避免控制面的演进带来转发面的频繁升级。控制面和用户面分离首先要做到功能轻量化,剥离复杂控制逻辑功能并集中到模块化的控制面中。要对保留的核心基本转发面功能进行建模,定义通用转发面模型和对象化的接口,以实现转发面可编程,支持良好的扩展性。

相比于传统 4G EPC 核心网,5G 核心网采用原生适配云平台的设计思路,基于服务的架构和功能设计提供更泛在的接入、更灵活的控制和转发以及更友好的能力开放。引入了 SDN 的思想以实现控制面和转发面的进一步分离,5G 核心网与 NFV 基础设施结合,为普通消费者、应用提供商和垂直行业需求方提供网络切片、边缘计算等新型业务能力。

5G 核心网实现了网络功能模块化以及控制功能与转发功能的完全分离。控制面可以集中部署,对转发资源进行全局调度;用户面则可按需集中或分布式灵活部署,当用户面下沉靠近网络边缘部署时,可实现本地流量分流,支持端到端的毫秒级时延。由于未来业务高带宽、低时延、本地管理的发展需求,3GPP、4G CUPS 与 5G New Core 移动网将控制面和转发面分离,使网络架构扁平化。转发面网关可下沉到无线侧,分布式按需部署,由控制平面集中调度。网关锚点与边缘计算技术结合,实现端到端低时延、高带宽,均衡负载海量业务,从而在根本上解决传统移动网络竖井化单一业务流向造成的传输问题,以及核心网负荷过重、时延瓶颈问题。

伴随控制面与转发面分离的网络架构演进需求,传统专有封闭的设备体系也正在逐步瓦解,转向基于"通用硬件+SDN/NFV"的云化开放体系。基于虚拟机以及容器技术承载电信网络的功能,使用 MANO 与云管协同统一编排业务与资源,并通过构建 DevOps 一体化能力,大幅缩短新业务面市周期,从而实现 IT 与 CT 技术深度融合,提高网络运营商的业务竞争力。因此,从中心机房到边缘机房,借助云化技术重构电信基础设施将是必然选择。

(4) SD-WAN 优化网络带宽和时延。

长期来看,移动 2G、3G、4G 网络的长期演进属于 5G 网的一部分。同时,Wi-Fi 作为移动网络的补充也会长期存在。另外,各种有线网络的接入会导致带宽快速增长,企业业务迁移到云上并直接转向企业云,应用程序带来了大量的数据带宽要求,物联网的海量数据连接使接入网的业务更加复杂化。为了在接入网有效地支持多种复杂网络接入,并快速识别不同客户设备的网络需求,最终满足带宽、可靠性和时延的要求,SD-WAN(软件定义的广域网)对网络带宽和数据业务的识别是至关重要的一环。

SD-WAN 使用网络虚拟化来利用、管理和保护互联网宽带,为各种应用构建更强大的网络。SD-WAN 在 WAN 连接的基础上,将提供尽可能多的、开放的和基于软件的技术。SD-WAN 的主要功能是综合利用多条网络链路,根据现网情况及配置的策略,自动选择最佳路径,实现负载均衡,从而保证网络质量,降低流量成本。例如,SD-WAN 如果同时连接了 MPLS 和 Internet,那么可以将一些重要的应用流量分流到 MPLS,以保证应用的可用性。对于一些对带宽或者稳定性不太敏感的应用流量,例如文件传输,可以分流到 Internet 上,这样减轻了企业对 MPLS 的依赖。Internet 也可以作为 MPLS 的备份连接,当 MPLS 出故障时,企业的 WAN 网络不至于受牵连。

SD-WAN 继承了"转控分离"的思想,通过统一的中央控制器实现各 CPE 设备的统一管控。新开 CPE 可通过 Call Home 自动连接控制器下载配置和策略,真正做到零接触快速开通,且配置变更时只需要在控制器上修改一次,所有分支站点自动同步。通过 CPE 对流量的深度识别和基于探针的链路状况检测,使得流量选路策略更加精细灵活,实现策略与网络质量随动,是真正意义上的动态流量调度。

支持云计算的骨干网 SD-WAN 架构提供了 SD-WAN 盒子,可以将企业的站点连接到最近的网络节点(POP),企业的流量在 SD-WAN 提供商的私人、光纤、网络骨干网中传输,可以实现低时延、低丢包率和低抖动。这种方式能够有效提高所有网络流量的性能,特别是语音、视频和虚拟桌面等实时流量。骨干网也与主要的云应用提供商和数据中心等直接相连,这些应用能够提高性能和可靠性。

SD-WAN 可以优化 WAN 管理接口。一般硬件专用设备网络都存在管理和故障排查等较为复杂的问题,WAN 也不例外。SD-WAN 通常也会提供一个集中的控制器来管理 WAN 连接,设置应用流量策略和优先级,监测 WAN 连接可用性等。基于集中控制器,可以再提供 CLI 或者 GUI,从而达到简化 WAN 管理和故障排查的目的。SD-WAN 业务模型如图 5-18 所示。

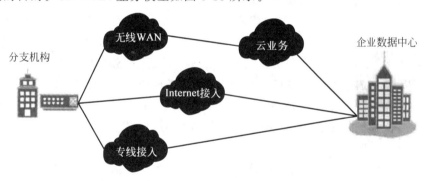

图 5-18　SD-WAN 业务模型

家庭客户或者政企侧一般通过客户端设备 CPE 接入运营商网络,目前的趋势是使用通用客户端设备 uCPE 来替代传统的专用网关。

4. 国内运营商网络演进

由于通信网络越来越 IP 化,很自然地会和本来就是 IP 网络的 IT 网进行融合,也就是 ICT 融合。ICT 融合主要指网络的融合和设备的融合,网络的融合主要指运营商侧的一张 IP 网支撑 IT 和 CT 的业务。例如,传统通信网络的一些设备,包括服务 GPRS 支持节点(Serving GPRS Support Node,SGSN)、网关 GPRS 支持节点(Gateway GPRS Support Node,GGSN)和移动管理入口(Mobile Management Entry,MME)等实际已经运行在通用的处理器上,只是由于历史兼容原因,在实际部署中仍然使用之前基于 ATCA 的老式专用设备机箱。随着 5G 架构的提出和部署、SDN 和 NFV 技术的发展、网络云化和边缘计算的演进,在下一代网络部署中,越来越多的通信设备会基于通用边缘和传统服务器的硬件平台实现。

考虑未来 5G 和固网业务的需求,以及 SDN、NFV 等技术的发展,基于自身已有的网络基础设备和自身业务特点,结合 ICT 融合的趋势,在下一代网络部署中,中国三大运营商都提出了自己的技术演进策略。

(1) 中国移动的 C-RAN。

2009 年,中国移动首次提出 C-RAN(Centralized,Cooperative,Cloud and Clean RAN)的概念。2016 年,中国移动发布了《迈向 5G C-RAN:需求、架构与挑战》白皮书,C-RAN 是集中化、协作化、云化、绿色化概念的集合体。4G 的 C-RAN 主要是基于 BBU 集中化,提高无线协作化和抗干扰能力,从而提高设备利用率,优化机房利用率和降低能耗等。经过长期运维,中国移动证明了 C-RAN 组网方式在综合成本、抗干扰、降低能耗、运维和机房优化等方面的优势很明显。所以,将 C-RAN 作为优选建设方式在全网进行推广。

随着 5G 的发展,为了支持 eMBB、mMTC 和 uRLLC 等多种业务,无线空口资源与具体的无线业务需要解耦并实现按需分配,这就需要一定程度的软硬件解耦,以便于构造资源池,实现空口资源的灵活管理。随着 5G 频率的上升,单个基站的覆盖范围缩小,需要提高基站密度。随着 5G 业务的下沉,接入网络必须支持计算能力和控制面 UPF 的下沉。另外,2G、3G、4G、5G 和固网接入等多网络协作和管理也是一项极大的挑战。传统 4G BBU 堆叠集中部署规模,还不能完全满足 5G 组网的多种要求。

为了应对 5G 网络的挑战,通过引入 NFV 架构,云接入网 C-RAN 基于集中和分布单元 CU/DU 以及下一代前传接口(Next Generation Fronthaul Interface,NGFI),将部分基带资源集中成资源池并统一管理与动态分配,从而提升资源利用率、降低能耗,进而提升网络性能。5G C-RAN 网络的具体特征如下。

① 集中部署。

首先是 BBU 的集中部署,减少机房数量实现设备共享。其次是 CU/DU 无线高层协议栈功能的集中。

② 协作能力。

相比集中部署,首先是小规模的物理层集中,主要实现多小区或多数据发送点间的无线联合发送和接收,提升小区的边缘频谱效率和平均吞吐量。其次是大规模的无线高层协议栈功能的集中,实现多连接、无缝移动性管理、频谱资源高效协调等。

③ 无线云化。

随着 CU/DU 架构的引入,CU 设备具备了云化和虚拟化的基础。一方面是指资源的池化形成了资源共享,从而实现了灵活部署,降低整个系统的成本。另一方面是无线空口的云化实现了无线资源与无线空口技术的解耦,从而灵活地支持无线网络能力调整,满足特定的定制需求。

④ 绿色节能。

通过集中化、协作化、无线云化等,优化无线机房的部署,降低配套设备和综合能耗,从而优化全系统的整体效能比。

(2) 中国电信的三朵云。

为满足 5G 的不同组网需求,构建更加灵活开放的网络,中国电信基于 SDN 和 NFV 的理念及技术,提出了基于接入云、控制云和转发云的“三朵云”总体网络架构,如图 5-19 所示。其中,控制云完成整体网络管理和控制,通过虚拟化、网络资源容器化和网络切片化等技术,完成业务需求的定制化,并实现网络功能的灵活部署,提供网络开放和可拓展能力。接入云主要实现多网络的多种业务场景,例如,3G、4G、5G 网络,物联网,车联网等的智能接入和灵活组网,并具备边缘计算下沉的能力。转发云负责数据的高速转发和处理,以及各种业务使能单元。基于不同业务的带宽和时延等需求,转发云在控制云的协调调度下,通过端到端的网络切片构建不同的虚拟网络,从而满足 eMBB、mMTC、uRLLC 等业务需求。

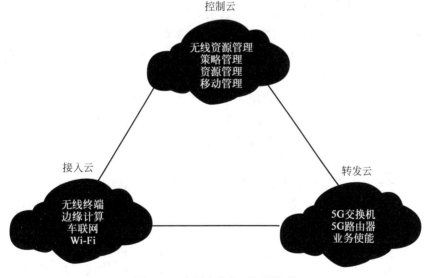

图 5-19　中国电信“三朵云”架构

“三朵云”是电信的远期目标,具体技术现在不是特别成熟,而且初期的实际业务需求也不是特别迫切,对于具体网络的改造必然需要分阶段进行。其中,重点是要充分利用已有的网络资源,注重新旧业务的平滑过渡和支持、多网融合和协作,尽量避免网络大规模和频繁的升级改造。

考虑 5G 独立组网方案通过核心网实现与 4G 网络的协作,具有支持网络切片和 MEC 等新特性,对现网改造小,并且业务能力更强,终端设计简单,所以中国电信将优选 SA 组网方案。考虑 5G 初期的主要支持场景是 eMMB 的大带宽需求,短期内无线接入网的 CU 基于通用处理器的虚拟化性能与专用硬件相比偏低,导致成本高,建议使用经济实用的 CU/DU 合设方案。中远期随着 uRLLC 和 mMTC 业务需求的提升和 NFV 技术的发展,适时引入 CU/DU 分离的虚拟化架构。

承载网的演进遵循固移融合的原则实现资源共享,具备支持网络切片、支持 5G 等多种业务需求。回传网络前期采用 IPRAN,后期按需引入高速率 25Gb/s 接口,业务大且集中的区域采用 OTN 组网,中远期建成基于 SDN 的高速率、超低时延的自动智能回传网络。

由于网络云化及边缘计算的引入,5G 核心网主要部署在省中心的区域 DC,且部分功能将下沉到城域网,甚至接入局所。基于独立组网方案,5G 核心网必须以 SDN、NFV、云计算为基础,具备控制与承载分离的特征。控制面采用通用处理器平台,使用虚拟化技术,构建统一的 NFV1 资源池,实现业务的云化部署和弹性扩容等。基于通用 CPU 和专用硬件联合实现用户面功能,通用 CPU 适用于业务多样化的场景,专用硬件实现纯粹的数据转发。另外,还需考虑多种硬件加速技术并实现一定的标准化和虚拟化,实现不同厂商间的混合部署、网络资源的分布式灵活部署和全局调用,更好地支持端到端的网络切片和边缘计算的按需下沉,以满足未来网络的多样化业务需求。

(3) 中国联通 Edge-Cloud 网络。

为了应对 5G 网络的多样化业务和固网融合等需求,中国联通基于已有的大量边缘 DC 优势资源,在加强运营商管道能力的基础之上,依托 SDN、NFV 和网络云化等技术,通过虚拟技术承载电信网络功能,使用 MANO 与云管协同实现资源的统一管理和业务编排。中国联通将基于 CORD(Central Office Re-architected as a Data Center)将传统局端改造成数据中心,从传统的专用硬件设备,向"基于通用硬件+SDN/NFV 的资源虚拟化和池化"开放的 Edge-Cloud 平台转变。不仅支持边缘计算和网络灵活部署的能力,还可以拓展新型增值业务,将平台存储、计算、网络与安全能力等基础设施通过虚拟池化后开放给第三方。同时,进一步通过统一的 API 接口提供丰富的网络服务,例如无线信息服务、位置服务、带宽管理服务等,从而变成综合性的端到端业务提供商,提高竞争力。

未来,组网将采用边缘、本地、区域 DC 的三级布局,基于虚拟技术构建云资源池,实现统一接入的多网融合网络。区域 DC 类似于核心数据中心,通过骨干网链接,服务全国、大区或者全省的业务和控制面网元。本地 DC 部署于地级市和省内重点县级市,主要承载城域网控制面网元和集中化的媒体面网元,服务本地网的业务、控制面及部分用户面网元。边缘 DC 以终结媒体流功能和转发为主,主要部署接入层以及边缘计算类网元。综合接入机房负责公众、政企、移动、固网等用户的统一接入。考虑边缘计算的下沉和超低时延的需求,综合接入机房和边缘 DC 是边缘业务平台部署关注的重点。

中国联通 Edge-Cloud 平台主要在边缘 DC、本地 DC、区域 DC 实现三级云化,所以也可以称为"三级云",如图 5-20 所示。每级云都通过虚拟化形成资源的池化,通过基于 OpenStack 管理虚拟资源的平台 VIM(Virtualized Infrastructure Manager)管理一个云的 NFVI。基于分布式部署,节点数较少的边缘 DC 只部署计算节点,控制节点部署在区域 DC 或者节点数较多的边缘 DC 上,对各个边缘 DC

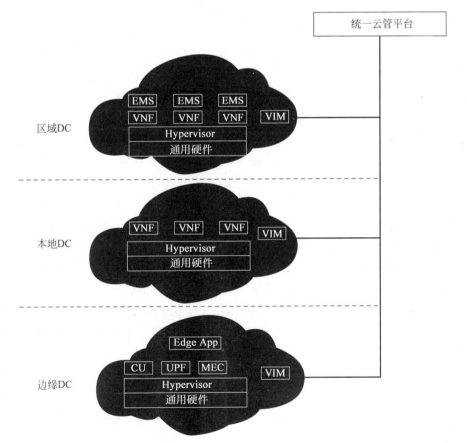

图 5-20　中国联通 Edge-Cloud 云管与 MANO 架构图

进行统一管理。统一云管理平台主要分为两层,可依实际情况部署在边缘数据中心或区域数据中心并对接多个 VIM,提供接入点汇聚、属地化异构资源统一纳管、基于位置的资源调度等能力。然后在区域 DC 实现统一云管平台的部署管理,包括用户授权、VNF 管理等,从而实现对整个通信云基础设施的管理。

除了支持 VNF,中国联通特别强调支持和编排管理第三方的边缘应用(Edge-App),包含应用程序包的软件镜像、格式、应用描述、签名所需的最小计算资源,以及虚拟存储资源、虚拟网络资源等需求。

自 2017 年 9 月起,中国联通启动 Edge-Cloud 规模试点工作,实现 COTS 和 Cloud OS 软硬解耦,Cloud OS 与 MEP(Multi-access Edge Platform)同厂家部署。2018 年,Edge-Cloud 平台已经实现 COTS、Cloud OS、MEP、Edge-App 四层解耦,并以共 COTS 异 Cloud OS 的方式实现通信网元功能的虚拟化。2019 年,启动边缘 DC 云资源池的规模建设,努力实现 5G 网络试商用。从 2021 年到 2025 年,加快 5G 和规模商用节点建设,同期,中国联通通信网络云化架构也将基本成型,预计 2025 年将实现 100% 云化部署和 Edge-Cloud 的彻底四层解耦。

国内运营商面临话音低值化的困境,各种新型的视频直播、社交、在线零售和导航等服务催生了新的行业巨头,但由此产生的高速增长的数据流量并未给运营商带来可观的收益,反而对其原有基础网络设施造成了额外的挑战。传统通信运营商网络基础设施主要基于专用的硬件设备,软件和硬件紧耦合,控制面和数据面集成。

随着日益新增的各种高清视频直播、虚拟现实、AI 等业务需求的兴起,5G 定义的等大带宽、低时延和高可靠性等业务场景的支持,物联网引入的海量设备和传统固网宽带大带宽的飞速增长,运营商急需借助 SDN、NFV、处理能力,以及快速提高的通用处理器、边缘计算、SD-WAN 和 5G 等新兴网络技术,对现有网络基础设施和架构进行升级,支持 CU/DU 分离设计、网络切片和虚拟化等新特性,构造软硬解耦、数控分离的自动智能网络,推动接入网、承载网和核心网的云化,优化基础设施投入,降低运营成本,满足多样的业务需求。同时,借助数以千计的优质边缘 DC 和海量用户资源,在加强管道能力的基础上,打造统一的边缘业务平台,提供开放式的 API 接口。例如,在边缘 DC,由于空间和成本的限制,每家云厂商很难自建边缘 DC。运营商可以在机房自建边缘服务器和存储,租用给云运营商来提供除管道之外的增值业务,从而提升整体的竞争力。

中国移动是 C-RAN 方案的领导者,主导了 CU/DU 分离的设计方案,并积极联合芯片厂商和设备厂商推进接入边缘网络的云化和虚拟化。中国电信三朵云的远景主要是基于 SDN 和 NFV 技术理念,完美地实现数控分离的自动灵活网络。但在实际部署中,前期采取经济务实的分布式改造策略,基于 eMBB 的需求,采取 CU/DU 合体的专用硬件方案部署,后续根据业务需求进一步引入 CU/DU 分离的虚拟化方案。中国联通基于已有的大量边缘 DC 优势资源以及异厂商共平台的策略,稳步推动 Edge-Cloud 的发展,特别是对 Edge-App 的支持,打造了四层解耦的开放基础服务平台。

传统运营商希望借助 SDN、NFV 和 5G 等新技术拓展管道之上的新增业务,而新兴的云服务商希望凭借已有的应用业务优势,通过应用来定义网络和计算的底层基础架构,只希望传统通信运营商提供最基础的通道业务,甚至只是租用运营商的机房来放置自己的计算、存储和网络等设备。已经有云服务商通过租用传统通信运营商的内部网络接入点,构建基于自身云的虚拟网络,来提升云服务体验。

另外,ODM 热切拥抱软硬分离的设备方案,并已经从白盒服务器和网络设备领域分得了一杯羹。但是,传统通信设备商出于自身利益考虑,对软硬解耦的态度模糊,而且专用硬件加速模块的性能和成本在某些特定应用上高于通用处理器,所以处于领导地位的设备商仍然提供软硬耦合的方案。还有一些设备商倾向于提供基于"通用处理器＋专用硬件"加速的软耦合方案,同时传统通信运营商也在考虑针对硬件加速模块的标准化方案,以适应新技术的演化。

下一代新型网络的发展需要通信运营商、云服务商、设备商、芯片商和 ODM 等全行业的共同参与和努力。在新技术演进的滚滚洪流中,是已有的行业巨头借东风更上一层楼,还是会涌现出新的行业弄潮儿,让我们拭目以待。

第 5 节　边缘存储架构

1. 边缘存储

边缘存储就是把数据直接存储在数据采集点或者靠近的边缘计算节点中,例如 MEC 服务器或 CDN 服务器,而不需要将数据通过网络即时传输到中心服务器(或云存储)的数据存储方式。边缘存储一般采用分布式存储,也称为去中心化存储。下面通过几个案例来说明。

第一,在安防监控领域,智能摄像头或网络视频录像机(NVR)直接保存数据,即时处理,不需要将所有数据传输至中心机房再处理。

第二,家庭网络存储服务器,用户更偏向将私人数据存储在自己家中,而不是通过网络上传到提供存储服务的第三方公司,这样第三方公司不会接触到敏感数据,以保证隐私和安全性。

第三,自动驾驶采集的数据往往可以在车载单元或路侧单元中进行预处理,再将处理后的少量数据传输给后台服务中心或云。

为什么目前主要使用的还是中心存储,而不是边缘存储呢? 一个很重要的原因是数据处理在中心,边缘设备的处理能力还不够。另外一个原因是,缺乏成熟可行的技术方案连接和同步边缘节点,无法使边缘端更多地承担数据采集、处理和存储的任务。

随着芯片技术的发展,边缘端设备的运算能力和处理速度都得到了大幅度提升,使设备成本大大降低,在靠近数据的边缘端已经可以进行较好的数据处理。同时,随着去中心化存储技术的飞速发展,例如 IPFS 采用的 Libp2p,能够很好地解决端设备的局部互联问题,可以在边缘进行连接和处理。以车联网为例,在自动驾驶车辆中,传感器和摄像头采集的数据完全可以存放在本地和路侧单元中,由于在同一个街道或区域运行的汽车很多,它们会采集大量重复的数据,但也有一些数据可以相互补充。当把数据存储在本地时,同一个街道上的汽车能够相互连接,并对数据进行即时聚合,这样需要上传的数据就大大减少了。

边缘存储的主要特点如下。

① 低时延,通常小于 5ms。

② 分布式查看,隔离操作,同一个网络操作不会影响到其他的网络。

③ 本地保存和转发能力,能够降低和优化节点间的带宽占用。

④ 能够聚合并传送给中心节点,从而减少网络中冗余数据的传输。

⑤ 数据移动性,允许边缘设备在不同的边缘网络中移动,而不影响数据同步和完整性。

2. 边缘存储的优势

(1) 网络带宽和资源优化。

对于以云为核心的存储架构,所有的数据都需要传输到云数据中心,带宽的需求是极大的。同时,并不是所有数据都需要长期保存。例如,对于电子监控的视频数据仅保存数天、数周或数月。而对于智能工厂中机器采集的原始数据,特点是数据频率高、规模大,但有价值的数据相对较少。如果将这些数据存储在云上,会带来网络带宽资源浪费、访问瓶颈以及成本上升等一系列问题。

在某些情况下,由于带宽限制,数据传输质量会受到影响,出现丢包或超时等问题。针对这种情况,可以利用边缘存储来缓存数据,直到网络状况改善后再回传信息。此外,还可以利用边缘存储动态优化带宽和传输内容质量。例如,在边缘录制高质量的视频,然后在远程查看标准质量的视频,甚至可以在网络带宽不受限制时,将录制的高质量视频同步到后端系统或云存储中。

通过边缘存储和云存储的有机结合,可以将一部分数据的存储需求从中心转移到边缘,更加合理有效地利用宝贵的网络带宽,并根据网络带宽的情况灵活优化资源的传输,使得现有网络可以支撑更多边缘计算节点的接入并降低总体拥有成本(Total Cost of Ownership,TCO)。

（2）分布式网络分发。

由于边缘节点分布式的特点，可以利用边缘存储建立分发网络，分发加速的效果将好于当前站点有限的 CDN 网络。例如，分享一部分存储用于分发，那么观看的热门电视剧就可以被邻居直接下载使用，极大地节省网络带宽，也可以通过分享存储资源获取部分收益。

当边缘存储进入实用阶段时，去中心化的应用也更容易建立。基于地域的社区将可以不通过中心服务器或服务商进行交互，也更容易建立基于社区的私有网络。

同样，由于基于边缘存储的点对点网络的建立，应用或服务商之间的数据共享变得更加容易和便捷。在理想情况下，服务商或应用提供商完全可以不拥有数据，而数据本身属于数据的生产者。这样一来，数据的拥有者就完全可以把这部分数据分享给不同的应用或服务，令其产生超额价值。例如，远程医疗可以让病人把自己的检查结果存储在本地，而病人可以支配自己的检查报告，用于提供给不同的医生或医院进行诊断。同时，如果病人愿意，也可以匿名分享给研究机构作为科研数据。

（3）可靠性更强。

当数据存储和处理完全是中心化的时候，任何的网络问题或数据中心本身的问题都会导致服务中断，影响巨大。当边缘计算节点具备一定的处理能力，且数据存储在端或边缘之后，对网络的要求大大降低，一部分的网络中断只会影响小部分功能，因为很多处理运算同样可以在本地进行。同时，当边缘的点对点网络建立起来后，网络的冗余性会进一步解决部分网络中断的问题，容错性得到极大的加强。

而对于需要具备高可信度的企业级应用（例如银行、政府和城市监控系统），利用边缘存储可以降低数据丢失的风险。如果主网络中的存储发生问题，边缘存储可以保留数据的备用副本，并在需要的时候同步到后台，从而提高整个系统的可靠性。

为了进一步提高边缘存储的可靠性，边缘存储介质的选型也非常重要。由于边缘节点需要长期全天候运行，工作环境多样，传统的针对消费内的存储介质已经不能满足边缘存储高可靠性的要求。典型的如 IP 摄像头或 NVR 中使用的消费级 Micro SD，这种卡的固件并未针对全天候录制需求进行优化，因此会丢帧，在许多情况下，帧捕捉率下降 20%～30% 后，会导致大量数据丢失。因此需要选择工业级的专用存储卡，提高平均无故障时间（MTTF）、降低年度故障率（AFR），并提供可监控运行状况的智能工具，以减少系统停机时间，降低维护成本。

（4）安全与隐私兼顾。

目前，虽然云计算极大地方便了我们的生活，能够让我们随时随地访问自己的私人数据，但也出现了一些关于数据安全和隐私的担忧。这也是家庭安防、智能家居发展缓慢的原因之一。边缘存储结合点对点网络技术，可以帮助解决这个问题。

在新的解决方案里,用户不需要把数据存储到网上,而是保存在家庭的 NAS 中,所有数据都是可以加密存储的。通过 P2P 网络,也可以建立端设备和家庭数据服务器的点到点连接,让数据私密传送,同时兼顾安全与隐私。

除此之外,边缘存储还有一个优势是与边缘计算相结合。考虑到家庭安防的情况,用户可以对家庭的摄像报警系统进行配置,设置报警的条件,多数情况下采集的视频数据是不需要上传的,只有在出现异常情况时才需要占用网络带宽和外部资源。此外,边缘存储和网络传输可以使用不同格式的视频流,例如本地存储高清晰、高解析度的视频流,而在网络上传输的可以是低码率、低清晰度、占用有限带宽的数据,既可以解决实时监控的问题,也可以进一步分析。

3. 边缘数据和存储类型

(1) 边缘数据类型。

根据数据的访问频率,可以将数据分为三类:热数据、温数据和冷数据。这三类数据与总数据量的比例分别约为 5%、15% 和 80%。同时数据的存储和访问策略也迅速分化,数据分层加剧:热数据一般放在内存或基于 3D XPoint 的持久化内存中;温数据放在基于 PCIeNVMe 或者 SATA 接口的 SSD 中;冷数据则放在低转速的 HDD 硬盘中。

根据数据格式的不同,数据也可以分为三类。

① 结构化数据。

结构化数据是表现为二维形式的数据,可以通过固有键值获取相应信息。其数据以行为单位,一行数据表示一个实体的信息,每一行数据的属性是相同的。结构化数据的存储和排列是很有规律的,这对查询和修改等操作很有帮助,一般可以使用关系数据库表示和存储。主要应用的关系数据库有 Oracle、SQL Server、MySQL 和 MariaDB 等。

② 半结构化数据。

严格来说,结构化数据与半结构化数据都是有基本固定结构的数据;而半结构化数据可以通过灵活的键值调整获取相应的信息,且数据的格式不固定。同一键值下存储的信息可能是数值型的,也可能是文本型的,还可能是字典列表型的。半结构化数据属于同一类实体,可以有不同的属性,即使它们被组合在一起,这些属性的顺序也并不重要。常见的半结构化数据有日志文件、XML 文档、JSON 文档、电子邮箱等。

③ 非结构化数据。

非结构化数据简单来说就是没有固定结构的数据,是应用最广的数据结构,也是最常见的数据结构。例如,办公文档、文本、图片、XML、HTML、报表、图像、音频和视频信息等。这类数据一般直接整体进行存储,而且一般存储为二进制的数据格式。

随着边缘端基于视觉的 AI 应用越来越多,对于图片和视频等非结构化数据进行分析和存储的需求也越来越强:在智能工厂内,边缘计算节点需要对工业摄像头采集的图像进行实时分析并反馈结果;在智能物流的物流仓储中心中,需要对传送带上的包裹标签进行实时识别和确认;在安防中,NVR 对于摄像头传送的视频流进行实时的基于深度学习的算法推理,并将原视频内容(包括元数据)和分析结果存储起来。2020 年,全球非结构化数据量达到 35ZB,相当于 80 亿块 4TB 硬盘,非结构化数据在存储系统中所占据的比例已接近 80%,数据结构变化给存储系统带来了新的挑战。

此外,时序数据是边缘计算节点中保存和处理最多的数据类型。智能制造、交通、能源、智慧城市、自动驾驶、人工智能等行业都产生了巨量的时序数据。例如,无人驾驶汽车在运行时需要监控各种状态,包括坐标、速度、方向、温度、湿度等,每辆车每天就会采集将近 8TB 的时序数据。这些数据在边缘计算节点中不仅要进行快速的保存,同时也需要实现实时的分析和多维度的查询操作,以揭示其趋势性、规律性、异常性等,甚至需要通过大数据分析、机器学习等实现预测和预警。

在这种情况下,使用传统数据库进行时序数据保存和查询的效率非常低,而时序数据库能够实现时序数据的快速写入,以及持久化、多纬度的聚合查询等基本功能。例如,开源的 InfluxDB 能够手动或使用脚本函数创建标签,并使用标签进行数据的索引,优化分析过程中的查询操作。

时序数据库面向的是海量数据的写入、存储和读取,单机很难解决,一般需要采用多机分布式存储。边缘节点处理时序数据的特点如下。

① 普遍都是写操作,占比为 95%~99%。

② 写操作基本都是顺序添加数据。

③ 很少更新。

④ 使用块擦除。

由于边缘端对于时序数据有实时处理的需求,因此时序数据库也面临一些挑战,如下所示。

① 如何支持每秒上千万甚至上亿数据点的写入。

② 如何支持对上亿数据的秒级分组聚合运算。

③ 如何进行数据压缩并以更低的成本存储这些数据。

(2)边缘存储类型。

从存储介质角度来看,边缘存储分为机械硬盘和固态硬盘。机械硬盘泛指采用磁头寻址的磁盘设备,包括 SATA 硬盘和 SAS 硬盘。由于采用磁头寻址,机械硬盘性能一般,随机 IOPS 一般在 200 左右,顺序带宽在 150Mb/s 左右。固态硬盘是指采用"Flash/DRAM 芯片＋控制器"组成的设备,根据协议的不同,又分为 SATASSD、SASSSD、PCIe SSD 和 NVMe SSD。

边缘计算节点数据存储包括持久性和非持久性数据存储。对于非持久性数据存储,考虑到高级分析功能的需求,至少需要 32GB 的 DRAM,以保证在分析过程中不会将内存页面调度到持久性存储介质中。而对于持久性存储,需要考虑不同应用环境的需求。例如,基于 3D XPoint 的 SSD 不能部署在有宽温需求的环境中;对于靠近设备部署的边缘计算节点,由于尺寸限制且不支持热插拔,一般选择使用 M.2 SSD;而对于边缘服务器或部署在中心机房的机架服务器,一般可以选择基于 PCIe NVMe 协议的 U.2 SSD 或 EDSFF SSD,以保证 IOPS、吞吐率等读写性能,并增加存储密度。

随着 NVMe SSD 的出现,使用 Linux 文件系统,I/O 栈已经无法发挥出 NVMe 的性能。为了更好地发挥 SSD 固态硬盘的性能,英特尔开发了一套基于 NVMe SSD 的开发套件 SPDK(Storage Performance Development Kit),它的目标是将固态存储介质的功效发挥到极致。相对于传统 I/O 方式,SPDK 采用用户态驱动和轮询方式来避免内核上下文切换和中断,这将会节省大量的处理开销,提高吞吐量,降低时延,减少抖动。相对于 Linux 内核,SPDK 对于 NVMe SSD 的 IOPS/core 可以提升大约 8 倍,在虚拟存储情况下,可以提升大约 3 倍。

从流程上来看,SPDK 主要包括网络前端、处理框架和存储后端。网络前端由 DPDK、网卡驱动、用户态网络服务构件等组成。DPDK 给网卡提供一个高性能的包处理框架,提供一个从网卡到用户态空间的数据快速通道。用户态网络服务则解析 TCP/IP 包并生成 i-SCSI 命令。处理框架得到包的内容,并将 i-SCSI 命令翻译为 SCSI 块级命令,不过在将这些命令发送给后端驱动之前,SPDK 需要提供一个 API 框架以加入用户指定的功能,例如缓存、去冗、数据压缩、加密、RAID 和纠删码计算等,这些功能都包含在 SPDK 中。数据到达后端驱动,在这一层中与物理块设备发生交互,即读与写等。

从产品定义角度来讲,存储分为本地存储(Direct Attached Storage,DAS)、网络存储(Network Area Storage,NAS)和存储局域网(Storage Area Network,SAN)。本地存储就是本地盘,直接插到服务器上。

网络存储是指提供 NFS 协议的网络存储设备,通常采用"磁盘阵列＋协议网关"的方式。

存储局域网与网络存储类似,提供 SCSI/i-SCSI 协议,后端是磁盘阵列。

在计算和存储一体化的存储架构中,一般设置四层数据存储,基于分布式存储软件引擎完全水平拉通,且支持基于强一致的跨服务器数据可靠性。

第一层存储：内存，时延 100ns，作为缓存，通过缓存算法管理。

第二层存储：PCIe SSD，时延 10(本地)～300μs(远地)，作为缓存或最终存储。

第三层存储：本地存储，时延 5(本地)～10ms(远地)，作为第四层存储的补充或替代。

第四层存储：存储局域网，时延 5(本地)～10ms(远地)。

将上述各层存储的热点数据读写推至更上一层存储，实现数据 I/O 吞吐及整个系统性能的大幅提升。

从应用场景角度来讲，存储分为文件存储、块存储和对象存储三大类。

4. 边缘分布式存储

(1) 集中式存储。

集中式存储就是整个存储是集中在一个系统中的。但集中式存储并不是一个单独的设备，而是集中在一套系统中的多个设备。目前，企业级的存储设备大都是集中式存储。在这个存储系统中包含很多组件，除了核心的机头(控制器)、磁盘阵列(Just a Bunch of Disks，JBOD)和交换机等设备，还有管理设备等辅助设备。

在集中式存储中通常包含一个机头，这是存储系统中最核心的部件。通常，在机头中包含两个控制器，这两个控制器实现互备的作用，以避免硬件故障导致整个存储系统不可用。在该机头中通常包含前端端口和后端端口，前端端口用于为服务器提供存储服务，后端端口用于扩充存储系统的容量。通过后端端口，机头可以连接更多的存储设备，从而形成一个非常大的存储资源池。可以看出，集中式存储最大的特点是有一个统一的入口，所有数据都要经过这个入口，也就是存储系统的机头。

在集中式存储中，机头可能成为制约系统扩展性的单点瓶颈和单点故障风险点。在虚拟化服务器整合环境中，成百上千个 VM 共享同一个存储资源池。一旦磁盘阵列控制器发生故障，将导致整体存储资源池不可用。尽管 SAN 控制机头自身有主备机制，但依然存在异常条件下主备同时出现故障的可能性。另外，在集群组网环境下，各计算节点的内存、SSD 作为分层存储的缓存彼此孤立，只能依赖集中存储机头内的缓存实现 I/O 加速；共享存储的集群内各节点缓存容量有限，但不同节点缓存无法协同，且存在可靠性问题，导致本可作为集群共享缓存资源的容量白白浪费。

(2) 分布式存储。

分布式存储(Hadoop Distributed File System，HDFS)是相对于集中式存储来说的，它除了传统意义上的分布式文件系统、分布式块存储和分布式对象存储，还包括分布式数据库和分布式缓存等。

分布式存储最早是由谷歌公司提出的,其目的是通过廉价的服务器解决大规模、高并发场景下的 Web 访问问题。面对信息化程度不断提高带来的 PB 级海量数据存储需求,以及非结构数据的快速增长,传统的存储系统在容量和性能的扩展上出现瓶颈。SAN 存储成本高,不适合 PB 级大规模存储系统。DAS 数据共享性不好,无法支持多用户文件共享。NAS 存储共享网络带宽,并发性能差,随着系统扩展,性能会进一步下降。分布式文件系统和分布式存储以其扩展性强、性价比高、容错性好等优势得到了业界的广泛认同。

分布式存储系统具有以下几个特点。

① 高性能。

分布式散列数据路由,数据分散存放,实现全局负载均衡,不存在集中的数据热点和大容量分布式缓存。

② 高可靠。

采用集群管理方式,不存在单点故障,灵活配置多数据副本,不同数据副本存放在不同的集群、服务器和硬盘上,单个物理设备故障不影响业务的使用,系统检测到设备出现故障后可以自动重建数据副本。

③ 高可扩展性。

没有集中式机头,支持平滑扩容,容量几乎不受限制。

④ 易管理。

存储软件直接部署在服务器上,没有单独的存储专用硬件设备,通过 Web UI 的方式进行软件管理,配置简单。

如图 5-21 所示,是分布式存储的简化架构图。在该系统的整个架构中,将服务器分为两种类型:一种名为 namenode,这种类型的节点负责元数据的管理;另外一种名为 datanode,这种类型的服务器负责实际数据的管理。

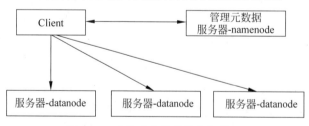

图 5-21　分布式存储的简化架构图

在图 5-21 中,如果客户端需要从某个文件读取数据,首先从 namenode 获取该文件的位置(具体在哪个 datanode),然后从该位置获取具体的数据。在该架构中,namenode 通常采用主备部署方式,而 datanode 则是由大量节点构成的一个集群。由于元数据的访问频度和访问量相对数据都要小很多,因此 namenode 通常不会成为性能瓶颈,而 datanode 集群可以分散客户端的请求。因此,采用这种分布式存储架构,可以通过横向扩展 datanode 的数量来增加承载能力,也即实现了动态横向扩展的能力。

⑤ 完全无中心架构——计算模式(Ceph)。

Ceph 无中心架构与 HDFS 不同的地方在于它没有中心节点,客户端通过一个设备映射关系计算其写入数据的位置。这样客户端可以直接与存储节点通信,从而避免中心节点出现性能瓶颈。

在 Ceph 存储系统架构中,核心组件有 Mon 服务、OSD 服务和 MDS 服务等。对于块存储类型,只需要 Mon 服务、OSD 服务和客户端的软件即可。其中,Mon 服务用于维护存储系统的硬件逻辑关系,主要是服务器和硬盘等在线信息,Mon 服务通过集群的方式保证其服务的可用性。OSD 服务用于实现对磁盘的管理,实现真正的数据读写,通常一个磁盘对应一个 OSD 服务。

客户端访问存储的大致流程是,客户端在启动后首先从 Mon 服务拉取存储资源布局信息,然后根据该布局信息和写入数据的名称等信息计算出期望数据的位置(包含具体的物理服务器信息和磁盘信息),然后与该位置信息直接通信,读取或者写入数据。

⑥ 完全无中心架构——一致性散列(Swift)。

与 Ceph 通过计算获得数据位置的方式不同,另外一种方式是通过一致性散列获得数据位置。例如,对于 Swift 的 ring 是将设备做成一个散列环,然后根据数据名称计算出的散列值映射到散列环的某个位置,从而实现数据的定位。

数据分布算法是分布式存储的核心技术之一,不仅要考虑数据分布的均匀性、寻址的效率,还要考虑扩充和减少容量时数据迁移的开销,兼顾副本的一致性和可用性。一致性散列算法因其不需要查表或通信即可定位数据,计算复杂度不随数据量的增长而改变,且效率高、均匀性好、增加或减少节点时数据迁移量小,受到开发者的喜爱。但具体到实际应用中,这种算法也因其自身局限性而遇到了诸多挑战,如在存储区块链场景下,几乎不可能获取全局视图,甚至没有一刻是稳定的;在企业级 IT 场景下,存在多副本可靠存储问题,数据迁移开销巨大。

第 6 章

边缘计算软件架构

在"云-边-端"的系统架构中,针对业务类型和所处边缘位置的不同,边缘计算硬件选型设计往往也会不同。例如,边缘用户端节点设备采用低成本、低功耗的ARM 或者英特尔的 Atom 处理器,并搭载诸如 Movidius 或者 FPGA 异构计算硬件进行特定计算加速;以 SDWAN 为代表的边缘网络设备衍生自传统的路由器网关形态,采用 ARM 或者英特尔 Intel Xeon-D 处理器;边缘基站服务器采用英特尔至强系列处理器。相对于不同的硬件架构设计,系统软件架构却大同小异,主要包括与设备无关的微服务、容器及虚拟化技术、云端无服务化套件等。

以上技术应用统一了云端和边缘的服务运行环境,减少了因硬件基础设施的差异而带来的部署及运维问题。在这些技术背后,是云原生软件架构在边缘侧的演化。

第 1 节 云 原 生

1. 云原生的诞生

早期的应用程序运行在单独的一台计算机上完成有限的功能,它的开发是由规模较小的团队以面向需求、过程或者功能的设计方法构建的。随着计算能力的提高和软件需求的复杂化,大型软件的开发需要由不同的软件团队协作完成。为了保证能够满足需求并提高软件的复用性,面向对象的设计模式和统一建模语言(Unified Modeling Language)成了软件架构设计的主流。云计算的诞生给软件开发的架构和方法带来了新的挑战,例如,如何使软件设计符合负载的弹性需求?如何快速使用集群扩展能力解决系统性能的瓶颈以实现水平扩容?如何使用敏捷开发模式快速迭代、开发、部署应用程序以达到高效的交付?如何使基础设施服务化并按量支付?如何使故障得到及时隔离并自动恢复?

于是,马特·斯泰恩(Matt Stine)提出了云原生概念,它是一套设计思想、管理方法的集合,包括 DevOps、持续交付、微服务、敏捷基础设施、康威定律等,以及根据商业能力对公司进行重组,如图 6-1 所示。

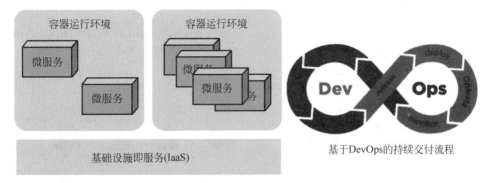

图 6-1　云原生的概念

（1）康威定律。

梅尔文·康威（Melvin Conway）发表的论文"How Do Committees Invent"中指出,系统设计的结构必定复制了设计该系统的组织的沟通结构。简单来说,系统设计（产品结构）等同于组织形式。每个设计系统的组织,其产生的设计等同于组织之间的沟通结构。例如,当团队里的所有员工在同一地点工作时,沟通成本较低,开发出来的软件耦合度比较高;若员工分散在不同地点甚至时区,协调沟通的成本较高,开发出来的软件则更倾向于模块化,耦合度低。

（2）持续交付。

在 DevOps 的方法中,开发人员提交新的代码后,立刻触发自动构建和（单元）测试,并及时地将测试结果反馈给开发团队,这是持续集成。持续交付是在持续集成的基础上,将测试通过的代码自动集成并部署到"类生产环境"中进行严格的自动测试,以确保业务应用和服务符合预期。更进一步,在持续交付的基础上,把部署到生产环境的过程自动化,实现最终的持续部署。

（3）微服务。

微服务是一种架构模式,是将传统的单体架构模式的程序拆分为一组小的服务。这些小的服务可以被独立部署,运行于虚拟化或容器环境中。各个服务之间采用轻量级的通信机制相互沟通,是松耦合的。微服务通常完成单一的业务模块,对底层的物理硬件架构依赖较小,与设备无关。

（4）敏捷基础设施。

提供弹性、按需计算、存储、网络资源能力,可以通过 OpenStack、KVM、Ceph、OVS 等技术手段实现。Linux 基金会还专门成立了云本地化计算基金（Cloud Native Computing Foundation）。

2. 单体架构和基于微服务的云原生架构

传统的单体应用模式是把所有展示、业务、持久化的代码都放在一起,而在微服务模式下,应用则是将子业务分布在不同的进程或容器节点中,如图 6-2 所示。

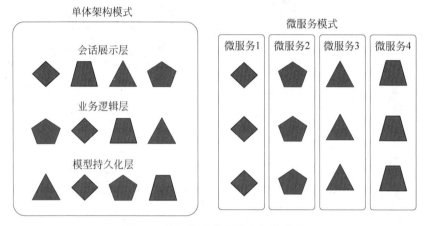

图 6-2　单体架构和微服务架构比较

传统单体架构和云原生架构的比较如表 6-1 所示。

表 6-1　传统单体架构和云原生架构的比较

项　　目	传统单体架构	云原生架构
系统架构的弹性和稳定性	易变,很难预测。传统的应用程序在其体系结构或开发方式上受到需求变化和定制的影响。这些老系统中的许多应用都是单一独立的,需要更长的时间来构建、升级。基于瀑布式批量发布的方法,应用程序的扩展只能逐渐完成。这些系统中的大多数程序不会在开发环境或测试环境中部署,需要高度的人工干预,容易出现单点故障	具有一致性和可预测性。云原生应用程序开发框架旨在通过可预测的行为,最大限度地提高系统的弹性。例如,可以使用高度自动化、容器驱动的基础设施将传统的应用程序从本地部署移动到云中,利用公共云的基础设施重新对这些较旧的代码进行平台化改造,使用自动化的开发测试和生产环境重新部署到一致性的基础结构上
操作系统耦合度	对操作系统的依赖性高。传统应用程序的体系结构将应用程序、底层操作系统、硬件、存储及后台服务紧密地耦合在一起。这些依赖使应用程序很难在不同的平台或新的基础设施上进行移植和扩展	操作系统的抽象性高。云原生应用程序体系结构允许开发人员使用抽象的运行平台,从而摆脱对底层基础设施的各种依赖关系。团队关注的不是配置、修补和维护操作系统,而是软件本身

续表

项　　目	传统单体架构	云原生架构
系统设计和资源利用的灵活性	过度设计。传统单体应用程序是基于定制化的基础设施进行设计的，从而延长了应用程序的部署周期。通常基于最坏情况下的容量估计，规模过大	高效的资源利用率。云原生的运行时管理工具优化了应用程序的生命周期，包括基于需求的扩展、提高资源利用率、最小化故障恢复的停机时间
团队协作程度	造成组织化和流程化的隔阂。传统的 IT 操作是将完成的应用程序代码从开发人员移交给操作人员，然后在生产环境中运行。组织优先权优先于客户价值，导致内部冲突、交付缓慢，以及员工士气低落等问题	促进协同。云原生模式是人、过程和工具的结合，促进了软件开发和管理流程之间的紧密协作，加快了应用程序代码从开发到生产环境的交付和部署速度
软件开发交付方式	瀑布式开发。开发团队定期发布软件，通常间隔几周或几个月。客户想要或需要的功能被延迟，企业将错过竞争、赢得客户的机会	持续交付。开发团队发布独立的微服务软件的更新，获得更紧密的反馈回路，能更有效地响应客户的需求
软件子系统耦合度	紧耦合。单一应用架构将许多不同的服务捆绑到一个部署包中，服务之间有很多不必要的依赖性，导致开发和部署丧失灵活性	松耦合。微服务体系结构将应用程序分解为小的、松散耦合的独立服务。这些服务映射到更小的、独立的开发团队，进行频繁、独立的更新，从而使扩展、故障转移或重启不会影响其他服务，降低停机成本
运维扩展的复杂度	人工扩展。传统基础设施包括服务器、网络和存储配置。在基础设施扩展中，操作人员很难快速诊断和解决复杂的问题	自动化的扩展性。基础设施自动化的扩展能力消除了人为错误造成的停机事件。在任何规模的部署中始终应用一致性的规则
备份和恢复机制	糟糕的备份和恢复机制。大多数传统单体架构都缺乏自动化备份能力和灾难恢复能力	良好的自动备份和恢复。业务流程被部署到跨虚拟机集群的容器中实现动态管理，以便在应用程序或基础架构发生故障时提供弹性扩展、恢复和重启服务

第 2 节　微　服　务

1. 微服务的架构组成

微服务架构如图 6-3 所示，主要由以下几部分组成。

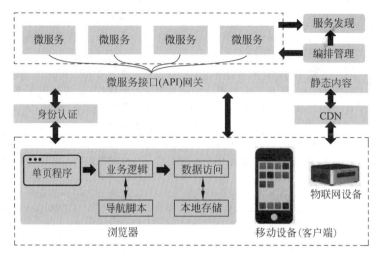

图 6-3　微服务架构

（1）客户端。

支持不同类型设备的接入，例如运行在浏览器里面的单页程序、移动设备和物联网设备等。

（2）身份认证。

为客户端的请求提供统一的身份认证，然后将请求再转发到内部的微服务。

（3）微服务接口（API）网关。

作为微服务的入口，提供同步调用和异步消息两种访问方式。同步消息使用REST（Representational State Transfer），依赖于无状态 HTTP。异步消息使用AMQP、STOMP、MQTT 等应用。

（4）编排管理。

注册、管理、监控所有的微服务，发现和自动恢复故障。

（5）服务发现。

维护所有微服务节点列表，提供通信路由查找。

此外，每个微服务都由一个私有数据库来保存数据。微服务的业务功能的生命周期应尽量精简、无状态。

2. 边缘计算中的微服务

云端数据中心根据实时性、安全性和边缘侧异构计算的需求，将微服务灵活地部署到边缘的用户设备、网关设备或小型数据中心。这体现了分布式边缘计算比传统集中式云计算拥有更大优势，而微服务即为算力和 IT 功能部署的载体和最小单位。在边缘设备注册到云服务器提供商以后，这种微服务的部署对于终端用户是非常容易甚至无感的。

　　亚马逊、微软 Azure 云服务提供商都给出了使用边缘计算加快机器学习中神经网络推理的案例,如图 6-4 所示。机器学习根据现有数据所学习(该过程称为训练)的统计算法,对新数据做出决策(该过程称为推理)。在训练期间,将识别数据中的模式和关系以建立模型,该模型让系统能够对之前从未遇到过的数据做出明智的决策。在优化模型过程中会压缩模型大小,以便快速运行。训练和优化机器学习模型需要大量的计算资源,因此与云是天然良配。但是,推理需要的计算资源要少得多,并且往往在有新数据可用时实时完成。要想确保物联网应用程序能够快速响应本地事件,必须能够以非常低的时延获得推理结果。

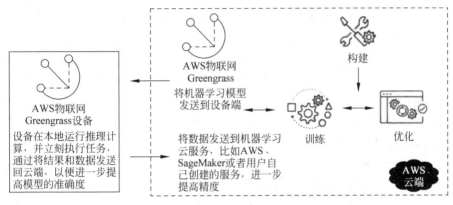

图 6-4　亚马逊将机器学习的推理微服务部署到边缘侧

　　微软 Azure 的视频流分析系统提供了运行于物联网设备的容器中的跨平台方案。在云端只需简单配置,就可以将机器学习的实时媒体流分析服务部署到靠近用户侧的物联网设备之上。

　　在云计算领域,传统 IT 软件的微服务化已经得到了充分的演化,趋于成熟。如前所述,边缘计算是传统的工业领域的 OT(Operational Technology)、通信领域的 CT(Communications Technology)和 IT 的融合,而大部分的 CT 和 OT 的软件是基于整体式架构根据定制的需求开发的。传统 CT 和 OT 软件的微服务化是目前边缘计算产品落地的重要方面之一。

第 3 节　边缘计算的软件系统

　　传统云计算是将微服务部署于虚拟机中,OpenStack 提供了云平台的基础设施。边缘计算是云平台的延伸,但缺少云数据中心的高性能服务器物理设施来部署和运行完整的虚拟化环境。于是,轻量级的容器取代了虚拟机,成了边缘计算平台的标准技术之一。

从软件架构角度来看，一个简化的边缘系统由边缘硬件、边缘平台软件系统和边缘容器系统组成。

1. 边缘的硬件基础设施

边缘硬件包括边缘节点设备、网络设备和小型数据中心，比较多样化。和传统物联网设备采集数据与处理简单数据不同，边缘硬件需要运行从云端部署的 IT 微服务。所以，边缘硬件一般具有一定的计算能力，使用微处理芯片（MPU）而不是物联网设备使用的微控制器（MCU）。因为边缘计算可以应用到各种领域，如工业、运输、零售、通信、能源等，所以硬件系统也是多种多样的，从低功耗树莓派（Raspberry）系统，到英特尔的酷睿系统甚至至强系统。微软的 Azure 物联网云就支持多达 1000 种设备的认证。

云端的基础设施被抽象成计算节点、网络节点和存储节点，以屏蔽底层基础设施的差异化。而边缘硬件往往使用异构的计算引擎进行加速，以满足低功耗、实时性和定制化计算的需求，最常见的是使用 FPGA、Movidius、NPU 对机器学习神经网络推理的加速，但这些异构计算加速引擎很难在云端进行大规模部署和运维。

边缘设备硬件更加靠近数据源和用户侧，设备和系统的安全相比云数据中心更具有挑战性。和传统物联网设备一样，集成基于硬件的信任根可以极大地保障边缘系统的安全，同时也可以极大地降低网络通信的开销，提高微服务的实时性。如果每次微服务调用都需要通过云做认证，就会带来极高的时延。在芯片方面，ARM 的 Trustzone、英特尔的 TPM/PTT 都提供了底层基于硬件的信任根的支持，同时英特尔的 SGX 也提供了运行态的安全隔离。

以 Docker 为主的容器技术是边缘设备上微服务的运行环境，并不需要特殊的虚拟化支持。然而，硬件虚拟化可以为 Docker 容器提供更加安全的隔离。2017年年底，OpenStack 基金会正式发布基于 Apache 2.0 协议的容器技术 Kata Containers 项目，主要目标是使用户能同时拥有虚拟机的安全性及容器技术的迅速和易管理性。

2. 容器技术

云服务提供商使用虚拟化或者容器来构建平台及服务。如图 6-5 所示，应用程序和其依赖的二进制库被打包运行在独立的容器中。在每个容器中，网络、内存和文件系统是隔离的。容器引擎管理所有的容器，所有的容器共享物理主机上的操作系统内核。

如上所述，以 Docker 为主的容器技术逐渐成为边缘计算的技术标准，各大云计算厂商都选择容器技术构建边缘计算平台的底层技术栈。

图 6-5　典型的容器架构

边缘计算的应用场景非常复杂。从前面的分析可以清晰地看到，边缘计算平台并不是传统意义上的只负责数据收集转发的网关。更重要的是，边缘计算平台需要提供智能化的运算能力，而且能产生可操作的决策反馈，用来反向控制设备端。过去，这些运算只能在云端完成，现在需要将 Spark、TensorFlow 等云端的计算框架通过裁剪、合并等简化手段迁移至边缘计算平台，从而实现在边缘计算平台上运行云端训练后的智能分析算法。因此，边缘计算平台需要一种技术，用于在单台计算机或者少数几台计算机组成的小规模集群环境中隔离主机资源，实现分布式计算框架的资源调度。

边缘计算所需的开发工具和编程语言具有多样性。目前，计算机编程技术呈百花齐放的趋势，开发人员运用不同的编程语言解决不同场景的问题已经成为常态，所以在边缘计算平台也需要支持多种开发工具和多种编程语言的运行时环境。因此，在边缘计算平台使用一种运行时环境的隔离技术便成为必然的需求。

容器技术和容器编排技术逐渐成熟。容器技术是在主机虚拟化技术后最具颠覆性的计算机资源隔离技术。通过容器技术进行资源的隔离，不仅对 CPU、内存和存储的额外开销非常小，而且容器的生命周期管理也非常快捷，可以在毫秒级的时间内开启和关闭容器。

3. 容器虚拟化

与云计算中使用的主机虚拟机不同，容器技术的初衷是轻量级的、基于 Linux 操作系统的内核命名空间的资源隔离，用于简化 DevOps 的流程。容器的应用程序共享主机操作系统的内核，并不像虚拟机系统那样完全使用虚拟化隔离。

随着容器技术的成熟，其逐渐被运用于云端和边缘设备的生产环境中，纯软件的基于内核命名空间的隔离显得不够安全。另外，最初 Docker 技术只是适用于 Linux 系统，而不适用于 Windows 系统，微软公司也在积极推动 Windows Server 的容器化以及跨操作系统的容器化。于是，结合使用英特尔的 VT-X 和 AMD 的 AMD-V 虚拟化技术与容器管理技术，容器虚拟化技术诞生了。

微软和 Docker 公司联合发布了 Windows Server 的 Docker 支持,包括 Hyper-V 容器、NanoServer、最小化的 Windows Server 的 footprint 安装包,针对云环境高度优化,是容器运行的理想环境。

微软全新的容器解决方案实现了资源的隔离,同时通过跨平台的 Docker 集成来提供持续的敏捷性和高效性,这个领域之前被物理机方案或者虚拟机方案垄断。

共用系统核心资源的 Windows Server 容器,更像 Linux 系统中的 Docker 容器。拥有独立系统核心资源的 Hyper-V 容器,更像包装了虚拟机能力的容器。

OpenStack 基金会发布了开源项目 Kata Containers,该项目立足于英特尔贡献的 Intel Clear Containers 技术以及 Hyper 提供的 runV 技术,其目标是将虚拟机(VM)的安全优势与容器的高速及可管理性等特点结合起来,为用户带来最出色的容器解决方案,同时提供强大的虚拟机制。

Kata Containers 项目最初包括 Agent、Runtime、Shim、Proxy、内核和 QEMU 2.9 六个组件,能够运行在多个虚拟机管理程序上。其优势如下。

(1) 强大的安全性。

Kata Containers 运行在一个优化过的内核上,基于 Intel VT 技术能够提供针对网络、I/O 和内存等资源硬件级别的安全隔离。

(2) 良好的兼容性。

Kata Containers 兼容主流的容器接口规范,如 Open Container Initiative(OCI) 和 Kubernetes Container Runtime Interface(CRI),也兼容不同架构的硬件平台和虚拟化环境。

(3) 高效的性能。

Kata Containers 优化过的内核可以提供与传统容器技术一样的速度。

4. 容器管理编排和 Kubernetes

(1) 容器编排工具的功能。

运行一个容器,就像一个乐器单独播放它的交响乐乐谱。容器编排允许指挥家通过管理和塑造整个乐团的声音来统一管弦乐队,提供了有用且功能强大的解决方案,用于跨多个主机协调创建、管理和更新多个容器,具体如下。

① 部署。

这些工具在容器集群中提供或者调度容器,还可以启动容器。在理想情况下,它们会根据用户的需求,例如资源和部署位置,在虚拟机中启动容器。

② 配置脚本。

脚本保证把指定的配置加载到容器中,和 Juju Charms Puppet Manifests 或 Chef recipes 的配置方式一样,通常这些配置用 YAML 或 JSON 编写。

③ 监控。

容器管理工具跟踪和监控容器的健康,将容器维持在集群中。在正常工作情况下,监视工具会在容器崩溃时启动一个新实例。如果服务器出现故障,工具会在另一台服务器上重启容器。这些工具还会运行系统健康检查,报告容器不规律行为以及虚拟机或服务器的不正常情况。

④ 滚动升级和回滚。

当需要部署新版本的容器或者升级容器中的应用时,容器管理工具会自动在集群中更新容器或应用。如果出现问题,它们允许回滚到正确配置的版本。

⑤ 服务发现。

在旧式应用程序中,需要明确指出软件运行所需的每项服务的位置,而容器使用服务发现来找到它们的资源位置。

⑥ 策略管理。

指定容器的运行资源,如 CPU 个数、内存大小等。

⑦ 互操作。

容器管理编排工具需要和容器以及容器运行时相兼容。

(2) 容器管理编排工具。

① Docker Swarm。

由 Docker 开发人员设计,是内置的编排功能,适合小规模集群部署。

② Kubernetes。

谷歌公司开发的开源容器管理工具,提供高度的互操作性、自我修复、自动升级回滚以及存储编排等功能,已经成为边缘计算的技术标准。

③ Mesosphere Marathon。

Marathon 是为 Mesosphere DC/OS 和 Apache Mesos 设计的容器编排平台。DC/OS 是基于 Mesos 分布式系统内核开发的分布式操作系统。Mesos 是一款开源的集群管理系统。Marathon 提供有状态应用程序和基于容器的无状态应用程序之间的管理集成。

(3) Kubernetes。

2018 年,Linux 基金会和 Eclipse 基金会合作,把在超大规模云计算环境中已被普遍使用的 Kubernetes 带入物联网边缘计算场景中。新成立的 Kubernetes 物联网边缘工作组将采用运行容器的理念并扩展到边缘,促进 Kubernetes 在边缘环境中的使用。该工作组将推动 Kubernetes 的演进,以适应物联网边缘应用的需求,工作内容如下。

① 支持将工业物联网的连接设备数量扩展到百万量级,既可支持 IP 设备以直连方式接入 Kubernetes 云平台,又可支持非 IP 设备通过物联网网关接入。

② 利用边缘节点,让计算更贴近设备侧,以便降低时延、减小带宽需求和提高可靠性,满足用户在实时、智能、数据聚合和安全方面的需求。将流数据应用部署到边缘节点,降低设备和云平台之间通信的带宽。部署无服务器应用框架,使边缘侧无须与云端通信,便可对某些紧急情况做出快速响应。

③ 在混合云和边缘环境中提供通用控制平台,以简化管理和操作。

Kubernetes 的主要组成部分如图 6-6 所示。

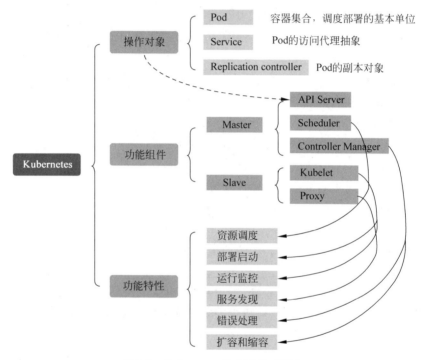

图 6-6　Kubernetes 的主要组成部分

5. 边缘平台操作系统

(1) 边缘软件系统组成。

以 Docker 技术为标准的边缘软件系统主要包含图 6-7 所示的操作系统。

① 容器主机操作系统。

运行在物理主机或者虚拟机之上。Docker 的客户端和守护进程运行在主机操作系统中启动和管理 Docker 容器,比较有代表性的有 CoreOS、Atomic、Ranchero、Clear Linux 。

② 容器基础操作系统。

运行在单独的 Docker 容器内,云端根据业务可以定制容器基础操作系统的镜

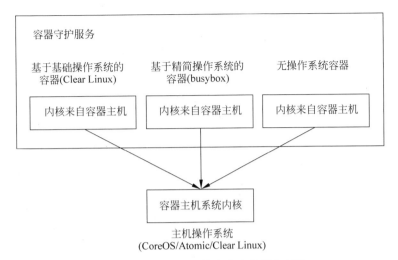

图 6-7　基于 Docker 技术的边缘操作系统

像，然后部署在边缘侧。如果容器的主机操作系统是基于 Linux 系统的，那么容器基础操作系统不是必需的。根据业务和应用场景，基础操作系统的选择比较广泛，例如 OpenWrt 着重提供网络工具的依赖，Clear Linux 提供英特尔指令集的性能优化等。

容器中运行的可以是一个完整的基础操作系统，也可以是精简的或者更加轻量级的操作系统，甚至可以只包含应用程序和必要的依赖库而没有完整的操作系统。若没有硬件 VT-X 和容器虚拟化的支持，则容器中的内核共享主机系统的内核。出于对安全性的考虑，越来越多的方案会考虑使用具有硬件虚拟化隔离能力的 Kata 容器。

（2）Clear Linux 系统及其特点。

这里值得一提的是 Clear Linux，它是英特尔公司开发的开源 Linux 发行版，具有滚动升级、性能的指令级别优化、自动化的 DevOps 工具等功能，主要应用于云计算和边缘计算场景。其特点如下。

① 支持 AutoFDO 技术。

编译程序时进行自动优化。

② 集成了编译器的 FMV（函数多版本）技术。

GCC 4.8 提供的自动使用硬件体系架构的优化指令集，针对一个函数编译出多个版本，运行时会根据当前的硬件体系架构执行不同的版本，同一个操作系统的镜像将自动适配不同的硬件体系架构。

③ 集成了 Kata 容器。

提供硬件虚拟化的安全隔离。

④ 性能。

基于编译时优化和函数多版本技术，Clear Linux 提供的二进制在默认情况下就包含了硬件架构提供的指令集优化。

⑤ 无状态设计。

Clear Linux 将操作系统和用户配置完全地隔离开来。

⑥ 模块化的设计。

Clear Linux 提出了 Bundle 的概念，将模块化的功能和所依赖的库包装在一个 Bundle 中，解决了传统 Linux 发行版中复杂的包依赖问题。

⑦ Mixer 工具。

Clear Linux 提供了镜像定制工具，可以很方便地为云计算、边缘设备等各种应用场景定制镜像。

⑧ 先进的软件更新能力。

Clear Linux 提供基于操作系统的整体更新和差异化更新方式。

⑨ 安全。

Clear Linux 发行版自身的 DevOps 提供了自动跟踪、更新上游软件的能力，及时为多达 4000 个上游软件包集成安全补丁。

微软的 Azure、亚马逊的 AWS、阿里巴巴的 AliCloud 等云服务提供商都在云宾客操作系统市场中给出了基于 Clear Linux 的镜像。

当使用 Clear Linux 作为主机操作系统时，安装 Kubernetes 和 Kata 容器非常简单，只需要使用 swupd 安装 cloud-native-basic，进行几步配置即可。具体步骤请参考 Clear Linux 官方网站。

使用 Clear Linux 作为容器基础操作系统，还有如下好处。

第一，Clear Linux 的镜像在编译时就使用不同的硬件架构指令进行了优化，当微服务被部署到多样复杂的边缘硬件基础设施上时，只需要使用相同的基于 Clear Linux 的镜像。

第二，Clear Linux 提供的 Bundle、Mixer 工具可以为不同的边缘业务定制容器的镜像。

第三，当 Clear Linux 为云服务器虚拟机部署宾客操作系统时，在边缘端使用 Clear Linux 可使云端和边缘侧保持一致，更加容易部署。

6. 基于 StarlingX 的边缘云平台

StarlingX 是由 OpenStack Foundation 于 2018 年推出的独立项目，为分布式边缘云提供软件架构支撑。从定位上来说，StarlingX 是一个高可用、高可靠、可扩展的边缘云软件堆栈，整合了 OpenStack、Kubernetes、Ceph 等开源项目组件，可为边缘端提供计算、存储、网络、虚拟化等基础设施资源。

（1）StarlingX 的设计原则。

在不同的边缘服务场景下，对边缘软件平台的核心能力的要求也有所不同。以智能车联网为例，用户和计算设备数量呈动态增加，因此需要支持边缘基础架构的快速部署和扩展。而在智慧城市场景下的视频监控方面，核心需求则是提升边缘侧对视频流的分析和处理能力。相应地，边缘软件平台需要支持对加速硬件、AI芯片等边缘硬件设备的管理和应用。在一些小型的边缘应用场景中，边缘软件平台只需要提供最基础的云计算服务支撑即可。

因此，边缘软件平台在部署架构上的灵活性至关重要。针对以上灵活多变的需求，OpenStack Foundation 在提出 StarlingX 软件架构时，定义了一个核心目标：StarlingX 需要成为"可快速落地"的边缘软件架构平台。因此，在部署方式、规模和服务组件数量上，StarlingX 都是灵活且可配置的。可根据用户业务需求，选择单节点、双节点或者标准化的大规模部署。并可以结合边缘服务的不同特性，选择是否开启裸机高级管理服务、加速硬件管理服务等。

概括来说，StarlingX 具有灵活、可用性高、安全性高、可维护性好等特点，All-in-One Simplex 部署模式如图 6-8 所示。

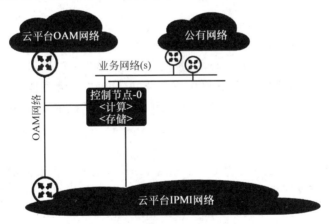

图 6-8　All-in-One Simplex 部署模式

① 灵活小巧的架构。

在单台服务器上就可使用虚拟机，无须硬件冗余。

② 可用性高。

控制节点 HA，物理节点故障自动恢复。

③ 安全性高。

平台和用户安全性管理能力强。

④ 可维护性好。

从硬件到虚拟资源的全方位监控,实时定位故障。

All-in-One Duplex 部署模式如图 6-9 所示。

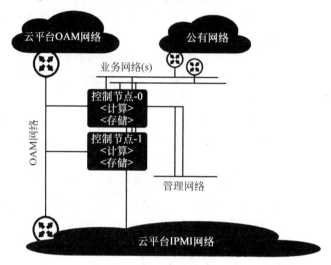

图 6-9　All-in-One Duplex 部署模式

(2) StarlingX 架构层次和核心功能。

StarlingX 从两个层次定义了边缘软件架构,如图 6-10 所示。第一个层次是基础设施服务,以 OpenStack 为核心,同时包含其他 UpSteam 项目,比如 Kubernetes、Ceph、CentOS 等,主要提供基础设施资源支撑。第二个层次是边缘平台管理服务,BP StarlingX 的六大核心组件强化了边缘平台在基础资源管理、安全管理、高可用方面的能力。

① 基础设施服务。

StarlingX 的基础层核心为 OpenStack Kernel,包括计算服务(Nova)、网络服务(Neutron)、存储服务(Cinder)、认证服务(KeyStone)、镜像服务(Glance)等基础核心组件。同时也囊括了裸机服务(Ironic)、容器服务(Magnum)、对象存储(Swift-API)、编排服务(Heat)。

② 边缘平台管理服务。

StarlingX 包含六大核心组件:主机管理(Host Management)、配置管理(Configuration Management)、服务管理(Service Management)、故障管理(Fault Management)、软件管理(Software Management)、基础设施编排(Infrastructure Orchestration),下面详细介绍这六大核心组件。

• 主机管理——stx-metal。

该模块是 StarlingX 重要的核心部分,整个平台的有机结合都是靠此模块实

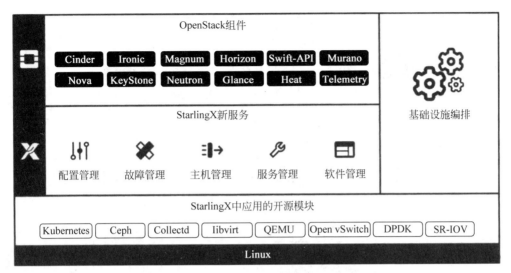

图 6-10　StarlingX 软件架构

现的。

使用 rmon 对资源进行监控，比如 CPU 和内存的存量及用量监控等。

使用 pmon 对进程进行监控。此模块的监控和 SM 有所区别，SM 主要管理 OpenStack 整个服务及相关资源的监控；pmon 只管理基础进程，比如 SSH 等。StarlingX 中的计算节点和 OpenStack 中的计算节点不同，不安装 SM 服务。所以，Nova-ComputeCinder-Volume 等服务组件也由 pmon 负责监控。

hbs 服务，为整个平台提供心跳检测服务。

hwmond 服务，对服务器 BMC 提供管理服务。

MTC 服务，总管 MTCE 平台的其他服务模块，对外提供接口。

图 6-11 展示了主机管理服务和其他管理服务与监控模块之间的协作关系，主机管理可对硬件资源进行监控，并从资源编排服务、服务管理、配置管理来收集和同步虚拟机告警、关键进程及 H/W 故障。

- 配置管理——stx-config。

配置管理模块的原理如图 6-12 所示。该模块负责对 StarlingX 中的各组件以及 OpenStack 服务组件进行安装配置。

sysinv 服务提供整个软件的状态管理、系统配置的修改等。

controllerconfig/computeconfig 等负责根据物理节点的角色设置系统配置等。

每次启动此类服务都会被重新执行，保证系统在重启后能快速恢复到正常配置。

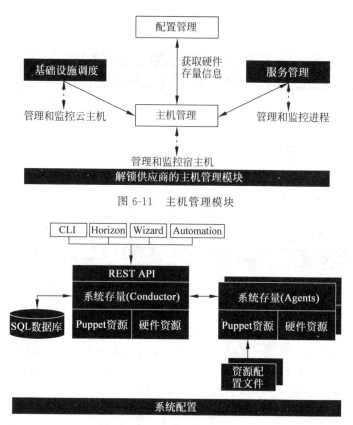

图 6-11　主机管理模块

图 6-12　配置管理模块的原理

- 服务管理——stx-ha。

服务管理模块负责保证平台服务的高可用并提供服务监控,其模型设计如表 6-2 所示。

表 6-2　服务管理模型设计

组　　件	说　　明
高可用控制器	冗余模型,可以是 $N+M$ 或 N 个控制节点 当前采用 $1+1$ 高可用控制集群
高可靠消息服务	使用多个消息传递路径以避免脑裂通信问题 最多支持三个独立的通信路径 支持配置 LAG 保护多链路的每条路径 使用 HMAC SHA-512 对消息进行身份验证
服务监控	主动或被动的服务监控 允许对服务故障的影响进行定义

图 6-13 展示了 $1+1$ 高可用双控制节点的工作原理,主控制节点和备控制节

点可实现数据库和状态的实时同步,当主控制节点出现故障时,将自动触发 HA 进程,将备控制节点切换为主控制节点。

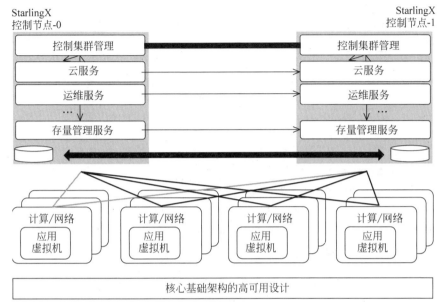

图 6-13　1+1 高可用控制节点的工作原理

· 故障管理——stx-fault。

该模块负责事件告警收集,简称 FM,其他模块通过 FM-API 直接给 fin-manager 发送告警或者事件信息。

图 6-14 展示了故障告警和日志系统的信息来源,中心日志系统(Centralized Logging)可收集控制节点、计算节点和 Ceph 存储节点的系统日志,并且告警系统可检测到多个节点角色的告警。

· 软件管理——stx-update。

该模块主要提供软件管理服务,并提供 patch 制作工具,同时也提供 patch 的管理服务,可定义升级策略、管理升级或降级等。具体功能如下。

自动部署服务组件更新以提升平台安全性和更新功能。

集成端到端的滚动升级解决方案,包括自动化、少操作,无须额外的硬件设备,跨节点滚动升级。

支持热补丁和 reboot required 的补丁,更换内核的补丁需要重启节点。

可通过虚拟机实时迁移服务,在管理节点安装 reboot 补丁时保障业务不中断。

管理所有软件升级,包括虚拟主机操作系统更改、新的或升级的 StarlingX 服务软件、新的或升级的 OpenStack 服务软件。

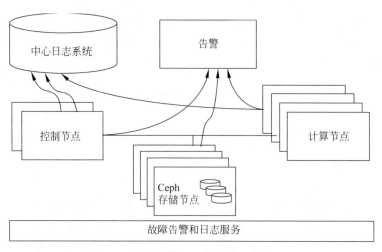

图 6-14 故障告警和日志系统的信息来源

图 6-15 展示了软件升级和补丁更新过程，当新版本发布后，平台上的控制、存储、计算服务以及虚拟机上的应用服务都可实现自动化平滑升级。

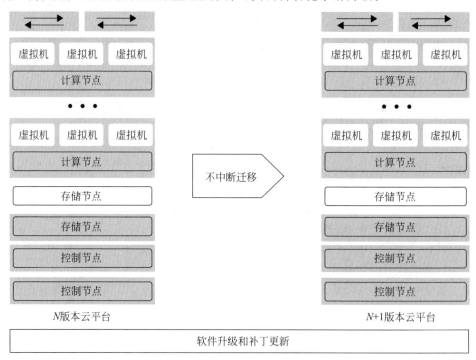

图 6-15 软件升级和补丁更新过程

- 基础设施编排——stx-nfv。

这个模块是在 NFV 场景下丰富 OpenStack 功能的组件，功能如下。

提供了 Nova-API-Proxy 的模块,可直接监听 Nova 的 8774 端口以过滤 Nova 的请求,将一些需要处理的请求发送给 VIM 模块,其他请求直接透传给 Nova。

NFV-vim 模块用来支撑 NFV 场景下的逻辑处理功能,例如 VM 的 HA 功能。

Guest-Server 模块主要提供了一套 API 及机制,通过在虚拟机中安装代理,实现从平台侧获取虚拟机心跳的功能。

第 **7** 章

边缘计算安全管理

随着边缘计算的普及,越来越多的计算机以机器人、IoT 设备和用在用户环境或远程设施的本地化系统的形式被部署在企业边缘,企业的安全防护工作不断面临新的挑战。随着万物互联发展的演进,基于中央集中架构的云计算在多源异构数据处理、大网络带宽、重远程负载需求以及资源能效问题方面,其可扩展性和整体收益已经趋于瓶颈。在 5G 网络架构变革满足三大应用场景的大背景下,各大互联网厂商纷纷开始发力边缘计算。

由于边缘计算的服务模式存在实时性、复杂性、感知性、数据的多源异构性等特性,传统云计算架构中的隐私保护和数据安全机制无法适用。边缘计算中数据的计算、存储、共享、传播、管控安全以及隐私保护等问题变得越来越突出。作为一种新型计算模型,边缘计算有着信息系统存在的典型安全共性问题,同时新型架构也引入了新的安全课题。

本章首先对信息系统安全进行综述,接着阐述边缘计算面临的安全挑战,同时介绍业界应对边缘计算数据安全和隐私保护问题的前沿技术,然后介绍基于区块链技术的边缘计算安全解决方案,最后对近年来业界的边缘计算安全实例进行总结。

第 1 节　信息系统安全概述

中国公安部计算机管理监察司对信息系统安全的定义为:"计算机安全是指计算机资产安全,即计算机信息系统资源和信息资源不受自然和人为有害因素的威胁和危害。"国际标准化组织对信息系统安全的定义是:"为数据处理系统建立和采用的技术和管理的安全保护,保护信息系统硬件、软件、数据不因偶然的或恶意的原因而遭到破坏、更改、显露。"无论哪种定义,其安全目标一致:能够满足一个组织或个人的所有安全需求。安全需求要素通常使用机密性、完整性、可用性三个词概括。随着云计算技术的演进,安全要素又加入可控性、不可否认性、可追溯性,合称为安全需求目标六要素。典型的信息系统安全框架如图 7-1 所示。

　　根据安全框架,信息系统安全可从技术角度描述为:对信息与信息系统的固有属性的攻击与保护的过程,它围绕着信息系统、信息自身及信息利用的安全六要素,以密码理论和应用安全技术为理论基础,具体反映在物理安全、运行安全、数据安全、网络安全四个方面;同时,在安全框架的各个技术层面上都需要安全管理,包括相关人员管理、制度和原则方面的安全措施,以及企业应对行业要求、外部合规要求等所需要采取的管理方法和手段等。

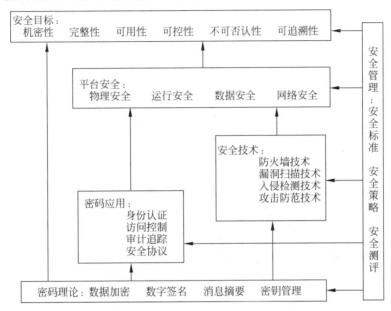

图 7-1　典型的信息系统安全框架

1. 安全目标

　　安全目标六要素通常要求相互不能包含,其中机密性反映了信息与信息系统不可被非授权者利用;完整性反映了信息与信息系统的行为不可被伪造、篡改、冒充;可用性反映了信息与信息系统可被授权者正常使用;可控性反映了信息的流动与信息系统可被控制者监控;不可否认性和可追溯性则属于上述四个基本属性的某个侧面的突出反映和延展,强调对信息资源的保护以及对信息及信息系统行为的审计能力。六要素反映出了信息安全的核心属性,各要素的具体描述如下。

　　(1)机密性。

　　机密性是指阻止非授权者阅读信息,它是信息安全主要的研究内容之一,也是信息安全一诞生就具有的特性。通俗地讲,就是未授权的用户不能获取保密信息。对传统的纸质文档信息进行保密相对比较容易,只需要保管好原始文件,避免被非授权者窃取即可。而对于计算机及网络环境中的信息,不仅要防止非授权者对信息的接触,也要阻止授权者将敏感信息传递给非授权者,以致信息泄漏。常用的机密技术包括:防辐射(防止有用信息以各种途径辐射出去)、防侦收(使对手接触不到有用的信息)、信息加密(使用加密算法对信息进行加密处理,即使非授权者得到了加密后的信息,也会因为没有密钥而无法翻译出有效信息)、物理保密(利用物理方法保护信息不被泄露,如限制、隔离、掩蔽、控制等措施)。

(2)完整性。

完整性是指防止信息被未经授权者篡改即信息保持原始状态,保有其真实性。信息如果被蓄意地编辑、删除、伪造等,形成了虚假信息,将带来严重的后果。完整性是一种面向信息的安全性,它要求信息在生成、存储和传输过程中的正确性。完整性与机密性不同,机密性针对信息不被泄露给未授权的人,而完整性则要求信息不因各种原因被破坏。造成信息被破坏、影响信息完整性的主要因素有:设备故障、误码(传输、处理和存储过程中产生的误码,各种干扰源造成的误码,定时的稳定度和精度降低造成的误码)、计算机病毒、人为攻击等。

(3)可用性。

可用性是指授权主体在需要访问信息时获得服务的能力。可用性是在信息安全保护阶段对信息安全提出的新要求,也是网络化信息中必须满足的一项信息安全要求。在网络信息系统中,向用户提供服务是最基本的功能,然而用户的需求是多样的、随机的,有时还伴随时间要求。可用性的度量方式一般为系统正常使用时间和整个工作时间之比,表示用户的需求在一定时间范围内获得响应。可用性还应该满足以下要求:身份管理访问控制,即对用户访问权限的管理,访问控制为经过身份认证后的合法用户提供其所需的、权限内的服务,同时拒绝用户的越权服务请求;业务流控制,采取均分负荷方式,避免业务流量过度集中从而引发网络阻塞;路由选择控制,选择那些稳定可靠的子网、链路或中继线等;审计跟踪,把网络信息系统中发生的所有安全事件存储在安全审计跟踪之中,便于分析原因,分清责任,及时采取相应的措施,主要包括事件类型、事件时间、事件信息、被管客体等级、事件回答以及事件统计等方面的信息。

(4)可控性。

可控性是指可以控制或限制授权范围内的信息流向及行为方法,是对网络信息内容及传播控制能力的描述。为了确保可控性,首先,系统要明确可以控制哪些用户以及以何种方法和权限来访问系统或网络上的数据,通常是通过制定访问控制列表等方法来实现的;其次,需要对网络上的用户进行权限验证,可以通过握手协议等认证机制对用户进行验证;最后,要把该用户的所有事件记录下来,便于进行审计查询。

（5）不可否认性。

不可否认性也称作不可抵赖性，通过建立有效的责任机制，在网络信息系统的信息交互过程中，确保参与者的真实同一性，即所有参与者都无法否认或抵赖曾经完成的承诺和操作。利用信息源证据可以防止发信方否认已发送的信息，利用递交接收证据可以防止收信方事后否认已经接收的信息。一般通过数字签名原理可以实现。

（6）可追溯性。

确保实体的行动可被跟踪。可追溯性通常也被称作可审查性，它是指对各种信息安全事件做好检查和记录，以便出现网络安全问题时能提供调查依据和手段。审查的结果通常可以用作责任追究和系统改进的参考。

2. 平台安全

从信息安全的平台层面来看，安全可以分为几大类。首先是计算、存储与网络等设备实体硬件的安全，称为"物理安全"，它反映了信息系统硬件的稳定运行状态。其次是"运行安全"，指信息系统软件的稳定运行状态，是计算机与网络设备运行过程中的系统安全。再次，当讨论信息自身的安全问题时，涉及的是狭义的"信息安全"问题，包括对信息系统中存储、加工和传递的数据的泄露、伪造、篡改以及抵赖过程所涉及的安全问题，称为"数据安全"。最后，"网络安全"的表现形式是对信息传递的选择控制能力，换句话说，表现出来的是对数据流动的攻击特性。

（1）物理安全。

物理安全是指对计算机与网络设备的物理保护，涉及网络与信息系统的机密性、可用性、完整性、生存性、稳定性、可靠性等基本属性。面对的威胁主要包括自然灾害、设备损耗与故障、能源供应、电磁泄漏、通信干扰、信号注入、人为破坏等；主要的保护方式有电磁屏蔽、加扰处理、数据校验、冗余、容错、系统备份等。

（2）运行安全。

运行安全是指对计算机与网络设备中的信息系统的运行过程和运行状态的保护。主要涉及网络与信息系统的可用性、真实性、可控性、唯一性、合法性、可追溯性、生存性、占有性、稳定性、可靠性等；面对的威胁包括系统安全漏洞利用、非法使用资源、越权访问、网络阻塞、网络病毒、黑客攻击、非法控制系统、拒绝服务攻击、软件质量差、系统崩溃等；主要的保护方式有防火墙、物理隔离、入侵检测、病毒防治、应急响应、风险分析与漏洞扫描、访问控制、安全审计、降级使用、源路由过滤、数据备份等。

（3）数据安全。

数据安全是指对信息在数据收集、存储、处理、传输、检索、交换、显示、扩散等过程中的保护,使数据在数据处理层面得到保护并依据授权使用,不被非法冒充、泄露、篡改、抵赖。主要涉及信息的机密性、实用性、真实性、完整性、唯一性、生存性、不可否认性等;面对的威胁包括窃取、伪造、篡改、密钥截获、抵赖、攻击密钥等;主要的保护方式有加密、认证、鉴别、完整性验证、数字签名、非对称密钥、秘密共享等。

(4) 网络安全。

网络安全是指对信息在网络内流动时的选择性阻断,以保证信息流动的可控能力。被阻断的对象是可对系统造成威胁的脚本病毒、无限制扩散消耗用户资源的垃圾类邮件、导致社会不稳定的有害信息等。主要涉及信息的机密性、可用性、真实性、完整性、可控性、可靠性等;所面对的难题包括信息不可识别(因加密)、信息不可阻断、信息不可更改、信息不可替换、系统不可控、信息不可选择等;主要的保护手段是形态解析或密文解析、信息的阻断、流动信息的裁剪、信息的过滤、信息的替换、系统的控制等。

第 2 节　边缘计算安全

云越来越受欢迎的主要原因在于其支持的业务模式,最终将降低成本,并提供更大的可扩展性及按需供应资源的服务。云的特性,如支持无处不在的连接、弹性、可扩展资源和易于部署等,也使这些计算配置适用于诸如传感器、移动设备等领域。随着一系列限于地理分布、低时延、位置感知和移动性支持等新业务的涌现,将云服务延伸到边缘已经成为现今技术的趋势和热点。由于万物互联是以感知为背景的应用程序运行和海量数据处理,单纯依靠云计算这种集中式的计算处理方式,不足以支持这样的业务模式,而且云计算模型已经无法有效解决云中心传输宽带、负载、数据隐私保护等问题。由此,边缘计算应运而生,与现有的云计算集中式处理模型相结合,能有效解决云中心和边缘的海量数据处理问题。与此同时,边缘计算作为一个新生事物,面临着许多新的挑战,既要考虑信息安全六大要素,也要根据边缘计算的特点因地制宜,采取有针对性的安全策略,尤其是在数据安全和隐私保护方面。

由于边缘计算存在分布式架构、异构多域网络、实时性要求、数据的多源异构性、感知性要求以及终端的资源受限等特点,传统云计算环境下的数据安全和隐私保护机制无法适用于边缘设备产生的海量数据防护。数据的计算安全、存储安全、共享安全、传播和管控以及隐私保护等问题变得越来越突出。此外,边缘计算的另一个优势在于利用了终端硬件资源,使移动终端等设备也可以参与到服务计算中来,实现了移动数据存取、低管理成本和智能负载均衡。但这也极大地增加了接入设备的复杂性,而且由于移动终端的资源受限,其所能承载的安全算法执行能力和数据存储计算能力也有相应的局限性。

相比于云计算的集中式存储计算架构,边缘计算的安全性有其特定的优势。主要原因有:其一,数据是在离数据源最近的边缘节点上暂时存储和分析,这种本地处理方式使网络攻击者难以接近数据;其二,数据源端设备和云之间没有实时信息交换,窃听攻击者难以感知任何用户的个人数据。但是,边缘计算的安全性仍然面对以下诸多挑战:核心设施安全、边缘服务器安全、边缘网络安全和边缘设备安全。要创建一个安全可用的边缘计算生态系统,实施各种类型的安全保护机制至关重要。

1. 核心设施安全

所有的边缘计算场景都需要核心基础设施,例如云服务器和管理系统。这些核心设施可能是同一个第三方管理的,比如移动网络运营商。这样就可能带来隐私泄露、数据篡改、拒绝服务攻击、服务操纵等风险,因为该核心设施可能不是完全可信的。首先,用户的个人敏感信息可能被没有授权的个体获得并窃取,这样会导致隐私泄露和数据篡改。其次,由于边缘计算允许不经核心设施而只在边缘服务器和边缘设备之间进行信息交换,当服务被劫持时,核心设施有可能提供错误的信息从而导致拒绝服务。最后,信息流可以被具有足够访问权限的内部个体操纵,并向其他实体提供虚假信息和虚假服务。由于边缘计算的分散和分布式性质,这种类型的安全性问题可能不会影响整个生态系统,但这仍然是不容忽视的安全挑战。

2. 边缘服务器安全

边缘服务器通过在特定地理区域部署边缘数据中心来提供虚拟化服务和各种管理服务。在这种情况下,内部攻击者和外部攻击者可能会访问边缘服务器并窃取或篡改敏感信息。一旦获得了足够的控制权限,他们可以滥用其特权作为合法的管理员操纵服务。攻击者可以执行几种类型的攻击,例如中间人攻击和拒绝服务。还有一种极端的情况,攻击者可以控制整个边缘服务器或者伪造虚假的核心设施,完全控制所有的服务,并将信息流引导到流氓服务器。另一个安全挑战是对边缘服务器的物理攻击,这种攻击的主要原因是,相对于核心设施,对边缘服务器的物理保护可能是薄弱或者被忽视的。

3. 边缘网络安全

通过对例如移动核心网、无线网、互联网等多种通信方式的集成,边缘计算实现了物联网设备和传感器之间的互连。与此同时,带来了这些通信设施间的网络安全挑战。在边缘计算架构中,由于服务器部署在网络边缘,传统的网络攻击可以很好地被遏制,如拒绝服务和分布式拒绝服务(Distributed Denial of Service,DDoS)攻击等。如果这种攻击发生在边缘网络,则对核心网络影响不大;如果发生在核心基础设施中,也不会严重干扰边缘网络的安全性。然而,恶意攻击者通过诸如窃听、流量注入攻击等手段控制通信网络,会对边缘网络产生较大的威胁。其中,中间人攻击非常可能影响到所有边缘网络的功能元素,比如信息、网络数据流和虚拟机。另外,恶意攻击者部署的流氓网关也是边缘网络的安全挑战之一。

4. 边缘设备安全

在边缘计算中,边缘设备在分布式边缘环境中的不同层充当活动参与者,因此即使是小部分受损的边缘设备,也可以对整个边缘生态系统造成有害结果。例如,被操纵的任何设备都可以尝试通过注入虚假信息破坏服务或者通过某些恶意活动侵入系统。在一些特定场景下,一旦攻击者获得了一个边缘设备的管理权限,就可能操纵该场景的服务,比如在一个被信任的域中,一台边缘设备可以充当其他设备的边缘数据中心。

边缘计算的边缘侧应用生态可能存在一些不受信任的终端及移动边缘应用开发者的非法接入问题。因此,需要在用户、边缘节点、边缘计算服务之间建立新的访问控制机制和安全通信机制,以保证数据的机密性和完整性、用户的隐私性。在设计边缘计算安全架构及其实现的过程中,应首先考虑以下几点。

(1)安全功能适配边缘计算特定架构。

(2)安全功能能够灵活部署与扩展。

(3)能够在一定时间内持续抵抗攻击。

(4)能够容忍一定程度和范围的功能失效,但基础功能始终保持运行。

(5)整个系统能够从失败中快速恢复。

同时,由于边缘计算的资源有限性和海量异构设备接入的特点,需要针对这样的应用场景做安全管理的优化。同时,还需要有统一的安全态势感知、安全管理和编排、身份认证和管理以及安全运维体系,以最大限度地保障整个架构的安全与可靠。

第3节　边缘计算安全技术分析

为了创建一个安全可用的边缘计算生态系统,实施各种类型的安全保护机制至关重要。

1. 数据保密

在边缘计算中,用户私有数据被外包到边缘服务器,因此数据的所有权和控制权是分开的,这样便导致用户失去了对外包出去的数据的物理控制。此外,存储在外部的敏感数据面临着数据丢失、数据泄露、被非法操作等风险。为了解决这些威胁,必须采用适当的数据加密机制。

边缘设备上的用户敏感数据必须在外包出去之前进行加密。典型的加密过程是,数据生成者对数据进行加密后上传到数据中心,然后由用户对其进行解密后使用。传统的加密算法包括对称加密算法(例如 AES、DES 和 ADES)和非对称加密算法(例如 RSA、Diffie-Hellman 和 ECC)。但是传统的加密算法得到的密文通常可操作性不高,会对后续的数据处理造成一定障碍。近年来,基于身份加密、基于属性加密、代理重加密、同态加密、可搜索加密等技术被结合起来用于保护数据存储系统的安全,并允许用户在不受信任的边缘服务器上将私有数据作为密文使用。

(1) 基于身份加密。

基于身份加密(Identity-Based Encryption,IBE)最早是在电子邮件系统中作为简化的证书管理方案被提出的。这种方案允许任意一对用户进行安全的沟通,验证双方的签名而不需要交换私钥和公钥,不需要保留关键目录,不使用第三方服务。该方案允许用户选择任意字符串作为公钥,以此向其他方证明己方身份。相比于传统的公钥加密技术,基于身份加密方案中用户的私钥是由私钥生成器生成的,而不是由公共证书颁发机构或用户生成的。该方案主要包括以下三个阶段。

① 加密,当用户 A 向用户 B 发送邮件时,用户 B 的邮件地址会被作为公钥对邮件进行加密。

② 身份验证,用户 B 收到加密邮件后,需要验证自身身份,从私钥生成器获取私钥。

③ 解密,用户 B 对邮件解密获取其中内容。

基于身份的加密体制可以看作一种特殊的公钥加密,它有如下特点。系统中用户的公钥可以由任意字符串组成,这些字符串可以是用户在现实中的身份信息,如身份证号码、用户姓名、电话号码、电子邮箱地址等。因为用户的公钥是通过用户现实中的相关信息计算得到的,公钥本质上就是用户在系统中的身份信息,所以基于身份加密的系统解决了证书管理问题和公钥真实性问题。基于身份加密体制的优势如下。

① 用户的公钥可以是描述用户身份信息的字符串,也可以是通过这些字符串计算得到的相关信息。

② 不需要存储公钥字典和处理公钥证书。

③ 加密消息只需要知道解密者的身份信息就可以进行加密,而验证签名也只需要知道签名者的身份就可以进行验证。

（2）基于属性加密。

基于属性加密的系统采取用户的属性集合来表示用户的身份，这是与基于身份加密的根本区别。在基于身份加密系统中，只能用唯一的标识符表示用户的身份。而在基于属性加密系统中，属性集合可以由一个或多个属性构成。从用户身份的表达方式来看，基于属性加密的属性集合比基于身份加密的唯一标识符具有更强、更丰富的表达能力。

基于属性加密可以看作是基于身份加密的一种拓展，是把原本基于身份加密中表示用户身份的唯一标识扩展成可以由多个属性组成的属性集合。从基于身份加密体制发展到基于属性加密体制，这不仅使用户身份的表达形式从唯一标识符扩展到多个属性，同时还将访问结构融入属性集合中。换句话说，可以通过密文策略和密钥策略决定拥有哪些属性的人能够访问这份密文，使公钥密码体制具备了细粒度访问控制的能力。

从唯一标识符扩展成属性集合，不仅改变了用户身份信息的表示方式，而且属性集合能够非常方便地和访问结构相结合，实现对密文和密钥的访问控制。属性集合同时还可以方便地表示某些用户组的身份，即实现了一对多通信，这也是基于属性加密方案具备的优势。

在密文和密钥中引入访问结构是基于属性加密体制的一大特征，也是其与基于身份加密体制的本质区别之处。访问结构嵌入密钥和密文中的好处在于：系统可以根据访问结构生成密钥策略或者密文策略，只有密文的属性集合满足了密钥策略，或者用户的属性集合满足了密文策略，用户才能解密。这一方面限制了用户的解密能力，另一方面也保护了密文。在基于属性加密系统中，密钥生成中心（负责生成用户的密钥）将用户的身份信息通过属性集合表示，而用户组也具备一些相同属性，同样可以用属性集合表示。因此，在基于属性加密方案中，属性集合既可以表示单独的用户，也可以表示具备某些相同属性的用户组。密文和密钥也是根据属性集合生成的，密文的解密者和密钥的接收者既可以是单独的用户，也可以是用户组。在基于属性加密方案中，为了明确属性集合代表的是单独用户还是某个用户组，可以灵活改变用户身份信息的具体或概括描述。

当且仅当用户密钥的属性集与密文的属性集中交集的元素达到一定的阈值要求时，一个用户才能解密一个密文。在基于属性加密方案中，加密密文需要在属性集合的参与下才能进行，参与加密的属性集合所表示的身份信息就是解密者的身份，也是解密密文需要满足的条件。在上述过程中，由于用户的私钥和密文都是根据各自的属性集合生成的，因此在基于属性加密方案中，一方面密文是在属性集合的参与下生成的，这个属性集合隐含地限定了解密者所要满足的条件；另一方面，一个用户私钥也是根据属性集合生成的，这个属性集合也隐含地确定了用户可以解密的范围,如果密文是以这个属性集合生成的,那么用户就可以解密密文。

基于属性加密方案中的加密和解密具有灵活、动态的特性,能够根据相关用户实体属性的变化,适时更新访问控制策略,从而实现对系统中用户解密能力和密文保护的细粒度的访问控制,因此属性加密方案有着广阔的应用前景。

目前基于属性加密体制取得了很多具有应用价值的方案,根据策略的部署方式不同,这些方案可以分成以下三种类型。

① 基于属性的密钥策略加密方案(KP-ABE)。

一般来说,基于属性的密钥策略加密系统包含以下 4 个步骤。

- 系统初始化。

系统初始化只需要输入一个隐藏的安全参数,不需要其他输入参数。输出系统公开参数 PK 和一个系统主密钥 MK。

- 消息的加密。

以消息 M、系统的公共参数 PK 和一个属性集合 S 为输入参数。输出消息 M 加密后的密文 M′。

- 密钥的生成。

以一个访问结构 A、系统的公共参数 PK 和系统的主密钥 MK 为输入的参数。生成一个解密密钥 D。

- 密文的解密。

以密文 M′、解密密钥 D 和系统的公共参数 PK 为输入参数,其中密文 E 是在属性集合 S 的参与下生成的,是访问结构力的解密密钥。如果 $S \in A$,则解密并输出明文 M。

在基于属性的密钥策略加密的方案中,通过引入访问树结构,将密钥策略表示成一个访问树,并且把访问树结构部署在密钥中。密文仍然是在一个简单的属性集合的参与下生成的,所以当且仅当该密文的属性集合满足用户密钥中的密钥策略时,用户才能解密密文。该方案通过访问树的引入,非常方便地实现了属性之间的逻辑"与"和逻辑"或"操作,增强了密钥策略的逻辑表达能力,更好地实现了细粒度的访问控制。

基于属性的密钥策略加密方案可以应用在服务器的审计日志的权限控制方面。服务器的审计日志是电子取证分析中的一个重要环节,它通过基于属性的密钥策略加密的方法,使取证分析师只能接触与目标相关的日志内容,从而避免泄露日志中其他的内容。基于属性的密钥策略加密方案的另一个应用是在一些收费的电视节目中,通过采用基于属性的密钥策略的广播加密,使用户可以根据个人喜好定制接收的节目。

② 基于属性的密文策略加密方案（CP-ABE）。

在基于属性的密文策略加密方案中，用户的私钥仍然是根据用户的属性集合生成的，密文策略表示成一个访问树并部署在密文中。这种方案的策略部署方式和基于属性的密钥策略加密方案是一种对偶结构。当且仅当用户的属性集合满足访问结构时，用户才能解密密文。

基于属性的密文策略加密方案如图 7-2 所示。

图 7-2　基于属性的密文策略加密方案

· 系统初始化。

以一个隐藏的安全参数为输入，而不需要其他输入参数。输出系统公共参数 PK 和一个系统主密钥 MK。

· 消息加密。

以一个消息 M、访问结构 A 和系统的公共参数 PK 为随机算法的输入参数，其中 A 是在全局属性集合上构建的。该算法的输出是将 A 加密后的密文 M'。

· 密钥生成。

以一个属性集合 S、系统的公共参数 PK 和系统的主密钥 MK 作为随机算法的输入参数。该算法输出私钥 SK。

· 密文解密。

以密文 M'、解密密钥 SK 和系统的公共参数 PK 作为随机算法的输入参数，其中 SK 是 S 的解密密钥，密文 M'中包含访问结构 A。如果属性集合 S 满足访问结构，则可解密密文。

根据以上描述，可以看出基于属性的密文策略加密和广播加密非常相似。该方案还支持密切代理机制，即如果用户 A 的访问结构要包含用户 B 的访问结构，那么，可以为 B 生成私钥。另外，该方案中通过 CP-ABE 程序包，对方案的性能和效率进行了实验分析。但方案的缺陷在于：方案的安全性证明是在通用群模型和随机预言模型下完成的。

③ 基于属性的双策略加密方案。

基于属性的双策略加密方案是基于属性的密钥策略加密方案和基于属性的密文策略加密方案的组合，即方案中的加密消息同时具备两种访问控制策略，在密钥和密文中同时部署两种策略。在密文的两种访问控制策略中，一个表示加密数据自身客观性质的属性，另一个表示解密者需要满足的条件的主观性质属性。在密钥的两种访问策略中，一个表示用户凭证的主观属性，另一个表示用户解密能力的客观属性。只有当用户的主观属性和客观属性满足了密文的主观属性和客观属性时,用户才能解密密文。

一般情况下,基于属性的双策略加密方案如表 7-1 所示。

表 7-1 基于属性的双策略加密方案

加密方案	说 明
系统初始化	以一个隐含的安全参数作为输入,而不需要其他输入参数。输出系统公共参数 PK 和系统主密钥 MK
消息加密	以输入消息 M、系统的公共参数 PK、一个主观的访问结构 S 和一个客观的属性集合为输入参数。输出密文 M'
密钥生成	这是一个随机化算法,以系统的公共参数 PK、系统的主密钥 MK、一个访问结构 O 和一个主观的属性集合为输入参数。输出一个解密密钥 D
密文解密	以系统的公共参数 PK、解密密钥 D、密钥对应的访问结构 O 和属性集合、密文 M'、密文对应的访问结构 S 和属性集合作为输入参数。如果密钥的属性集合满足密文的访问结构 S,同时密文的属性集合满足密钥的访问结构,则解密密文,输出消息 M

因为基于属性的双策略加密方案可以看作是基于属性的密钥策略加密方案和基于属性的密文策略加密方案的结合,所以基于属性的双策略加密方案可以根据实际需要转换成单个策略的基于属性加密方案(KP. ABE 或 CP. ABE)。另外,该方案的安全性证明是基于判定双线性 Diffie-Hellman 指数困难问题完成的。

(3) 代理重加密。

代理重加密(Proxy Re-Encryption,PRE)是云计算环境下开发的加密方法。通常,用户出于对数据私密性的考虑,存放在云端的数据都是以加密形式存在的。并且,云环境中也有大量数据共享的需求。但是由于数据拥有者对云服务提供商存在半信任问题,不能将密文解密的密钥发送给云端,因此云端无法解密密文并完成数据共享。数据拥有者需要自己下载密文并解密后,再用数据接收方的公钥加密并分享。这样数据共享的方式并没有充分利用云环境,也会给数据拥有者带来大量的麻烦。

代理重加密技术可以帮助用户解决这些数据分享的不便利问题。在不泄露解密密钥的情况下,实现云端密文数据共享,云服务商也无法获取数据的明文信息。由于云平台有强大的存储能力,数据拥有者可以将数据利用对称密钥加密,把生成的密文 C1 存储在云端。随后,数据拥有者利用公钥对对称密钥加密,把得到的密文 C2 也上传存储到云端。

假设数据拥有者 A 需要把数据共享给数据接收者 B,数据拥有者 A 可以申请获取 B 的加密密钥,并结合自己的解密密钥生成一个重加密密钥,并发送到云端。由于云服务器特有的强大计算能力,可以使用重加密密钥对数据拥有者 A 的对称密钥密文 C2 进行重加密,并把得到的新密文 C3 也存储在云端。然后,数据接收者 B 从云端服务器上下载密文 C3,并利用自己的私钥解密得到数据拥有者 A 的对称密钥,最后使用该对称密钥解密密文 C1,就得到了原始的明文。由此可以达到密文共享的目的,而且在这整个过程中并不泄露私钥。

(4) 同态加密。

在通常的加密方案中,用户无法对密文进行除存储和传输之外的操作,否则会导致错误的解密,甚至解密失败。同时,用户也无法在没有解密的情况下,从加密数据中获取任何明文数据的任何信息。

与传统加密技术不同,同态加密在没有对数据解密的情况下就能对数据进行一定的操作。同态加密允许对密文进行特定的代数运算,得到的仍是加密的结果。也就是说,同态加密技术的特定操作不需要对数据进行解密。因此用户可以在加密的情况下进行简单的检索和比较,并且可以获得正确的结果。云计算运用同态加密技术可以运行计算,而无须访问原始未加密的数据。

同态分类如表 7-2 所示。如果加密函数 f 只是加法同态,那么密文就只能进行加减法运算;如果加密函数 f 只满足乘法同态,那么密文就只能进行乘除法运算。

表 7-2　同态分类

名　　称	条　　件
加法同态	满足 $f(A)+f(B)=f(A+B)$
乘法同态	满足 $f(A)\times f(B)=f(A\times B)$
全同态	同时满足 $f(A)+f(B)=f(A+B)$ 和 $f(A)\times f(B)=f(A\times B)$

(5) 可搜索加密。

可搜索加密来源于这样一个问题:用户 A 把所有的文件都存放在服务器或云端,但是为了保证文件的隐私性,采用了某种加密方法,把文件加密过后再存储在服务器或云端。只有用户 A 才有密钥解密这些文件。当执行基于关键词的检索操作时,需要先把大量的文件下载解密再进行检索。这样的操作方式不仅占用本地和网络的大量资源,而且耗费大量的时间,效率低下。可搜索加密技术为了解决这个难题,提出了基于密文进行搜索查询的方案,在这种模式下,密码学的基本技术用来保证用户的隐私信息和人身安全。

可搜索加密过程可以分为 4 个步骤。

① 文件加密。

要求用户在本地使用密钥把所有的明文文件进行加密,发送并存储在服务器端或云端。

② 生成陷门。

具备检索能力的用户,把待查询的关键字加密生成陷门,并发送到云端。其他用户或云服务商无法从陷门中获取关键词的任何信息。

③ 检索过程。

服务器或云端使用关键词陷门作为输入,执行检索操作,并把执行结果返回给用户。在这个过程中,云服务商除了能知道哪些文件包含检索的关键字,无法获得更多信息。

④ 下载解密。

用户从云端下载文件并通过密钥解密密文,生成包含关键词的明文。

可搜索加密策略分类如表 7-3 所示。

表 7-3 可搜索加密策略分类

策 略 名 称	特 点	适 用 模 型
对称可搜索加密	开销小、算法简单、速度快	适用于单用户模型
非对称可搜索加密	算法通常较为复杂,加解密速度较慢,公私钥相互分离	适用于多对一模型

对称可搜索加密在加解密过程中均采用相同的密钥进行包括关键词陷门的生成,所以具有计算开销小、速度快、算法简单的特点,适用于解决单用户模型的搜索加密问题。用户使用密钥加密个人文件并上传至服务器。检索时,用户通过密钥生成待检索关键词陷门,服务器根据陷门执行检索过程后返回目标密文。

非对称可搜索加密和对称可搜索加密不同,其在加解密过程中将使用两种密钥:公钥用于明文信息的加密和目标密文的检索,私钥用于生成关键词陷门和解密密文信息。因此非对称可搜索加密算法比对称加密算法更复杂,加解密速度较慢。然而,其公私密钥的非对称加密方式非常适用于多对一模式的可搜索加密问题:数据发送者使用数据接收者的公钥对明文信息以及关键词索引进行加密,当需要检索时,接受者使用私钥生成待检索关键词陷门。服务器或云端通过陷门执行检索算法后,返回包含关键词的密文。该过程可以避免发送者和接收者之间的直接数据通道和安全问题,具有较高的实用性。

2. 数据完整性

数据完整性是边缘安全性的重要问题,因为用户数据被外包到边缘服务器,而数据完整性可能会受到这个流程的影响。它是指数据所有者检查外包数据的完整性和可用性,以确保没有被任何未经授权的用户或系统修改。

由于数据存储和处理都依赖边缘服务器,这将引入类似云计算中的一些问题。例如,外包数据可能丢失或被未授权方错误修改。数据完整性需要确保用户数据的准确性和一致性。

关于数据完整性的研究主要集中在以下 4 方面。

（1）动态审计。

数据完整性审计方案应该具有动态审计功能，因为数据通常在外包服务器中动态更新。

（2）批量审计。

数据完整性审计方案应当支持大量用户在多个边缘数据中心同时发送审计请求或数据的批处理操作。

（3）隐私保护。

完整性审计通常由第三方审计平台实施，因为数据存储服务器和数据所有者不能提供公正和诚实的审计结果。在这种情况下，当第三方审计平台是半可信或不可信时，就很难确保数据隐私。

（4）低复杂度。

低复杂度是数据完整性设计中的重要性能标准，它包括低存储开销、低通信成本和低计算。

3. 安全数据计算

安全数据计算也是边缘计算中的一个关键问题。来自终端用户的敏感数据通常以密文形式外包到边缘服务器，在这种情况下，用户必须在加密数据文件中进行关键字搜索。在研究人员的努力下，有几种可搜索加密方法已经被提出，它们支持通过关键字在加密数据中进行安全搜索而不需要执行解密操作。例如，安全排名的关键字搜索方案可以通过一定的相关标准和索引获得正确的搜索结果。排名关键字搜索是指系统返回根据某些相关性得到的搜索结果，比如关键字出现频率等。这样既提高了系统的适用性，也符合边缘计算中隐私数据保护的实际需求环境。

此外，在安全数据搜索的基础上进一步实现各种功能是一个严峻的挑战，例如基于属性的关键词搜索方案可以支持细粒度数据共享。动态搜索方法能够实现动态更新，支持密文数据的不同操作并且可以返回正确的搜索结果而无须重建搜索索引。使用关键字搜索方法的代理重加密可以实现对搜索权限的控制。

4. 身份认证

如果没有任何身份验证机制，外部攻击者很可能访问服务基础架构的敏感资源，内部攻击者可以通过其合法访问权限来擦除恶意访问记录。在这种情况下，有必要探索边缘计算中的身份验证实施方法，保护用户免受现有安全和隐私问题的影响，并尽量减少内部威胁和外部威胁。此外，边缘计算环境不仅需要验证一个信任域中每个实体的身份，也需要在不同的信任域之间进行实体相互认证。目前，合适的认证方法包括单域认证、跨域认证和切换认证。

（1）单域认证。

单个信任域中的身份验证主要用于解决每个实体的身份分配问题。边缘计算的实体必须在他们获得服务之前从授权中心进行身份验证。分布式移动设备的匿名身份验证方案，用于提高移动用户访问多个移动云的安全性和便利性。来自多个服务提供商的服务仅使用一个私钥。该方案还支持相互认证、密钥交换、用户匿名和用户不可追踪性，并且安全强度基于双线性配对密码系统和动态随机数生成。基于椭圆曲线密码系统 ECC 的轻量级认证方案，可以提供相互身份验证并且防止所有已知的安全攻击。

（2）跨域认证。

关于边缘服务器的不同信任域实体之间的认证机制尚未形成完整的理论方法。在这种情况下，一个可行的研究思路是从其他相关领域中寻找这个问题的解决方案，例如多个云服务之间的身份验证。云计算中的提供者可以看作是边缘计算中跨域认证的一种形式，所以多云中的认证标准（如 SAML）可以用于参考。

（3）切换认证。

在边缘计算中，移动用户的地理位置经常会发生变化，传统的集中认证协议不适合这种情况。切换认证是一种为了解决高移动性用户认证问题而研究的认证传输技术。新的用于移动云网络的切换认证，允许移动客户端从一个区域匿名迁移到另一个区域。该方案使用椭圆曲线算法的认证协议，在身份验证中加密以保持客户端的身份和位置在身份验证传输过程中始终隐藏。

5．访问控制

由于边缘计算的外包特征，如果没有有效的认证机制，没有授权身份的恶意用户将滥用边缘或核心基础架构中的服务资源，这为安全访问控制系统带来了巨大的安全挑战。例如，如果边缘设备具有一定权限，就可以访问、滥用、修改边缘服务器上的虚拟化资源。此外，在分布式边缘计算中，有多种不同基础设施的信任域共存于同一个边缘生态系统中，因此每个信任域中的访问控制系统都是十分必要的。但是，大多数传统的访问控制机制通常是在一个信任域中寻址，并且不适用于边缘计算中的多个信任域。几种基于加密的解决方案，例如基于属性的加密和基于角色的加密方法，可以用来实现灵活和细粒度的访问控制。

基于角色访问控制的基本思想是：对系统操作的各种权限不是直接授予具体的用户，而是在用户集合与权限集合之间建立一个角色集合，每一种角色对应一组相应的权限。一旦用户被分配了适当的角色后，该用户就拥有了此角色的所有操作权限。这样做的好处是，不必在每次创建用户时都进行分配权限的操作，只要给用户分配相应的角色即可,而且角色的权限变更比用户的权限变更要少得多,这样将简化用户的权限管理,减少系统的开销。

6. 隐私保护

在边缘计算中,隐私保护问题尤为突出。因为有很多潜在的窥探者,比如边缘数据中心、基础设施提供商、服务提供商,甚至某些用户,这些攻击者通常是授权实体,为了各自的利益可能获取用户敏感信息。在这种情况下,很难在拥有多个信任域的开放生态系统中去判断某个服务提供商是否值得信赖。例如,在智能电网中,很多家庭隐私信息可以从智能电表和其他物联网设备中获取。这意味着无论房子是否空置,如果智能电表被攻击者操控了,用户的隐私毫无疑问就泄露了。特别是私人信息的泄露,如数据、身份和位置,可能导致非常严重的后果。

首先,边缘服务器和传感器设备可以从终端设备收集敏感数据,例如基于同态加密的数据聚合可以提供隐私保护数据分析而无须解密。

其次,在动态和分布式计算环境中,对用户来说,在身份验证和管理期间保护其身份信息是必要的。

最后,用户的位置信息是可以预测的,因为他们通常有相对固定的兴趣点,这意味着用户可能会重复使用相同的边缘服务器。在这种情况下,我们应该更加注意保护位置隐私。

(1) 数据隐私。

数据隐私是用户面临的主要挑战之一,因为私有数据会在边缘设备上被处理并转移到分布式边缘数据服务器。实用的混合数据应用架构,包括公共云和基于概率公钥加密方法的私有云。架构的主要目的是实现细粒度的访问控制和关键字搜索且防止任何私人数据泄露。在这里,私有云作为代理或访问接口引入,以支持私有数据在公共云中的处理。

高效和适用于移动设备的安全隐私保护方法,是基于概率公钥加密技术和排序关键词搜索的。安全隐私保护方法包括四个阶段:首先,数据所有者构建来自文件集合的多个关键字的索引,然后加密数据和索引以确保隐私性;其次,在检索阶段,数据所有者为关键字生成陷门并发送到云端服务器,当云接收陷门时,服务器开始搜索匹配的文件及其对应的文件的相关性分数;再次,服务器对匹配的文件进行排名,并根据相关性分数将该文件发送给用户;最后,用户可以检索明文,通过使用私钥解密文件。

(2) 身份隐私。

轻量级的针对云环境中移动用户的身份保护方案,基于动态凭证生成而不是数字凭证方法。该方案让受信任的第三方来分担频繁的动态凭证生成操作,以此降低移动设备的计算开销。在此基础上生成的动态凭证信息可以更频繁地更新，所以可以更好地防止凭证被伪造和窃取。基于公钥基础设施的改进身份管理协议，可以通过负载平衡来降低网络成本，允许相互依赖的交流方进行简单的身份管理。

（3）位置隐私。

基于位置的服务（LBS）越来越多，用户可以向基于位置的服务提供商（LBSP）提交他们的请求和位置信息，以获得不同的服务。但是，因为用户无法知道 LBSP 是否可以信任，所以也带来了一系列的隐私问题。LP-doctor 是一款基于 Android 系统的移动设备工具，可以实现基于操作系统的用户级位置访问控制，无须对应用程序进行任何修改。LP-docter 包括应用程序会话管理器、策略管理器、位置检测器、移动管理器、直方图管理器、威胁分析器和匿名化执行器。应用程序会话管理器负责监视应用程序启动和将事件退出到匿名位置。当基于位置的应用程序运行时，策略管理器为当前访问的位置和已启动的应用程序提供隐私策略，例如阻止、允许和保护。位置检测器监视用户的真实位置。移动管理器更新位置信息。直方图管理器维护每个人观察到的访问地点。威胁分析器根据当前制定的政策分析保护对象。如果威胁分析器决定了保护位置信息，那么匿名化执行器通过添加拉普拉斯噪声来生成假位置以确保位置匿名。

第4节　边缘计算安全威胁现状与发展

云越来越受欢迎的主要原因在于其支持的业务模式，最终将使成本降低，并提供更大的可扩展性及按需供应资源的服务。支持无处不在的连接、弹性、可扩展资源和易于部署等特性，也使这些计算配置适用于传感器、移动设备等领域。物联网部署的新趋势是引入现有云设置不能充分满足的新需求，这些需求包括但不限于地理分布、低时延性、位置感知和移动性支持等。

为了满足以上要求，研究人员提出了基于边缘和雾的新技术。这些共同标记为扩展的云的技术允许计算发生在更接近数据源的地方，这将提高服务的质量，因为它将降低在终端节点和云之间传输数据的时延。这些技术支持新的应用程序和服务，例如 Google Now 和 Foursquare，它们都是移动平台的位置感知应用程序。进一步支持的应用类型包括自动驾驶车辆的交通控制管理、机器人、公共安全和增强现实等。

尽管边缘和雾有其优点，但是扩展云面临着挑战。在云环境中，用户对硬件、软件和数据的控制较少。失去对数据的控制以及缺乏透明度引起了许多安全问题，这给那些想要"云化"IT 基础设施的组织带来了不确定性。Vision 发布的报告强调,由于安全问题,公司越来越不愿意将基础设施迁移到云中。由于云基础设施广泛用于关键托管服务,云中任何潜在的破坏都将对公民的健康、安全、经济福祉或政府的有效运作等产生重大影响。虽然可以使用现有机制解决一些问题,但是边缘和雾的其他威胁也会给云带来风险。

边缘和雾不是云的简单扩展,相反,它们需要重新审视其实现栈的层数,考查其逻辑或物理变化,以及它们可能会引入的额外安全影响。例如,为了支持包含边缘节点,以及管理层中支持在数据中心和网络边缘之间跨越节点的操作,可能需要对虚拟化层进行更改。关于这些扩展的技术细节尚未建立,但是考虑到现有云,可以预见边缘和雾将会经历的安全性和快速恢复性问题。下文列出了其面临的关键挑战。

基础设施威胁

边缘网络基础设施是"最后一千米网络"的一部分,不同的运营商利用不同的技术来构建网络,这使边缘基础设施容易受到多种类型的攻击。例如,分布式拒绝服务攻击和无线干扰可以很容易地消耗带宽、频带和边缘处的计算资源。

以分布式拒绝服务攻击为例,常见的针对边缘计算网络的 DDoS 攻击如下。

(1) 针对边缘数据中心的攻击。

此种攻击类似于针对云计算数据中心的攻击。但由于边缘设备中心数量多,边缘计算设备计算资源有限,云计算环境下已有的抵御 DDoS 网络攻击的方法并不适用于边缘计算模式。因而针对边缘计算网络的实际需求,需要设计新的安全机制。

(2) 针对终端的攻击。

在通常情况下,终端设备将数据发送给边缘数据中心进行处理。当短时间内有大量数据被各终端设备发送而导致边缘中心的时延升高时,终端设备可以将计算任务卸载到对等的具有空闲资源的设备上。攻击者会利用这种机制形成对终端设备的攻击。

边缘计算中针对终端的 DDoS 攻击如图 7-3 所示。当具有空闲资源的终端充当边缘设备时,攻击者可以修改包含计算卸载任务的数据包,使设备收到的工作任务负载数据中包含恶意代码或者病毒,导致其无法提供计算服务。用户会将计算请求发送给其他设备,间接成为新的攻击源,最终导致整个网络的瘫痪。

(3) 隐私泄露。

相对于核心网络中的云计算数据中心,边缘计算设备由于更靠近终端设备,因而可以收集到更多敏感的、高价值的用户信息。例如,智能电网中的智能电表读数将会透露家中何时无人、什么时候开启电器等信息,这些信息的泄露会对家庭安全

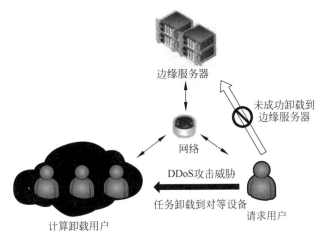

图 7-3　边缘计算中针对终端的 DDoS 攻击

造成极大的威胁。

终端通常将其任务卸载或者将数据上传到附近的边缘设备上。攻击者通过其对应的边缘节点就可以推断出终端和其他节点的大致位置,从而盗取其位置隐私。位置感知要求服务获取终端用户的位置,扩展云中涉及的通信流不会将用户的身份与它们的位置隔离。因此,攻击者可以使用现有网络漏洞,将包含该信息的业务链路作为攻击目标。

（4）虚拟机的分布式图像。

由于应用程序之间交互的复杂性,它们的工作负载又使用相同的物理基础设施,因而使需求难以预测。当涉及虚拟资源的供给时,云虚拟化必须延伸到数据中心之外,以到达边缘和雾节点。边缘和雾依赖于虚拟机图像的分布,以单一逻辑层的形式跨越平台。这些图像通过公共链接传输,这样的扩展进一步减少了对底层物理硬件的控制。攻击者可以接管这些链接并策划地理上的协同拒绝服务攻击,这将导致链路中出现时延。并且由于边缘计算的节点相较于数据中心中托管的节点容量有限,最终将导致其不可用。

（5）干扰攻击。

使用无线通信来互连节点（参见图 7-4）可能导致系统易受干扰、嗅探器等各种攻击。这些问题已经在点对点网络和无线传感器网络（WSN）中得到深入研究,其解决方案包括使用加密通信或基于信道的认证。然而,在雾计算中,重要的是大量数据的准确交换。基于它对能耗的需求,传统的网络级安全不可能被充分执行,这将增大攻击者在数据和任务迁移期间进行所针对事件的中间攻击的可能性。例如,可能存在被感染的或伪装的雾节点,这些雾节点试图在用户外包的数据和任务中过滤有价值的信息,或在基础设施内注入虚假数据。

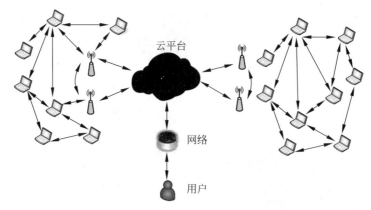

图 7-4　无线通信互连

还有一种极端的情况,攻击者可以控制整个边缘服务器或者伪造虚假的核心设施,完全控制所有的服务,并将信息流引导到流氓服务器。例如,GSM(Global System for Mobile Comm-unication)网络协议中的漏洞(GSM 标准不要求设备认证 BS)被攻击者用来创建没有被网络运营商认证及授权的伪基站(FBS)。典型的蜂窝设备支持 2G、3G 和 4G 网络,并在有多个可使用网络的情况下,优先选择具有最高信号强度的网络。如果未经授权的第三方建立了自己的高信号强度 2G 伪基站,附近的客户可能会被连接到伪基站上。而攻击者将可通过伪基站向用户发送包含垃圾邮件广告、网络钓鱼链接和高收费优惠等虚假信息的短消息。

（6）弱认证。

已有的应用于云数据中心的认证技术由于扩展云的开放性而具有极大的漏洞,边缘节点可能属于各种管理域。因此,攻击者可以利用这个优势来模拟真实节点并获得对后端进程的访问权限。

第5节　边缘计算轻量级可信计算硬件发展

随着万物互联的出现和发展,无处不在的计算设备都可以通过网络进行数据的采集、处理和交换。在边缘计算中,最基础的数据采集者是那些带有传感器、计算模块和网络互连功能的边缘设备。它们普遍具有超低功耗和价格低的特点,甚至在某些特殊情况下,这些设备需要在电池供电的情况下持续工作长达数年,例如植入和可穿戴医疗设备、环境采集设备和工控设备。因此,如何在超低功耗边缘计算设备上部署安全系统,保证信息的安全性和私密性,就成了边缘计算最重要的问题之一。

由于功耗的限制,在边缘设备中,很多的安全防护和加密系统会由底层的安全芯片实现,采用这些安全加密芯片可以达到高效率、低功耗的需求。本节主要介绍轻量级硬件安全设计的现状和发展方向。

1. 基于加密体制的身份认证硬件设计

在采用加密体制和密钥的用户身份认证过程中,主要有对称加密和非对称加密两种方式。然而无论采用哪种方式都会涉及几方面:安全加密硬件、随机数生成器、密钥存储。在边缘设备中,需要有新颖的、低功耗的硬件设计,以保证这些设备能负担安全算法所需要的资源,从而保证设备的信息安全。

(1) 安全加密硬件。

加密体制在信息安全中被广泛地应用,因为边缘设备的资源限制,无法采取软件方式对信息加密,所以能够降低功耗和提高运行效率的硬件加速方法成了边缘设备的主要发展方向。加密硬件加速方案在服务器和云计算领域被广泛使用,然而由于功耗和尺寸的限制,服务器的加密硬件方案并不适用于边缘环境。目前,适用于边缘环境的安全加密硬件的发展方向是开发轻量级、低功耗的安全加密硬件。以轻量化高级加密标准(Advanced Encryption Standard,AES)引擎为例,马修等人发表的基于 22nm 工艺的高级加密标准引擎方案仅需要 1947 个门电路。结果显示,最差多项式选择仅比最佳多项式选择多 30% 的资源开销。

(2) 随机数生成器。

对于密码加密系统而言,随机数生成是阻止重复攻击和密钥破解的关键部分。目前被广泛应用的随机数发生器主要有两种类型:伪随机数发生器和真随机数发生器。伪随机数发生器是采用了一个数列去模仿一个随机数发生器。而真随机数发生器是从物理噪声中获取熵值从而取代初始数列,可以避免随机数的周期性重复。尽管很多的伪随机数发生器在不知道初值的情况下与真随机数发生器很难区分,但是由于其有限的随机性和可被接触的物理实体,伪随机数发生器仍旧在物联网设备的应用中被人们顾忌。反之,真随机数发生器主要存在高功耗、高价格问题和潜在被外部因素干扰与攻击的风险。

真随机数发生器的主要发展方向是对亚稳态电路和晶体振荡器中的电阻噪声进行数字实现。基于亚稳态电路的真随机数发生器能实现高速度和高效率,这得益于亚稳态和稳态之间的快速转换。但是这种转换也容易受到设备差异和环境变化的影响,从而导致在没有矫正或复杂的后处理的情况下,随机数发生器生成的数字会发生一定量的偏移。

相应地,基于晶体振荡器的真随机数字发生器可以在牺牲速度的条件下实现更高的熵值和更简单的设计。然而,基于晶体振荡器的真随机数发生器也被发现容易受到注入攻击。在被攻击时,真随机数发生器中的晶体振荡器被外部晶体振荡器锁定,从而减弱抖动。目前,基于晶体振荡器的真随机数字发生器的发展方向是提高速度和效率,同时提供高熵值和轻量的质量检查。

（3）密钥存储。

在用户认证和加密过程中,都不可避免地需要把密钥存储在实体芯片中。下面主要介绍两种密钥存储媒介技术:非易失存储器和采用弱物理不可克隆技术的密钥生成器。

非易失存储器有掉电数据不丢失的特点,因此,密钥一般存储在芯片或者非易失存储器中,包括只读存储器和非易失随机存储器。然而,一次大范围的入侵攻击可以读取存储在存储器中的数据,存在密钥泄露的风险。针对该风险,半导体公司研发出了特别的存储器结构,例如台积电公司的反熔丝技术。该技术仅用两个FinFET（鳍式场效应晶体管）实现一个存储单元,因此每一个单元都仅占用$0.028\mu m^2$的面积。另外,每一个数据位都成对存储在两个单元中,在读取数据时不会泄漏密钥信息,从而能有效地防止边信道攻击。

除了非易失存储器,还有另外一种截然不同的密钥存储技术,它利用制造过程中的随机工艺偏差生成密钥,这种技术称为弱物理不可克隆技术。这种技术采用比较一个差分对的物理特性来产生反馈,比如电压、电流和时延等。由于该类数据不存在于非易失存储器（例如 EEPROM 或 FLASH）中,具有下电即丢、无法读出的特性,大大提高了芯片的安全性,因此认为这项技术比传统的密钥存储技术更安全。

2. 物理不可克隆的硬件设计

采用密码学的方法是信息安全中常用的方法,例如加密技术、数字认证等。基于这两种方法设计的器件都需要特有的密钥才能使用,因此保护密钥的安全成了研究的重点。由于传统方法中的密钥一般存储在非易失存储器中,在存储时攻击者很容易通过攻击窃取密钥,从而使芯片的安全性大大降低。目前,保护密钥的有效方式是采用安全系数较高的密码芯片,针对智能卡进行能量分析攻击,有效地提取了其中的信息,使密码设备的安全性遭受到很大的挑战。

之后,针对密码芯片的攻击技术不断被研究者提出,主要分为非侵入式攻击和侵入式攻击两种。非侵入式攻击测试芯片工作时的旁路信息,这些旁路信息与密码算法中间值有一定的相关性,利用这种相关性获取密码设备的内部信息,比较常见的有功耗分析技术、电磁分析技术、时间分析技术等。而侵入式攻击通过接触元器件内部,反向分析芯片的电路设计,从而获取密码信息,这种方式通常会破坏芯片且不可逆。

物理不可克隆函数（PUF）就是在这种形势下被提出来的,芯片在制造过程中一定存在工艺偏差,PUF 正是利用了这种偏差带来的随机性差异制成的。PUF 一般是以激励响应对(CRPs)的方式存在,对 PUF 施加一个激励,由内部制造工艺偏差得到一个不可预测的响应,这种激励与响应的形成类似于一种函数关系,因此称为物理不可克隆函数。PUF 的响应只在产品上电或需要时才会提供,相对于传统密钥的存储方式,其存在时间很短,并且 PUF 对修改敏感,一旦进行篡改攻击,将会显著改变 PUF 的响应。这些特性使 PUF 避免了数字密钥的一些缺点,在身份识别和验证、密码存储和交换、数字版权管理等领域得到关注,成为信息安全领域的一个研究热点。

3. 数据安全硬件设计

数据安全的需求目前只能通过密码体制实现。安全加密硬件、随机数发生器和密钥存储等硬件技术都可以应用到数据安全领域中。除此之外,边缘设备往往可以通过 ASIC(专用集成电路)加速硬件获得最优的功耗、性能和尺寸。很多防护边信道攻击电路也可以轻易地集成到 ASIC 芯片中。

在边缘计算设备中,由于存在大量各种不同的通信协议,所以 ASIC 芯片设计需要有灵活的加密算法和协议,这是一个与固定算法优化的 ASIC 不同的优化方向。最近的一些著作提出了两种方式来加速加密算法中计算量最大的部分,它们是内存计算和带有 SIMD(单指令多数据)指令集的灵活位宽 Galois Field(伽罗华域)算法逻辑单元。这两种 ASIC 硬件比软件方式提高了 5~20 倍的性能。

第6节 边缘计算安全技术应用方案

1. 雾计算中边缘数据中心的安全认证

此身份验证由云发起,然后所有的 EDC 通过云凭证相互进行身份验证。具体认证过程如下。

基于雾计算体系结构,所有的数据都存储在云端,并在云端进行处理,其中 EDC 作为中间数据中心,以降低用户请求的时延。云总是部署在安全环境中,因此用云来启动身份验证过程。

在 EDC 部署期间,云启动为各个 EDC 分配与密钥(K_i)和共享密钥(K_c)相关联的初始 ID(E_i)。EDC 使用可信模块(例如可信平台模块、TPM)存储来自云的秘密信息并重新生成密钥。EDC 初始化之后,每个单独的 EDC 开始对该区域中的 EDC 进行身份验证。这有助于避免恶意 EDC 参与负载平衡。

(1)安全认证过程。

假定 EDC-I 是 EDC 验证过程的开始,它将自己的 ID 与关联密钥相结合,并使用云发起的共享密钥($E_{Kc}(E_i \parallel K_i)$)进行加密。EDC-I 通过发送到该区域中的所有 EDC 来广播生成的请求包。当其他 EDC 获得身份验证请求包时,它们使用云共享密钥($D_{Kc}(E_i \parallel K_i)$)对其进行解密。由于云共享密钥对于所有 EDC 都是相同的,因此它们可以使用相同的密钥来执行加密和解密过程。共享密钥(K_c)由云向各个 EDC 发起,并且所有 EDC 都用这个共享密钥建立互信。一旦目标 EDC (EDC-J)获得源 ID 及其相关密钥,它就与云一起检查以确认源 EDC 的真实性。当云确认了所有内容后,它将保存 EDC-I 详细信息的副本,并将其作为经过身份验证的 EDC。然后,EDC-J 将自己的 ID 与关联密钥连接起来,并使用源关联密钥 ($E_{Kc}(E_i \parallel K_j)$)对其进行加密。EDC-I 接收到加密的包后,它将使用自己的密钥对其进行解密,然后将其发送到云以验证 EDC-J。加密包的格式为($E_{Kc}(E_i \parallel E_{Ki}$ $(E_j))$),其中 E_j 是用源 EDC-I 相关密钥加密的。这与它自己的 ID 相结合,以使用云共享密钥生成加密包。

在云数据中心接收到加密包后,它将使用共享密钥对其进行解密,然后检索 $E_j(E_{j\_}K_j)$ 的相关密钥以验证 EDC-J。一旦被验证,云将 E_j 和相关的密钥连接起来,并用 EDC-I 的关联密钥对其加密,然后将其发送回 EDC-I。在收到加密包之后,EDC-I 对其进行解密以得到密钥(K),并将其与从 EDC-J 接收的相关密钥进行比较。如果发现匹配($K_j = K'_j$),EDC-I 将 EDC-I 和 EDC-J 的 ID 组合并用目的地关联密钥(K_j)对其进行加密。EDC-J 接收到这个组合数据包后,就会确认 EDC-I 和 EDC-J 已相互认证。

(2) 安全评测。

① 定义(认证攻击)。

入侵者 Ma 真实攻击,并且能够监视、拦截和将自身伪装成经过身份验证的 EDC,以启动负载平衡过程。

② 声明。

攻击者 Ma 无法读取 EDC 的秘密凭证,以将自己伪装成经过身份验证的 EDC 并参与负载平衡。

③ 证明。

根据以上对 TPM 模块(EDC 的安全模块)的真实性和计算强度的攻击定义,我们认为攻击者 Ma 不能获得由云发起的 E_i、K_i 和 K_c 的秘密信息。执行身份验证过程的所有安全信息都是在 EDC 部署期间由云发起的。当 EDC 开始相互认证时,它们使用云共享密钥(K_c)来加密初始认证分组($E_{Kc}(EDC_i \parallel K_i)$),然后是 EDC 的各个关联密钥($K_{i/j}$)。在初始身份验证期间,是基于 AES 的对称加密。因此,在此期间交易不能中断。要彻底监视网络并获得身份验证凭证几乎是不可能的。在认证过程中,各个 EDC 使用其安全模块执行加密、解密或保存密钥操作。

几乎不可能使用 TPM 属性从安全模块获得进程或密钥。因此可以得出结论：在 EDC 负载平衡期间，攻击者 Ma 不能攻击认证。

④ 安全验证。

利用 Scyther 仿真环境，对所提出的安全认证方案进行了正式验证。Scyther 是一个分析安全协议的正式工具，其结果窗口显示了一个协议的总结和验证结果。在结果界面中，人们可以看到一个协议是否正确，以及可能的验证流程结果。最主要的是，如果协议是有漏洞的，那么在协议验证结果中至少会存在一个攻击。

实验在 Scyther 环境中运行了 100 个实例。在整个实验过程中，没有出现任何的认证攻击。这表明所提出的安全解决方案是安全的，不会受到身份验证攻击。

2. 雾计算系统在无人机安全领域的应用

无人机在机载雾计算系统中作为雾节点时的飞行安全方案，是一种基于单目摄像机和 IMU 惯性测量装置的无人机 GPS 欺骗检测方法。

采用边缘或雾部署的无人机由于通信链路的开放性，容易受到窃听和篡改等恶意攻击。被损坏和控制的无人机可能造成重大损失。

边缘或雾环境中的无人机使用无人机与卫星、无人机与地面站以及无人机与无人机之间的异步通信链路。这些链路通过承载任务负载实现不同类型的信息数据的实时共享。无人机和卫星通信使用全球导航卫星系统（GNSS）信号和气象信息。无人机与地面站之间的通信链路用于传输控制指令和视频图像数据。无人机与无人机的通信是为了实现两台无人机之间的数据传输。对于短距离飞行，无人机只需直接与地面站建立通信即可。对于长距离飞行，无人机需要使用中继机（例如，另一个作为中继器的无人机）来实现无人机和地面站的间接连接。典型的无人机通信链路如图 7-5 所示。

（1）GNSS 欺骗检测方法。

大多数无人机通常装备有 IMU 惯性测量装置和摄像机。然而，目前并没有利用视觉传感器（例如摄像机）进行 GPS 欺骗检测。而利用 IMU 进行 GPS 欺骗检测是最简单、成本最低且最有效的方法。IMU 用于测量速度时存在累积误差问题，可以引入视觉传感器，并将其与 IMU 结合进行信息融合，以解决 GPS 欺骗问题。这种方法有几个优点：首先，它可以有效地利用无人机自身的传感器，并且不需要额外的辅助设备；其次，信息融合算法负担轻，可以在无人机上实现，实时检测 GPS 欺骗；最后，通过获取无人机的实时速度，该方法能够抵抗复杂的 GPS 欺骗攻击。

图 7-6 所示为 GNSS 欺骗检测方法的流程图。从 IMU 可以得到无人机的瞬时加速度。无人机的速度和位置可以通过对时间加速度分别进行一次积分运算、

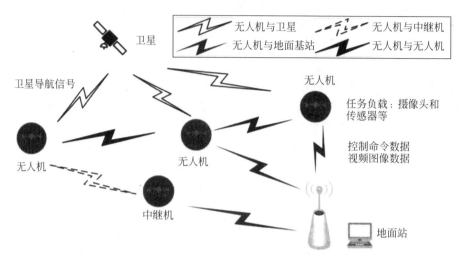

图 7-5　典型的无人机通信链路

两次积分运算来获得。误差在积分过程中累积,累积误差随时间逐渐增加。除了使用 IMU,还可以使用 Lucas-Kanade(LK)方法从无人机上的视觉传感器产生的视频流估计无人机的速度。这是一种基于三个假设的估计方法:亮度恒定、时间持久性和空间相干性。然而,当在 LK 方法中使用大窗口来捕捉大运动时,常常会违反相干运动假设。为了解决这个问题,可以使用金字塔 LK 算法。用 LK 方法求得的无人机速度是瞬时的,没有任何累积误差。然而,在某些情况下(例如无人机姿态角的突变),没有从视觉传感器产生的视频流中提取足够的特征点,或者从视频流的一些帧中获取的地面信息不是统一的平面。因此,LK 方法测得的速度存在一定的误差。在这种情况下,可以使用 IMU 获得无人机的速度,进一步可以使用信息融合来获得尽可能精确的估计。当 LK 方法测得的速度稳定时,将其值作为无人机的实际速度,然后更新 IMU 的速度。

图 7-6　GNSS 欺骗检测方法的流程图

简单起见,假设相机直接安装在无人机下面,并且相机运动和无人机运动是一致的。无人机在 NED 坐标系中的速度向量 V' 由机身坐标转换而来。IMU 的速度矢量是通过对机身坐标积分运算获得的。然后通过坐标变换得到 NED 坐标系中的速度矢量 V''。利用卡尔曼滤波器对 V'、V'' 进行信息融合,从而获得无人机的速度矢量 V。此外,直接通过 GNSS 获取的飞行器的位置和速度信息基于世界大地坐标系统。NED 坐标系中的 GNSS 获取的速度矢量 V_g 由 WGS-84 到 NED 坐标系的转换产生。最后,将 V 和 V_g 进行比较,如果偏差小于阈值,则表明无人机没有被欺骗,否则无人机被 GPS 欺骗攻击。

通过两种技术(即 LK 方法和 GPS 传感器)测量的 NED 坐标系中的位移之间的差异可用于判断无人机是否被欺骗。为了减少计算量,提高机载设备的工作效率,对 x 方向设置了两个累积变量,当无人机起飞时,这些变量被初始化为零。累积变量分别表示为 S_{gx} 和 S_{kx},分别对应于 GPS 传感器和 LK 方法。可以针对每个时间间隔 d_t(例如每秒钟或每分钟)计算 S_{gx} 和 S_{kx}。此外,对于每个时间间隔,可以确定 X_g 和 X_k 之间的差异是否超过了用于 GPS 欺骗检测的阈值 X_{th}。否则,无人机没有被欺骗。通过相同的技术,在 y 方向维持两个类似的累积变量。如果 X_g 和 X_k 之间的差异超过 x 或 y 方向的阈值 X_{th},则可以确定无人机被欺骗。注意,无人机 z 方向的位移是通过另一个传感器设备(例如气压计)而不是 GPS 传感器来感测的。

其中,d_t 和 X_{th} 应该根据应用环境来设置,例如安全飞行距离差异(在某些情况下为 1m)。

(2) 测试评估。

实验环境使用 DJI Phantom 4 作为无人机平台,照相机的焦距为 20mm,视频分辨率和帧速率分别为 1280×720 和 30f/s。为了保证数据的完整性,采用遥控器控制无人机的飞行轨迹,飞行轨迹近似矩形。发射的 GPS 信号轨迹的起点与无人机飞行路径的起点相同。模拟的 GPS 信号以 5m/s 的速度移动,轨迹为封闭矩形。由 DJI 提供的移动 SDK 获取飞机的偏航角、俯仰角、滚转角、IMU 数据和高度。

在 Ubuntu Linux 14.04 上用 OpenCV 2.4.10 实现了 LK 方法来处理视频流,因为它提供了许多高效的应用程序编程接口。利用卡尔曼滤波器对单目摄像机和 IMU 进行信息融合。

3. 边缘计算中的区块链安全技术在车辆自组织架构中的应用

车载自组织网络(VANET)的发展给人类带来了很大的便利。然而,车载自组织网络的主要问题是数据的安全问题,包括数据的安全传输,在数据中心里的数据的安全存储、访问控制和隐私保护。在传统的车辆自组织架构中,这些安全问题还需依赖可信赖的中心实体。然而,中心实体可能导致单点失败问题,而且目前的技术也无法保障中心实体中数据的安全。

区块链是分布式数据存储、点对点传输、共识机制、加密算法等计算机技术的新型应用模式,是一种全新的分布式基础架构。人们可以利用区块链式数据结构来验证与存储数据,利用分布式节点共识算法生成和更新数据,利用密码学的方式保证数据传输和访问的安全,利用由自动化脚本代码组成的智能合约来编程和操作数据。

区块链技术是一系列已有技术的组合体,包括分布式网络、密码技术(数字签名、安全摘要算法)、Merkle 树、工作量证明、拜占庭容错协议等。区块链的分布式技术和先进的密码学与散列函数保证了存储在链路里的数据的防篡改性和可追溯性,并且这项技术还采用共识机制保障数据的完整性。因此,区块链技术很适合解决车载自组织网络中的去中心化问题,但其共识机制的处理需要大量的计算力,这在资源有限的车辆上很难实现。

由此需要边缘计算网络提供数据安全服务,帮助移动设备处理并将数据传输到数据中心或云端。因此,在车载自组织网络中,边缘计算可被应用于实现区块链的共识机制,从而保证数据的防篡改性和可追溯性。

在这个应用中,安全网络主要分为感知层、边缘计算层和服务层,如图 7-7 所示。

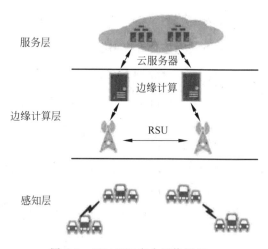

图 7-7　VANET 安全网络层级

(1)感知层。

因为主要的安全目标是车载自组织网络中的数据,所以在整个安全层级的划分中,最前端和边缘的设备是车辆上的感知设备和计算单元。由于车辆符合典型的边缘设备限制,只有有限的计算资源和空间,而且其具有高移动性,因此在传统的车载自组织网络中无法进行大量数据的加密和处理。在本案例的安全网络中，采用了区块链的安全机制。车辆主要实现的安全功能为钱包(存储地址和密钥)和网络路由(验证和传播区块信息，发现并保持节点之间的链接)。

(2) 边缘计算层。

边缘计算层处于感知层和服务层中间，承载感知层和服务层之间的加密、认证、数据交换和数据存储，实现 VANET 基于区块链的分布式安全网络架构。基于区块链概念，边缘计算层需要完成区块链的所有功能，包括钱包(存储地址和密钥)、挖矿、完整区块链(存储所有区块链数据)和网络路由(验证和传播区块信息，发现并保持节点之间的链接)。其中又分为路边单元(RSU)和边缘计算单元。

路边单元互相之间由线缆连接，形成稳定的区块网络，以确保唯一的账单。所有的区块链功能都可由路边单元完成。即使在行进过程中，每一辆车都可以直接或通过其他车辆间接地连接到路边单元。

边缘计算网络是协助并卸载路边单元处理区块链计算业务的网络。由于车辆自组织网络自身有大量的信息交易，完全依靠路边单元完成共识机制处理会影响网络性能并提高时延。因此，边缘计算网络可以有效地帮助路边单元处理计算集中的业务，并把结果返回路边单元。除此之外，边缘计算网络还可以负责处理一些比较占用计算资源的业务，比如图像和视频处理。

(3) 服务层。

服务层的主体是云端或者数据中心，引入服务层的主要目的是负责数据存储。车载自组织网络会产生大量的数据，由于边缘层存储空间比较受限，无法把所有数据都存储在其中，因此需要云端服务器作为数据存储的扩展空间。在这个安全架构中，为了避免额外的资源开销，数据会被分为两种类型，其中需要防篡改和可追溯的数据可以经由区块链处理，如事故数据、违章数据等。其他不需要防篡改和可追溯的数据则可以选择存储到云端或者边缘计算单元中。此外，服务层中的数据中心节点也避免违反车载自组织网络的协议。

在这个应用中，通过引入边缘计算层，采用区块链技术对车辆自组织架构的数据安全进行了优化和重定义，结合边缘计算的资源和区块链数据防篡改和可追溯的特点，实现数据分布式加密。

第 **8** 章

边缘计算的应用实践

信息技术的应用是检验新技术是否有价值的最直接、最有效的方式。同样,也适用于边缘计算模型,边缘计算是否有价值取决于基于边缘计算的关键应用,只有通过边缘计算的应用实例化,才能发现边缘计算在发展中所遇到的各种挑战和机遇。因此,下面将给出基于边缘计算模型的几种实际应用案例。通过这些案例,可以展望边缘计算在万物互联背景下的研究机遇和应用前景。

第 1 节 智 慧 城 市

智慧城市通过使用物联网、通信与信息管理等技术,更加高效智能地利用了资源,提高了城市在社会和经济方面的服务质量,并与其所有的利益相关者(个人、公司和公共行政部门)建立了更加紧密的联系,增加了政府和个体之间的信息交流与互动。近年来,RFID、传感器、智能手机、可穿戴传感器和云计算等技术的发展,加快了智慧城市发展的步伐。

未来智慧城市的基础设施建设将进一步呈现物联网化,无数传感器设备将安装在城市中的每个角落,涉及城市安全、智能交通、智能能源、智慧农业、智能环保、智能物流、智能健康等多个领域。实现智慧城市的目标无法避免涉及大数据的 3V 特点,即数据量(Volume)、时效性(Velocity)、多样性(Variety)。智慧城市环境下的信息源不仅有静态的数据,还应包括城市车辆和人员的流动、能源消耗、医疗保健和物联网等实时数据。智慧城市的建设必须利用不同领域的大数据,进行分析计算、预测、检测异常情况,以便政府更早或更好地进行决策,为公民提供更好的交通出行体验、更好的城市生活环境等。

然而,基于分布式和信息基础设施建设的智慧城市包含数千万个信息源,并且在 2020 年有超过 500 亿台联网设备,这些设备将产生大量数据并传输到云计算中心进行进一步处理。云计算中心的大规模计算和存储可以满足服务质量的需求,但是,云计算模型下无法解决终端数据传输时延较大及设备隐私泄露的问题,而参与式应用可以为数据生产者和数据消费者提供隐私保护。

另外,在处理智慧城市方面的数据安全问题时,云计算中特有的远程数据中心的存储和物理访问等安全问题仍然存在。智慧城市的解决方案需要一种全面的方法来处理智慧城市数据安全和用户的隐私保护问题。除了隐私保护方面的问题,云计算模型也存在传输带宽和存储方面的问题。然而,边缘计算模型中的边缘设备计算能力、存储资源、能量有限,无法胜任计算密集型任务。在智慧城市的背景下,单一的计算模式无法解决城市智慧化进程中所遇到的问题,因此,需要多种计算模式的融合。

根据边缘计算模型中将计算最大程度地迁移到数据源附近的原则,用户需求在计算模型上层产生并且在边缘处理。边缘计算可作为智慧城市中一种较理想的平台,主要取决于以下三方面。

1. 大数据量

一个百万人口的城市每天将产生180PB的数据,主要来自公共安全、健康数据、公共设施以及交通运输等领域。云计算模型无法满足对这些海量数据的处理,因为云计算模型会引起较重的传输带宽负载和较长的传输时延。在网络边缘设备上进行数据处理的边缘计算模型将是一种高效的解决方案。

2. 低时延

万物互联环境下,大多数应用具有低时延的需求(比如健康急救和公共安全),边缘计算模型可以降低数据传输时间,简化网络结构。此外,与云计算模型相比,边缘计算模型对决策和诊断信息的收集将更加高效。

3. 位置识别

如运输和设施管理等基于地理位置的应用,对于位置识别技术,边缘计算模型优于云计算模型。在边缘计算模型中,基于地理位置的数据可进行实时处理和收集,而不必传送到云计算中心。

综上所述,智慧城市的建设依靠单一的集中处理方式的云计算模型无法应对所有问题,边缘计算模型可作为云计算中心在网络边缘的延伸,能够高效地处理城市中任意时刻产生的海量数据,更安全地处理用户和相关机构的隐私数据,帮助政府更快、更及时地做出决策,提高城市公民的生活质量。

第2节 智能制造

智能制造(Intelligent Manufacturing,IM)是一种由智能机器和人类专家共同组成的人机一体化智能系统,它在制造过程中能进行智能活动,例如分析、推理、判断、构思和决策等。通过人与智能机器的合作共事,去扩大、延伸和部分取代人类专家在制造过程中的脑力劳动。它把制造自动化的概念进行了更新,并扩展到柔性化、智能化和高度集成化。智能制造系统的本质特征是个体制造单元的自主性与系统整体的自组织能力,其基本格局是分布式多智能体系统。

智能制造技术是工业 4.0 时代最重要的特征之一,而智能制造是世界制造业未来发展的重要方向,我们希望依靠技术创新,实现由"制造大国"到"制造强国"的历史性跨越。为了实现制造强国的战略目标,加快制造业转型升级,全面提高发展质量和核心竞争力,要瞄准新一代信息技术、高端装备、新材料、生物医药等战略重点,引导社会各类资源聚集,推动优势和战略产业快速发展。智能制造产业已成为各国占领制造技术制高点的重点研发与产业化领域。美欧日等发达国家将智能制造列为支撑未来可持续发展的重要智能技术。

工业 4.0 是基于现代信息技术和互联网技术兴起的产业,其核心就是通过信息物理系统(Cyber Physical System,CPS)实现人、设备与产品的实时连通、相互感知和信息交互,从而构建一种高度灵活的智能化和数字化的智能制造模式。可见,智能制造的实质就是 CPS。CPS 通过人机交互接口实现和物理进程的交互,使物理系统具有计算、通信、精确控制、远程协作和自治功能,以信息物理系统为核心的工业 4.0 下的智能制造使传统制造业向智能化的制造方向发展。

要想推动智能制造的发展,首先要构建完善的信息物理系统,这是智能制造的基础支撑技术。而根据边缘计算的定义,工业领域 CPS 也属于边缘计算的范畴,物理系统通常位于工业特定系统的边缘,而在边缘同时具有计算、通信以及本地感知数据的存储能力正是边缘计算的基本特征。

CPS 实质上是通过对物理系统的智能感知、数据分析、策略优化和多方面协同等手段,使计算、存储、通信和控制实现有机融合和深度协同,实现物理系统、网络系统、类人感知等层面的相互作用。现有物理信息系统主要应用在自动驾驶、智能医疗、智能电网、智能建筑等领域。CPS 是实现智能制造的重要一环,但其应用仍处于初级阶段,目前的研究集中在抽象建模、概念特征及使用规划等方面。基于 CPS 的制造系统五层结构,包括智能连接层、数据信息转换层、信息层、认知层和配置层。

CPS 模式/框架与云计算、物联网、大数据等的融合也是未来智能制造的研究方向,例如,基于物联网的实时数据采集、大数据分析的 CPS 参考架构;基于大数据的 CPS 模型;基于云计算的工业 CPS 体系架构。工业 4.0 理念下的智能制造是面向产品全生命周期的、泛在感知条件下的制造,通过信息系统和物理系统的深度融合,将传感器、感应器等嵌入制造物理环境中,通过状态感知、实时分析、人机交互/自主决策、精准执行和反馈,实现产品设计、生产和企业管理及服务的智能化。

基于信息物理系统的智能制造产业 DI 应该包括智能物理的机器、实时的数据存储系统和具有感知能力的制造设施,有效实现智能制造系统内各个部分的信息交互和协同能力。从制造原材料进入制造流程,完成制造、设备销售以及后续的维护等多个环节,实现数字化和端到端的信息实时交互、集成和协同,以及智能过程中数据的实时现场处理,将处理结果上传到云端,云端进行补偿运算,再下载到控制器上运行,降低通信开销,提高加工效率和良品率。

第 3 节　智　能　交　通

智能交通是一种将先进通信技术与交通技术相结合的物联网重要应用。智能交通用于解决城市居民面临的出行问题,如恶劣的路面条件、贫乏的停车场地、窘迫的公共交通能力等。智能交通系统实时分析由监控摄像头和传感器收集的数据,并自动做出决策。这些传感器模块用于判断目标物体的距离和速度等。随着交通数据量的增加,用户对交通信息的实时性需求也在提高,若传输这些数据到云计算中心,将造成带宽浪费和时延,也无法优化基于位置识别的服务。基于边缘计算的智能交通技术为上述诸多问题提供了一种较好的解决方案。

1. 边缘计算能够提高智能交通的安全性

安全性是智能交通行业最重要的问题,尤其在当前最热门的无人驾驶系统或自动驾驶系统中,安全性是首要问题,而边缘计算可以应用在自动驾驶汽车上,对车载传感器所采集的数据进行本地化处理而不需要上传到云端。虽然云端具有较强的计算能力,但是如果将实时采集的数据发送到云端处理,将结果反馈到车载控制系统来实时监测车辆的状态,那么在突发事故中,将存在致命的延退,这也是自动驾驶汽车还未被广泛采用的原因。然而,边缘计算可以保证采集的数据利用本地车载端的计算能力进行数据处理,同时利用云端的计算能力建立车载端数据模型,提高事件分析的准确性,有效利用现有智能交通的云端资源,同时提高智能交通系统的安全性。

2. 边缘计算扩展了智能交通的适用性

在边缘服务器上运行智能交通系统来实时分析数据,根据路面的实况,利用智能交通信号灯减轻路面车辆拥堵状况或改变行车路线。同样,基于边缘计算的智能停车系统可收集用户周围的环境信息,在网络边缘分析用户附近的可用资源,并给出指示。此外,现有城市轨道交通系统中屏幕门的关闭是由列车司机人眼识别的,整列车所有车门都要等待最后一个上车的人上车才能关闭,现有的整个屏蔽门系统只受列车中央控制系统管理。如果在每个屏蔽门上配置边缘计算单元,使其能够独立、安全地控制屏蔽门开合,将使城市轨道交通自动驾驶成为可能。

美国威斯康星大学麦迪逊分校的研究团队提出一种构建在公共交通车辆上的边缘计算系统,边缘设备采用被动方式采集用户信息,结合车辆位置信息识别车内乘客和车外行人,获取乘客运动信息以及车外的行人流量信息,并依次判断出外部变化因素,如温度、天气等对人口移动的影响,从而为公共交通车辆运营商以及城市规划提供一种有用的可参考信息。

美国罗格斯大学研究团队收集了车载前端摄像头所采集的数据,利用实时深度神经网络技术,建立从车辆检测、车辆跟踪到路况车辆估计这一整套基于边缘计算的车载视频数据处理机制。这种服务利用从大量车辆中收集的信息创建了一种实时的地图,以表征某路段上车辆的实时位置。传统的路面道路监控摄像机不能覆盖所有道路,相比而言,该系统可以对道路的交通状态给予更准确的评估,可以加强交通流状况的优化,实现城市路线新规划。

3. 边缘计算能够提高智能交通的用户体验

华为公司为巴士在线提供整体智慧公交车联网解决方案,在每一台公交车上部署车载智能移动网关,能够缓存一些数据信息,使汽车在网络信号环境不好的地方也能保持平稳的运营。该系统搭载了统一的运营平台,对分布在不同地点的多媒体终端进行统一调度,实现立体化、差异化的精准营销,为乘客提供更好的乘车体验。同样,地铁也可以搭载类似设备,在网络环境较好的车站缓存信息,在网络信号不太稳定的两站之间的行驶区域使乘客有更好的用户体验。

基于边缘计算的智能交通平台也受到学术界和产业界的广泛关注。基于边缘计算的车联网平台建立在基于计算、存储、蜂窝移动 4G 边缘和高速校园网互联的GEN1 边缘云计算网络架构之上。该架构可以在美国五十个校园内使用,所有的连接通过一种全国性的二层网络实现互联。在韦恩州立大学的校园里,警察巡逻车上运行着车辆检测和控制应用,该平台可以使终端用户和研究人员收集到丰富的数据,用于公共安全监控、车辆内部状态遥感和建模,仿真下一代车辆互联技术。该种基于边缘计算的车联网架构表明,本地边缘云计算基础设施的建设将有利于提高车联网应用的带宽和降低延退。

无人驾驶汽车(如特斯拉、谷歌汽车)是车辆智能化的一种表现形式,其主要依靠车内以计算机系统为主的智能驾车仪,通过车载传感系统感知路面环境,自动规划行车路线并控制车辆到达预定目标来实现无人驾驶。它能针对实时交通情况做出合理决策,并辅助甚至替代驾驶员驾驶车辆,从而降低驾驶员的劳动强度,使车辆行驶过程变得更安全。传感器数据上传到云计算中心会增加实时处理的难度，因此，在智能车辆终端，即数据源(车载单元)执行边缘计算，可加速数据处理，增强路面环境决策的实时性。

无人驾驶车辆或无人机(如大疆)本身的电源有限，如果无人驾驶设备将源端设备上的数据传输到云中心，会消耗较大的电能，同时实时性也较弱。例如，空中或地面监测的应用中，无人机对森林火灾、倒塌的建筑物以及田地等监测所产生的大量数据以高清视频的形式存在，很难实现无线网络的实时传输以及接收中心的命令。在灾难环境混乱的情况下，这些问题就会更加凸显，边缘计算能够较好地解决这些问题，在边缘端处理无人机感知的数据，降低数据传输的电能损耗，保证实时性。此外，对于多飞行器之间的协调控制，边缘计算模型除了能够实现飞行器本身所采集的数据的实时处理，还能与其他飞行器实时共享这些信息，这样降低了原有云计算模型下经数据中心中转的时间，并且减少了因数据传输所消耗的电能。

4. 边缘计算优化交通信号控制架构系统

当前智能交通已经进入快速发展期，城市智能交通系统包罗万象，各子系统间协同配合，形成了一个复杂巨系统，交通信号控制系统作为其基础和核心，将在新一代智能交通系统中发挥重要作用。交通信号控制优化的效果直接影响道路交通的运行状态。影响交通信号控制优化的因素包括检测数据的种类和精度、信号控制系统架构、信号控制优化原理、网络通信等方面。随着自动驾驶车路协同的发展以及新基建的提出，交通信号控制系统作为道路重要的路侧设备，势必要进行变革以匹配当前的发展趋势。

(1) 当前交通信号控制系统存在的问题。

通过对当前主流的交通信号控制系统的研究，发现交通信号控制系统存在以下问题。

① 现有数据采集系统和通信网络很难支撑交通信号控制系统的应用。

虽然我国大多数城市使用智能信号控制系统已有相当长的时间，但与之配套的信号控制网络和数据采集分析系统建设却长期滞后，导致智能信号控制机联网率和自适应智能化控制能力仍处在很低的水平，交通信号控制系统很难发挥最佳效用。

② 系统构架及控制方式很难有效针对一些特定的交通控制需求进行定制开发、升级。

目前我国大多数城市，各路口的信号控制建立时间相差较远，整体系统架构多年一成不变，只是一味地增加各种人机交互的功能以及信号控制等信号机附属功能。基本都是维持现有的信号机＋中心系统两层架构的形式，导致系统优化改进及针对特殊需求的定制化开发很难做到及时响应。

③ 基于国外单纯机动化交通环境研发的算法和控制方式很难完全适应我国日益复杂的城市交通环境。

我国的交通控制系统存在 SCOOT 系统、SCATS 系统等系统并存的情况,国外系统难以应对我国现阶段混合交通比例较高、交通干扰因素多、高峰期各方向饱和交通特征适应性较差等问题。

④ 智能交通信号控制系统存在一城多系统现象。

当前,一些城市的信号控制系统中包含着各个品牌和系统。调查显示,2018年,我国 82 座一、二、三线城市的中心区信号控制系统中,51% 的城市中心区仅使用了一种信号机品牌,46% 的城市中心区安装有 2 个或 3 个品牌的信号机。由于各厂家系统之间通信协议的不兼容性,不同控制系统的信控基本概念、基本方法也存在差异,导致不同厂家的信号机之间不能进行(区域)协调控制,交通流检测系统无法与信号机联动实现实时自适应交通控制,跨平台勤务管理过于繁琐、复杂。

⑤ 缺乏交通信号控制系统的行业标准。

目前我国智能交通信号控制系统缺乏类似美国 NTCIP、ATC、NEMA 的行业标准,各路口的信号控制机分属不同厂家,导致设备类型繁多且相互之间不能兼容,给交通信号控制系统进一步扩充发展带来了一系列问题:技术力量及专业人员配备不够、系统建设后期管理和维护问题、设备兼容性差、设备稳定性差、控制策略不够优化、系统全局管控能力不足等。其中,设备兼容性问题及控制策略优化问题是影响整个交通信号控制系统发展的关键。

(2) 交通信号控制系统架构研究。

边缘计算作为一种新型的计算模式,架起了物联网设备和数据中心之间的桥梁。基于当前交通信号控制系统的问题,本书提出面向当前交通控制优化和未来车路协同的"云-边-端"的交通信号控制系统架构。在这个架构中,端层指代由感知设备、控制设备、信息终端构成的硬件与软件集合,其作用是收集信息或执行单一动作;边层或边缘计算层,指所有直接与端设备相连且具有相当信息处理能力的服务器的集合。边层是架构中的中间层,负责数据接收与存储、智能算法部署与执行、端设备控制、向云层上报数据并接受命令等工作;云层即区域数据中心,负责大数据的存储与分析、用户权限管理、全局态势分析研判、人工智能模型训练等工作。

① 端层。

端层由多样化的感知和控制硬件构成,提供信息感知、信息初加工、信息通信、信号控制、车辆控制等功能。端层的核心能力就是硬件能力的总和。在路侧方面,端设备体现为交通检测、视频监控、车路通信、交通信号、交通信息发布等设备;在车辆方面,体现为车辆感知、状态检测、车辆控制、车载终端等设备。端层设备发挥各自的硬件能力,并通过其所属的边缘服务器完成信息沟通。

② 边层。

边层即边层服务器,起到承上启下和互联互通的核心作用。对下,边缘服务器接收其管辖范围内的所有端设备并汇总与存储信息;对上,与上层云服务器之间完成信息的上传与下载;边服务器之间通过高速网络以极低延迟交换信息。边缘服务器承担着绝大部分智能算法的部署和实施。因此边层肩负着计算主力、通信主力和数据存储主力三大责任,是架构的核心层。

- 边缘服务器的主要功能。

基于传统信号控制机,赋予其数据计算、网络、存储、应用的能力,从而构成边缘服务器。接收由边缘设备传送过来的感知数据和请求,经运算分析后将结果返回边缘设备,对边缘设备进行控制。通过接入所有智能硬件,实现交通信息的全感知。为中央大脑分担计算任务,进行区域局部的交通控制优化及交通拥堵和时间分析计算,将拥堵分析与时间分析的结论上传到中央大脑。

- 中央云脑的主要优势。

与边缘服务器相比,中央云脑更侧重于实现交通态势全息感知、交通问题精准分析、控制策略全局优化、多指标量化闭环管理、均衡路网交通需求、信息高度可视化。云-边-端三个层次相互协作配合,结合下一代物联网技术,更适应未来全新车路协同环境下的智能交通信号控制。

(3)交通信号控制系统发展展望。

面对未来城市交通系统的需求与挑战,比如移动终端的大量使用,车路协同与个性化交通信息服务需求,车联网、自动驾驶技术在未来的推广应用等,预期未来智能信号控制系统的发展方向如下。

① 交通信号控制与交通诱导一体化。

交通信号控制与交通诱导一体化的本质是在"时间"与"空间"两个要素上做同步优化,在宏观层面结合交通诱导信息,主动引导驾驶员进行路径选择,以平衡交通压力。在中微观层面,将车道数量、车道功能、允许流向等空间变量与信号控制的绿信比、相序、相位差等时间变量结合,实现时空一体的更高效率的交通优化控制与组织。

交通控制和交通流诱导系统作为智能交通的两个重要子系统,都是通过改变路网中的交通流来达到其目的:交通控制与交通流诱导两系统具有共同的管理对象——由人、车、路、环境组成的复杂交通流,它们有共同的目标——实现路网交通流的畅通,提高交通运输的安全性、舒适性。

交通控制是从时间上给予交叉口不同进口方向的车辆分配通行权,交通控制方案决定了车辆在交叉口的等待时间,改变了车流在时间上的分布,交通流诱导通过合理分配,改变了车流在空间路网上的分布。它们时空结合,相互反馈,正好顺应了交通流本身所具有的时间、空间上的变化规律。交通控制系统结果的改变势必会影响交通诱导系统的诱导策略及诱导信息的发布,同时,交通诱导系统对交通流的改变必然也会影响交通控制系统的控制方案和配时方案。因此,二者之间的协同运作,能够弥补各自在管理上的片面性,发挥 $1+1>2$ 的交通管理效果。

② 通过车路协同和信号控制耦合提高运行安全水平。

当前,发展车路协同技术及其应用已纳入交通部智能交通系统的发展战略,车—车通信和车联网技术已经成为智能交通的热点研究领域。随着路侧系统、智能车和车联网等交通物联网关键技术的发展,车路协同的交通信号控制将成为今后的发展方向。

信号控制系统作为车路协同平台中一种典型的传感器,可以把信号发送出去。未来想要在城市道路上实现车路协同,重点基于车与交通设施通信,也就是车与交通信号的通信。常见的路口信号机通过红绿灯的控制,在时间上分离车流。而面向车路协同的路口信号机,既是路口所有交通设备采集信息的汇集点,又是可信的交通信息发布决策点,集交通感知、信号控制、网联通信、数据交换于一体,可以将信号配时相位、红绿灯时长、排队长度等信息传递到车内,同时获取车联网云控平台的实时车辆信息,由普通的信号控制终端设备演变成路侧的前端智能化节点,更好地支撑车路协同的相应功能。

实现车路协同的交通控制的关键就是要把边缘计算和云端计算结合起来。边缘计算负责局部数据的处理和实时控制优化;云端计算以全局视野负责分析城市的整体运行情况并下发宏观层面的控制命令。二者有机结合,实现对网络运行状态的精准判断,动态生成更科学的交通控制方案。

③ 交通信号控制与交通拥堵源头分析破解交通拥堵。

拥堵分析旨在利用大数据及综合算法手段,自动检测和应对网络局部的拥堵。尤其对于突发性,拥堵快速的原因诊断和对策实施能够有效抑制拥堵的扩散。对于常发拥堵,拥堵分析也可以为交通管控人员提供足够的决策信息。拥堵分析包括拥堵识别、原因诊断、对策生成和效果评价 4 个主要模块。

• 拥堵识别。

通过量化指标和智能算法,自动检测拥堵发生的时间和空间区域,并计算出拥堵的严重等级。

• 原因诊断。

综合分析所有来源的信息,对于拥堵的形成原因给出结论性的判定,通常的原因包括交通事故、违停、信号方案不合理、恶劣天气等,同时为对策生成提供足够的量化信息。

- 对策生成。

根据拥堵识别和原因分析,结合智能算法生成应对拥堵的对策。对策包括交通控制、交通组织,以及两者的结合。针对交通控制对策生成模块,需要计算出具体的方案和控制参数;对于交通组织,需要给出具体的组织方案。

- 效果评价。

通过大数据持续量化评估拥堵对策实施后的效果,从而构建控制优化闭环。

④ 动态预测与交通控制一体化提高自组织水平。

动态预测根据路网的当前交通流状态以及预测模型,推算未来一段时间内路网或车辆的运行状态,并将预测结果实际应用于交通控制和流量疏导。交通流预测模型多样且机理各不相同,兼有宏观和微观两个层面的应用场景。宏观层面包括网络状态预测、需求预测等,可以应用于路径疏导、交通管控等;微观层面包括交叉口到达模式预测(信号控制)、车辆行驶轨迹预测(车路协同绿波)、车辆碰撞预测(辅助驾驶及危险防控)。动态预测可以让交通管控水平上升一个层次。

第4节　智能家居

家居生活随着万物互联应用的普及,变得越来越智能和便利。起初的智能家居以电器的远程控制为主,随着物联网的发展,智能家居设备涉及的范围不断扩大,对设备联动场景的要求也不断提高。根据《智能家居系统产品分类指导手册》,可将智能家居系统产品分为二十类,包括智能照明控制系统、视频监控、厨卫电视系统等。

为了让智能家居达到自动化且节能,满足和改善居住者生活方式的目标,智能家居应当具有如下特征:实用、可靠、易维护、易扩展和可移植。目前,新的想法和技术正广泛应用到家居环境中。Aware Home 以期减少智能家居的能源消耗,实现完全自动化,将用户从繁重的家务劳动中解放出来。MIT 的一个研究团队利用环境感知传感技术开发了一种生活实验室,致力于打造一个更健康的智能家居。尽管目前已经广泛开展对智能家居及其产品的研究,各式各样的设备层出不穷,但离实现一个真正的智能家居仍有一定差距。

在智能家居环境中,价格低廉、构造小巧、功能强大的智能家居传感器和控制器应部署到房间、管道、地板和墙壁等地方,使家庭的方方面面都能够以一种联网的方式被感知和控制。无线网络的成熟也给智能家居创造了无限可能。尽管无线网络的协议并没有完全统一,但无论是 Wi-Fi、BLE、ZigBee、Z-Wave,还是 NFC 技术,都足够支持家用的数据传输。但是对于智能家居设备,仅通过将其连接到云计算中心的做法,远远不能满足智能家居的需求。出于数据传输负载和数据隐私的考虑,这些敏感数据的处理应在家庭范围内完成。

相比云计算,边缘计算作为智能家居的系统平台优势,主要体现在以下三方面。

1. 低时延

智能家居设备对用户命令的及时反馈很大程度上影响着用户对智能家居的满意度。例如开关灯、查看监控摄像头等操作,都具有低时延的需求。边缘计算避免了有限的网络带宽对数据传输的影响,降低了数据传输时间,使系统能够更高效地收集、分析数据并做出相应的反馈。

2. 隐私保护

智能家居设备获取的数据与用户的隐私息息相关。如果这些涉及用户隐私的数据被不法分子利用,会对用户造成财产或心理上的损害,甚至可能会有生命危险。将数据的传输和使用控制在家庭范围内,将敏感信息从源数据中剥离,是对用户隐私的一种保护措施。

3. 大数据量

一个完备的智能家居每天产生的数据量是惊人的。仅仅是一个监控摄像头,一天就可以产生几十吉字节的数据。如果所有的家庭数据都上传到云端,无疑会对网络带宽和云端存储空间造成巨大的负担。利用边缘计算平台,视频等各种数据在本地就可得到有用信息的筛选和处理,智能家居就能够高效运作。

考虑到以上问题,传统的云计算模型已不能完全适用于智能家居类应用,而边缘计算模型是组建智能家居系统的最优平台。针对智能家居的边缘计算系统(Edge Operating System for Home,EdgeOSH)在家庭内部的边缘网关上运行,智能家居设备可以集成在该操作系统中,便于连接和管理。利用该操作系统,设备产生的数据可以在本地得到处理和脱敏,从而降低数据传输带宽的负载和延迟,并保护用户的隐私。同时由于编程接口的统一化,基于 EdgeOSH 的应用服务程序可向用户提供更好的资源管理和分配。

设备通过自身的编程接口集成到 EdgeOSH 中,多种设备利用不同的通信协议进行通信,如 Wi-Fi、蓝牙、局域网以及蜂窝网络等。从不同来源收集到的数据在数据抽象层进行融合和处理,一是分离出用户的隐私信息,二是规范设备数据以便上层服务调用。数据抽象层之上是服务管理层,该层需满足服务差异性、可扩展性、隔离性及可靠性等需求,以实现系统的自动化。此外,命名规则在每层内因功能不同而有所差异。作为家庭的设备和服务的中心，使用户对智能家居的管理更高效简便。

针对智能家居的开源系统在 DIY 爱好者中越来越受欢迎。表 8-1 从编程语言、数据存储、数据抽象、自动化、文档支持等多个方面比较了六种开源系统。大部分系统都提供前端、API、数据存储、自动化等功能，并支持多种平台。与 EdgeOSH 相比，这些系统均没有提供数据抽象，仅仅存储从设备收集的原始数据。韦恩州立大学施巍松教授团队提出通过 DIY 的方式构建一种基于云视频监控系统的智能家居框架，其主要依靠安装在房子周围的视频监控系统来对房子周围的突发事件进行判断，以此来提高处理突发事件的响应时间，提高智能家居的安全性。此外，仅有 Home Assistant 和 openHAB 有设备抽象的功能，可以通过抽离设备的角色将设备与服务隔离开来，从而使服务无须知道设备的物理地址即可调用设备。类似的开源智能家居系统可作为 EdgeOSH 的蓝本。

表 8-1　六种开源系统比较

开源系统	编程语言	代码行数	数据存储	数据抽象	自动化	文档支持	前端	API	操作系统平台	设备抽象
Home Assistant	Python 3	213,901	SQLite	否	触发条件动作规则，脚本	完善	HTML,iOS	有	Linux,Win,Mac OS X	是
openHAB	Java	904,36	数据持久化服务	否	触发条件动作规则，脚本	完善	HTML,Android,iOS,Win	有	Any device with JVM	是
Domoticz	C++	645,682	SQLite	否	脚本	不完善	HTML	有	Linux,Win,Mac OS X	否
Freedomotic	Java	159,976	数据持久化服务	否	触发条件动作规则，脚本	完善	HTML	有	Any device with JVM	否
HomeGenie	C#	282,724	SQLite	否	脚本	一般	HTML,Android	有	Linux,Win,Mac OS X	否
MiilerHouse	Perl	690,887	无	否	Perl 代码	不完善	无	无	Linux,Win,Mac OS X	否

基于智能家居的边缘计算系统 EdgeOSH 作为连接设备、服务和用户的桥梁，负责三者之间的信息交互。通过对设备的注册、维护、更新，对服务的冲突调解、对用户的个性化定制，EdgeOSH 使智能家居具有计算、通信、自动化的能力。同时，

由于家庭数据的隐私性特征,EdgeOSH 相较于云计算平台,能在一定程度上减少恶意攻击的途径,为智能家居的安全隐私提供可靠的防护措施。

第5节 农业物联网

农业物联网的一般应用是将大量传感器节点构成监控网络,通过传感器采集信息,以帮助农民及时发现问题,并准确地确定发生问题的位置,使农业逐渐从以人力为中心、依赖孤立机械的生产模式转向以信息和软件为中心的生产模式,从而大量使用各种自动化、智能化、远程控制的生产设备。

为切实促进工业化、信息化、城镇化和农业现代化同步发展,充分利用现代信息技术改造传统农业,推动农业发展向集约型、规模化转变,农业部启动了农业物联网区域试验工程,选择有一定工作基础的省市率先开展试点试验工作。这对于探索农业物联网理论研究、系统集成、重点领域、发展模式及推进路径,提高农业物联网理论及应用水平,促进农业生产方式转变、农民增收有重要意义。农业产业兼具地域性、季节性和多样性,由此决定了信息技术改造传统农业的复杂性和艰巨性。在工程实施过程中,通过不断研究物联网技术在不同产品、不同领域的集成及组装模式和技术实现路径,逐步构建农业物联网应用模式,促进农业物联网基础理论研究和产品研发。

从全国范围看我国农业自然资源状况,发现我国的气候、土地、水和生物资源分别具有以下特点。

(1) 光、热条件优越,但干湿状况地区差异较大。

(2) 土地资源的绝对量大,但人均占有量少。

(3) 河川径流总量大,但水土配合不协调。

根据不同地区的具体条件和资源的不同特点,制订符合国民经济全局利益和各种资源宏观经济效益的资源开发利用战略,是合理利用和保护农业自然资源的前提。另外,不同的地区由于人均占有可耕地面积和土地后备资源的不同,应该选择不同的农业集约化程度和集约经营方式。农业物联网覆盖区域较大,农作物种类较多,如果将所有农田感知信息全部汇聚到信息中心处理,会对网络造成较大的流量压力,同时也提高了信息处理中心的软硬件设计复杂度,降低了对事件处理的响应速度。

1. 农业物联网是实现精准农业的有效手段

精准农业是一个农业应用和实践体系,包括信息采集—信息解码—投入优化—田间实践的良性循环,其中信息和数据是精准农业最核心的部分。首先应采集作物相关信息及影响作物生长的外界信息,再通过一系列软件应用技术进行信息的统计分析解读,并以网站或手机 App 的方式呈现给农业相关人员,包括种植者或农技服务人员等,来指导农业田间实践活动,达到精准种植、精准灌溉、精准喷施等目的,以获取最高的产量和最大的经济效益。

美国是世界上最早提出并实践精准农业的国家,也代表着这一领域的最高发展水平。美国有 200 多万个农场,其中 60%～70% 采用了精准农业技术。通过农田地理信息系统提供的地理信息,确定作物的最佳生产模型,依据不同作物的差异,决定是否采用卫星定位,智能机械,智能施肥、灌溉、喷洒农药等措施,最大限度地优化各项农业投入,保护农业生态环境及土地资源。美国精准农业追求的并非高产,而是强调单位面积的投入与产出的最佳比例,强调效益,注重保护生态环境,以减少农业耕种过程中因化学物质滥用而造成的环境污染。

以色列大部分地区干旱少雨,土地贫瘠,提高水资源利用率是以色列解决农业发展的重要举措,因此,节水技术研究一直是以色列农业科学中最重要的课题。滴灌与喷灌是以色列节水灌溉技术的主要形式,发展到今天,已经是第七代技术,被广泛运用于温室、沙漠地带、绿化带等区域。我国早在 20 世纪 90 年代就开始了精准农业的应用研究,先后在北京、上海、新疆、黑龙江等 13 个省市实现了大面积应用。以新疆生产建设兵团为例,从 1999 年提出精准灌溉、施肥、播种、收获及环境动态监控开始,到 2003 年已基本形成比较完善的精准农业技术体系,在棉花生产的大面积应用中获得了极大的经济、社会及生态效益。

物联网在农业领域中有着广泛的应用,从农产品生产的不同阶段来看,无论是种植培育阶段还是收获阶段,都可以用物联网技术来提高其工作效率和精细管理程度。在种植和培育阶段,可以用物联网技术手段采集温湿度信息,进行高效管理,从而积极应对环境变化,保证植物育苗在最佳环境中生长。在农作物生长方面,可以利用物联网实时监测作物生长的环境信息、养分信息和作物病虫害情况。利用相关传感器准确、实时地获取土壤水分、环境温湿度、光照情况,将实时数据监测与专家经验相结合,配合控制系统调理作物生长环境,改善作物营养状态,及时发现作物的病虫害爆发时期,维持作物最佳生长条件。在技术成熟与成本下降,国内农业面临人力不足、农田灌溉浪费与缺水并存、农业科技投入不足且农业耕作粗放的背景下,精准农业成为国内农业转型升级的风向,而农业物联网技术是实现精准农业的有效手段。

2. 传统农业物联网架构

早期的农业物联网主要由无线感知节点、无线汇聚节点、通信服务器、基于Web 的监控中心、农业专家系统组成。众多无线自组织感知节点可实时采集空气温湿度、CO_2 浓度、光照强度、土壤温湿度等作物生长环境信息,并经由无线汇聚节点通过 GPRS 或 3G 上传至互联网实时数据库,由专家系统分析相关数据,将生产指导建议以短消息的方式发送给农户。传统农业物联网架构如图 8-1 所示。

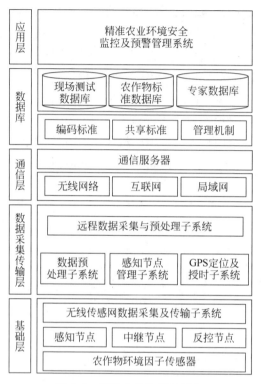

图 8-1 传统农业物联网架构

3. 基于边缘计算的农业物联网

(1) 边缘计算。

近几年,随着物联网技术的规模化应用和信息技术的发展,智能边缘计算出现了,它提出了一种新模式,即让物联网的每个边缘设备都具备数据采集、分析计算、通信及智能处理能力。边缘传感器不再需要持续不断地将各种传感数据传递给数据中心,而是可以自己判断各种感知数据,只在读数出现重大变化时才联系数据中心,决定采取何种操作。

新的智能边缘计算可利用云对边缘设备进行大规模的安全配置、部署和管理,并根据设备类型和场景分配智能的能力,让智能在云和边缘之间流动。智能化已开始为各行业创造经济和社会价值,农业智能化以农田数据的智能分析为基础,可实现智能决策和智能操作,让农业专家系统走向田间地头,实时指导广大农民科学耕作。

云计算适用于非实时、长周期数据、业务决策场景,而边缘计算在实时性、短周期数据、本地决策等方面发挥着不可替代的作用。边缘计算与云计算是行业数字化转型的两大重要支撑,两者在网络、业务、应用、智能等方面的协同将有助于支撑农业物联网创造更大的价值。

(2) 基于边缘计算的农业物联网架构。

由于边缘计算是在靠近物或数据源头的网络边缘侧,各种资源如网络、计算、存储更靠近用户,能够就近提供边缘智能服务,以满足用户敏捷联接、实时业务、数据优化、应用智能、安全与隐私保护等方面的需求。基于边缘计算的农业物联网架构如图 8-2 所示。

图 8-2　基于边缘计算的农业物联网架构

基于边缘计算的农业物联网架构更适宜实时、短周期数据的分析,能够更好地支撑本地业务的实时智能化处理与执行;由于边缘计算距离终端用户更近,在边缘节点处实现了对数据的过滤和分析,因此效率更高;人工智能与边缘计算的组合出击让边缘计算不止于计算,更多了一份智能;在进行云端传输时,通过边缘节点进行一部分简单数据的处理,减少设备响应时间与从设备到云端的数据流量。

第 6 节　智慧图书馆

随着 5G、人工智能、大数据、物联网等新一代信息技术的飞速发展,万物互联的时代浪潮正孕育兴起。据思科《全球年度云指数报告(2015—2020)》预测,到 2020 年年底,全球数据中心总数据流量预计达到 14.1ZB。据 2018 年 IDC 发布的最新版《Data Age 2025》预测,到 2025 年,全球数据总量将达到 175ZB。另据思科互联网业务解决方案集团(IBSG)预测,到 2020 年,物联网连接设备数量将达到 500 亿台。

物联网连接规模的快速扩大以及 5G 时代将带来的海量数据处理需求的瓶颈和压力,致使集中式的云计算模型将难以满足万物互联时代下大数据处理的低延迟、低能耗以及安全性等方面的关键需求。为缓解其数据存储、计算及传输的负载压力,新型计算模型——边缘计算应运而生,与云计算模型协同使能行业数字化转型。

图书馆作为智慧城市建设中收集、整理、开发和推广信息资源的重要信息密集型行业,将边缘计算技术应用于图书馆,可以助力图书馆智慧服务能力的提升,打造更加智慧的新型图书馆形态。故本书以边缘计算的基本架构与特点为参照,探讨了边缘计算对图书馆智慧服务的影响,并致力于构建一个基于边缘计算的图书馆智慧服务体系框架,以促进智慧图书馆的建设和发展。

1. 图书馆智慧服务的特点

用户数字化、网络化、智能化的服务需求,驱使图书馆从传统的物理图书馆向智慧图书馆转型。在智慧图书馆中,用户服务的智慧化是其建设与管理过程中追求的核心目标,其所要实现的智慧化服务是图书馆运用自身的信息资源和馆员智慧为用户提供的创造性服务,以培育用户知识运用能力为核心,以辅助用户实现知识创造为本质,是图书馆知识服务的高级阶段。图书馆智慧服务具有以下特点。

(1) 基于万物互联的泛在服务。

图书馆泛在服务最根本的特征是服务无处不在,用户在哪里,图书馆就在哪里,是一种打破时间、空间限制的全方位服务。在物联网等新技术的支持下,图书馆实现了书与书、书与人、人与人之间的互联,使图书馆在广泛互联的前提下能够摆脱时间和空间的限制,让读者可以在任何时间、任何地点,以任何方式获得图书馆的资源和服务。

(2) 基于位置感知的主动服务。

位置感知计算(Location Aware Computing,LAC)是指智能终端应用服务程序以不干扰用户行为状态的方式,在特定的环境中通过感知用户空间位置的变化,自动调整出适应用户需求的内容。读者在图书馆的不同位置具有不同的服务需求,通过对读者的位置信息进行感知计算,主动为读者提供与位置相关的信息服务,由传统的被动式服务转变成主动式服务,成为建设现代智慧图书馆的重要组成部分。如根据读者的位置信息可以为其提供图书导航信息、自习室位置信息以及周边可能感兴趣的社群等。

(3) 基于用户体验的高效服务。

智慧图书馆将"以人为本"作为其建设和发展的核心理念,读者是否获得满意的服务体验是影响其使用图书馆意愿的重要因素。在信息技术日新月异的发展态势中,服务效率的高效、灵敏是智慧图书馆对其服务质量提出的新要求。大数据、云计算、物联网等现代智能技术的引入,促使图书馆服务手段与服务方式的转变,对图书馆各项管理与服务工作的高效运行,尤其是在即时处理紧急突发状况上发挥着不可替代的作用。同时,随着图书馆规模和基础设施负荷的扩大和加重,以及信息量与运载负荷的增长,图书馆借助智能技术来提高服务的高效性更能获得读者的高满意度。

（4）基于用户差异的个性服务。

智慧图书馆尽管在服务手段与服务方式方面实现了转型升级，但满足读者需求仍然是图书馆智慧服务追求的最终目标。由于主体自身的差异性，不同读者具有不同的服务需求，同时，相同主体在不同时间、不同地点的服务需求也存在差异，因此，智慧图书馆必须提供个性化的资源和服务。个性化服务的本质是根据主体之间的差异性提供不同的服务内容和服务方式。个性化推送与定制服务、个性化推荐与报道服务、个性化知识决策服务是数字图书馆个性化服务的三种关键技术，而智慧图书馆作为数字图书馆发展的高级阶段，有必要通过现代智能技术的应用来对读者的行为数据进行深度挖掘和分析，针对不同读者的需求提供不同的服务，来充分体现其服务内容的智慧化、个性化。

（5）基于资源整合的集成服务。

物联网技术的应用为智慧图书馆实现高度集成化服务提供了技术基础。首先，它将图书馆内部的文献、人力、设备等要素资源进行全方位整合，形成一个读者与馆内资源互联互通的集成化系统。其次，借助物联网技术对馆内实体资源进行标准化标引，使读者能够对馆内资源实现一站式检索，从而保证读者方便快捷地发现和获得所需要的资源和服务。

2. 边缘计算在图书馆智慧服务中应用的优势和可能性分析

边缘计算主要应用在实时性要求高、数据量大、处理能力要求高、本地化需求强的场景，在图书馆智慧服务中具有很强的应用前景。

（1）用户请求响应速度更快。

边缘计算所具备的靠近数据源、实时性好、低时延、响应速度快以及位置感知等技术特征，近乎是为图书馆的智慧服务需求量身打造的。由于 RFID、红外感应器、GPS、人脸识别等各种智能感知设备在图书馆中的广泛应用，致使馆内数据海量增长，如何对这些设备所生成的海量数据进行实时处理和高效分析，成为图书馆智慧服务的前提和基础。

但依托集中式的云计算解决方案将面临诸多问题。首先，云计算响应时延较高，不能对馆内的大量智能感知设备进行实时监控，也不能对用户行为数据进行实时获取和分析。其次，海量数据在通过核心网络传送至云中心进行集成处理的过程中，对网络带宽提出了更高的要求，并且耗能多，同时一旦遭受恶意攻击，数据安全将面临更大的威胁。而边缘计算对数据的计算方式进行了简化，可以在本地端对数据进行计算，仅需将处理后的重要结果数据上传至数据中心，相当于下放了计算量，相较于集中式的云计算架构而言，它能够极大地降低数据计算和传输的带宽成本,数据的计算速度也会有很大提升。因此,边缘计算与图书馆智慧服务的结合,将为图书馆智慧服务的发展提供新的底层基础支撑技术。例如,在边缘计算技术的支持下,图书馆可将用户请求识别的时效性缩短至毫秒级;通过高清摄头图像的预处理,可对馆内实现多视角、全方位、智能化的实时监控预警等。

如果边缘计算融合进图书馆智慧服务中,那么贴近用户的边缘设备就能够快速响应用户请求并做出实时判断,不必再像集中式的云架构模型那样将用户请求数据上传至遥远的云中心进行集中处理,极大地缩短了设备的响应时延,可满足用户及时、高效获取资源的需求,提高服务满意度。

(2) 用户访问更加安全可靠。

集中式的云架构模型中,用户的所有行为数据都要上传至云中心进行存储和计算,一旦遭到恶意软件攻击或其他入侵,容易面临数据泄露的风险。而边缘计算能够实现数据的本地端处理,可以对敏感信息进行过滤,无需再将智能终端采集到的全部数据上传至云端,降低了终端设备与云中心之间的数据传输量。因此,当设备遭受恶意攻击时,也只会包含本地收集的数据,而不是整个云服务器受损造成大量数据泄露。

在智慧图书馆中,如果用户的搜索引擎历史记录、个人电子资源账户密码、智能摄像头监控视频等个人隐私数据在边缘设备中进行存储计算,仅将处理后的重要数据上传至云端,那么图书馆将能够为用户构建更加安全的隐私数据保护框架。且由于边缘计算具备不过分依赖网络环境和云中心的自主决策能力,因此,它能够在网络连接中断的情况下仍保证物联设备有效运行。将边缘计算融合进图书馆智慧服务中,那么读者服务请求即使在网络连接受限的情况下,仍能对所需的知识产品和信息进行访问,可以充分保证用户服务的可靠性。

(3) 资源利用更具高效性与智能化。

馆内资源利用的高效性与智能化是智慧图书馆的典型特征之一,而边缘计算的引入,将为智慧图书馆推进馆内多元异构资源的高效、智能利用提供新的技术支撑,可以大大提高用户体验的满意度。例如,在馆藏资源利用方面,由于用户发出的馆藏资源检索请求可以在靠近用户的边缘计算节上以毫秒级的响应速度快速处理,而不必上传至云端进行集中化计算,所以能够极大缩短用户等待时间,让用户以近乎零察觉的速度获取所需的文献资源,满足用户对馆内资源高效利用的需求。在馆舍资源利用方面,边缘计算节点可以对馆内温湿度、照明系统进行实时智能监控,能够根据馆内温湿度及光线强弱自动调节馆内温湿度与照明强度,为用户提供舒适的阅读环境,从而有效满足用户对馆内空间资源服务智能化的需求。

(4) 边缘计算的标准化和产业化,大规模使用渐成趋势。

有关边缘计算的研究、标准化工作以及产业化活动已受到各界的广泛关注,边缘计算发展前景广阔。在学术研究方面,2016 年 10 月,ACM 与 IEEE 以边缘计算为主题首次正式举办学术论坛——IEEE/ACM Symposium on Edge Computing(SEC),学术界、产业界、政界共同携手探讨边缘计算的应用价值与研究方向。在标准化方面,欧洲电信标准协会(European Telecommunications Standards Institute,ETSI)、第三代合作伙伴计划(3rd Generation Partnership Project,3GPP)、中国通信标准化协会(China Communications Standards Association,CCSA)这三大标准化组织纷纷将有关边缘计算的标准化工作摆在组织关注的重要位置。在产业化方面,华为、中国科学院沈阳自动化研究所、CAICT、Intel、ARM 等公司为推动"政产学研用"各方产业资源的合作,引领边缘计算产业的健康可持续发展,于 2016 年 11月联合倡议,发起成立了边缘计算产业联盟(Edge Computing Consortium,ECC)。在国际上,全球性产业组织工业互联网联盟 IIC 于 2017 年成立 Edge Computing TG,定义边缘计算参考架构。

各企业纷纷致力于加速边缘计算落地,其应用实践发展迅速。2017 年,中国联通携手英特尔、诺基亚、腾讯云在上海"梅赛德斯—奔驰文化中心"成功搭建网络边缘云系统,实现 TB 吞吐量、毫秒级业务响应时延,极大地提升了用户体验。2019 年,中兴通讯携手中国移动咪咕、高通,基于 MEC 部署的 AI 和 vCDN 实现体育赛事转播、多视角直播等功能。例如,在两会期间,中兴 5G 手机助力央视首度完成 5G+4K 网络直播,以及新华社在全国政协记者会上的全链条直播,同时,中兴通讯也在智能制造、智能电网、车联网、港口、园区等重点行业进行了边缘计算技术的成功实践。边缘计算技术的不断成熟,增大了其在图书馆智慧服务中的应用可行性。

3. 边缘计算在图书馆智慧服务中的应用场景

(1) 实时推荐服务。

实时推荐是指用户发生了某种信息性(信息的查阅、检索、下载等)或非信息性行为(娱乐、社交等)的业务场景,图书馆后台运行系统在短时间内(通常为秒级)通过数据库平台、掌上图书馆 App、图书馆微信公众号等直接与用户接触的线上交互渠道,向用户实时推送与其当前需求关联性强的信息产品或服务。由于用户需求具有动态性和时效性,一旦图书馆推荐的信息服务内容脱离了用户当前所处的业务场景,将大大降低用户使用智慧服务的体验。

而边缘计算低时延地处理用户信息行为数据、高度灵敏地获取用户需求的优势,可满足用户对图书馆实时推荐个性化信息服务的需求。例如,当用户在图书馆数据库平台、借阅系统中检索、下载、分享文献时,图书馆可以借助边缘计算节点对用户的实时信息行为数据进行获取与计算,根据用户在终端页面上的实时浏览轨迹数据、相关文献的点击量数据等操作行为数据,实时计算分析出用户感兴趣的信息产品或服务,并向用户进行实时推荐。或者依托 LBS(Location Based Service)应用服务实时获取馆内用户的运动轨迹,当用户途经书架时,可以向用户进行实时推荐。

(2) 助力运营决策。

图书馆智慧服务业务运营决策的制定,在一定程度上依赖馆内业务运营数据的加工处理,而边缘计算低时延处理数据的特点,将为提升其业务运营决策的实时性与精细性提供了一种新的技术手段支持,主要体现在以下两方面。

① 实时统计日常业务运营数据。

例如,边缘计算平台可以通过用户与图书馆之间的主要线上交互渠道(如图书馆数据库平台、掌上图书馆 App、馆藏借阅系统等)实时采集并统计出馆内每日的主要业务运营数据,如数据库页面的日访问量、日新增用户量、日活跃用户量、用户日均登录次数、用户日均在线时长、最高在线用户数、日均在线用户数等。通过边缘计算节点对这些数据的就近处理,馆内决策者可以实时把控用户最新的行为动向,为图书馆后续及时制定数据库使用分流方案以及馆藏资源订购方案提供决策依据。

② 用户行为类数据的采集和存储更加细粒化。

边缘计算节点广泛部署在临近数据源的位置,可以实时全面采集到用户与馆内各类智能终端应用之间的行为交互数据。例如,用户对图书馆的各类功能访问页面的点击量、使用频率、停留时长等,这些数据对于后续调整设置图书馆智慧服务的业务功能菜单、馆内热点活动推送顺序、页面布局设计等,都具有重要的参考价值。

(3) 实时监控。

智慧图书馆通过大量的物联网设备(如视频传感器、温湿度传感器、安防系统等)来实现对馆内状态的实时监控,以提升用户利用馆内空间设备的安全性、便捷性与舒适性,满足用户对馆内空间资源服务智能化的需求。此时边缘计算节点的重要性将迅速凸显出来,成为实时处理智能终端数据请求的关键环节。例如在安全巡检中的应用,边缘计算协同 5G 网络通信可支撑图书馆利用高清摄像头、机器人、无人机等智能巡检设备,实现对馆内环境全方位的实时监控预警。在靠近数据源的边缘侧将安防系统数据的处理算法前置,可对监控视频图像、温湿度数据进行预处理,满足毫秒级识别馆内安全隐患的智慧化服务需求。

第 7 节　协 同 边 缘

云计算中,由于隐私和数据传输成本,数据拥有者很少与他人分享数据。边缘可以是物理上具有数据处理能力的一种微型数据中心,连接云端和边缘端。协同边缘是连接多个数据拥有者的边缘,这些数据拥有者在地理上是分散的,但具有各自的物理位置和网络结构。类似于点对点的边缘连接方式,在数据拥有者之间提供数据的共享。

互联网医疗涉及分布式地理数据处理,需多企业间合作和共享数据。为了消除共享障碍,协同边缘融合了由虚拟共享数据视图所创建的分布式地区数据。利用预先定义的服务接口,终端用户可虚拟共享数据,而服务应用程序向终端用户提供所需服务。这些服务由协同边缘的参与者提供,计算任务仅在参与者内部执行,对终端用户透明,确保数据的隐私性和完整性。

下面以流感病情为例,阐述协同边缘的优势,例如在互联网医疗中,医院总结、分享流感疫情的信息(如平均花费、临床特征及感染人数信息等)。医院治疗流感病人后更新其电子病历,病人根据药方从药房买药,若病人未按照医嘱进行治疗,导致重返医院治疗,医院须为病人的二次治疗负责,由此易引起医疗责任纠纷,因为医院没有证据证明病人未按照药方来治疗。利用协同边缘,药房可以将该病人的购买记录推送到医院,这有助于减少医疗责任纠纷。

此外,利用协同边缘,药房检索由医院提供的流感人数,根据现有库存来存放药品,以便获得最大利润。药房利用制药公司提供的数据,向物流公司推送一个关于运输价格的询问请求。根据检索到的信息,药房制定总成本最优方案和药物采购计划。制药公司可在收到药房的流感药品订单信息之后,重新制定药品的生产计划,调整库存。疾病控制中心在大范围区域内监控流感人群的变化趋势,可据此在有关区域内发布流感预警,采取措施阻止流感的扩散。

基于保险单规定,保险公司必须报销流感病人的部分医疗消费。保险公司可以分析流感爆发期间的感染人数,将治愈流感所花费的成本作为调整下一年保单价格的重要依据。而且,如果患者愿意分享,保险公司可根据患者的电子病历提供个性化的医疗政策。

可见,从减少操作成本和提高利润的角度,大多数参与者(药店、药厂等)可以利用协同边缘来获益。个人病例信息作为源数据,医院担任源数据收集的角色,对于社会医疗健康而言,医院可以提前做好资源的分配,以此来提高服务效率。

另一种面向边缘计算的协同实例在移动目标识别的应用中。当前,移动设备(如智能手机、移动设备)配备有较强的计算能力,如摄像机和机器人,这促进了具有较大应用前景的基于移动视觉计算机的发展,如增强现实、家用机器人等,此类应用程序是对图像或视频的对象进行检测和识别。传统的目标识别算法操作受环境中特定视觉任务的鲁棒性影响,主要的挑战如下。

① 模型包容性,很难预先知道环境中有哪些对象可用预先训练这样一种适合该环境的包容性识别模型。

② 视觉的区域变换,每个移动视觉区域具有高可变性,如图像分辨率、灯光、背景、视点和后处理等,一种或多种原因会对计算机视觉算法精度产生负面影响。而当前最流行的深度学习,利用大规模数据集上执行多层神经网络算法的方式,为传统移动目标识别问题提出一种新的解决思路,如卷积神经网络(CNN)。

监督深度模型自适应方法,可以有效提高特定视觉区域中通用深度模型目标识别的准确性。有效的自适应需要目标视觉区域内捕获的高质量的训练实例(良好的图像特征和正确的图像标签)。然而,在移动目标识别中,在可变移动视觉区域中获得这样的高质量训练实例较难。

美国理海大学的学者提出一种基于深度学习的自适应移动目标识别框架 Deep Chameleon(简称 DeepCham),这是一种边缘主机服务器与移动边缘终端协同框架,主要应用于移动环境中。边缘主服务器与所参与的边缘终端协同地执行一种区域感知的适应训练模型,与区域受限深度模型相结合,可提高目标识别的精度。DeepCham 从实时移动照片中生成用于自适应的高质量区域感知训练实例,具体而言,主要包括以下两个过程。

① 采用一种分布式算法在参与的移动边缘中找到一张质量最高的图像,并用于实例训练。

② 用户标记例程根据一种通用深度模型所产生的参考信息,从高质量图像中再识别出目标。使用一天内在不同地点、时间、设备上收集的智能手机上的新图像,DeepCham 可将移动目标识别的准确性提高一倍以上。

为了更有效地将深度神经网络应用到边缘端设备,同时利用云端的计算能力,美国哈佛大学的团队提出一种基于云端、边缘端以及用户端的分布式神经网络框架(Distributed Deep Neural Networks,DDNN),实现三者之间的协同处理。该框架不仅可以实现在云端进行深度神经网络的推理,而且还可以在边缘和用户端完成深度神经网络的部分推理。DDNN 支持可伸缩的分布式计算架构,其神经网络的大小和规模可以跨区域进行划分。

由于其本身的分布式特点,DDNN 架构可以提高传感融合系统内应用执行的容错性和隐私数据保护。DDNN 处理过程将传统的 DNN 任务进行切片划分,并将分片任务分布到云端、边缘以及用户终端执行。通过三者之间协同的方式执行深度神经网络的训练,尽量减少三者之间不必要的数据传输,同时提高神经网络训练的准确性,提高整个系统中资源的最大使用效率。该研究团队将 DDNN 应用到视频数据处理中。与传统基于视频数据的目标跟踪方法相比,DDNN 可以在局部性终端,如边缘端和用户终端,进行数据处理,降低视频数据传输成本的同时,还大大提高了整个系统运行的准确性。

此外,基于边缘计算的协同处理模型还有 Youngbin Im 等提出的基于 HTTP

自适应流媒体(HTTP Adaptive Streaming,HAS)的 FLARE 架构,其利用边缘计算模型,弥补现有 HAS 架构中网络端与用户端协同工作的不足。在 FLARE 中,任意一个网络实体与终端客户协同工作以决定视频流的比特率,FLARE 利用现有电信 APIs 接口最小化,减少对现有网络核心架构的修改。同时,在客户端的 HAS 视频播放器中增加一种播放插件,以此优化手机端视频数据流的可用性和稳定性。

第 8 节　云计算任务前置

云计算中,大多数计算任务在云计算中心执行,这会导致响应时延较长,损害用户体验。根据用户设备的环境,确定数据分配和传输方法,基于边缘加速的网页平台(Edge Accelerated Web Platform,EAWP)模型,改善传统云计算模式下响应时间较长的问题。许多研究团队已经开始研究解决云迁移在移动云环境中的能耗问题。边缘计算中,边缘端设备借助其一定的计算资源,实现将云中心的部分或全部任务前置到边缘端执行。

随着网络通信技术的发展,以及电商商品的多样化和低价格,消费者开始大量采用网络购物的方式。消费者可能频繁地操作购物车,默认条件下,用户购物车状态的改变先在云中心完成,再更新用户设备上的购物车产品视图。这个操作时间取决于网络带宽和云中心负载状况。由于移动网络的低带宽,移动端购物车的更新时延较长。目前,使用移动客户端网购变得流行,因此缩短响应时延、改善用户体验的需求日益增加。如果购物车产品视图的更新操作从云中心迁移到边缘节点,将会降低用户请求的响应时延。购物车数据可被缓存在边缘节点,相关的操作可在边缘节点上执行。当用户的请求到达边缘节点时,新的购物车视图立即推送到用户设备。边缘节点与云中心的数据同步可在后台进行。

在移动视频转码应用中,移动设备上的在线视频流量在网络传输流量中呈指数增长。随着移动流媒体的普及,对高带宽无线移动网络的需求不断增长,当前无线网络无法对移动用户提供满足用户体验的视频流质量,主要归因于:无线连接是动态的,因为网络链接具有波动性且用户具有移动性,其在多客户端部署中具有有限性;无线信道易不稳定。这些因素导致用户体验较差。针对无线网络的问题,研究者提出了一些改善视频传输的方法,如自适应比特率流网、可伸缩视频编码(SVC)、渐进式下载等,但这些技术不能预先对视频进行处理。

鉴于各种视频流预处理的难度,视频转码已成为视频数据传输的一种优化技术。视频转码技术对视频数据进行编码或将视频流设定为预先定义的格式,以克服多种视频格式的多样性和兼容性问题。视频转码应用与移动设备上的视频格式适配,尤其当移动设备上存在不支持的原始视频文件时。但是,视频转码会消耗较多的计算和存储资源,因此通常以离线方式在媒体服务器中执行。相关研究工作提出:视频转码在云端进行,转码后的视频存储在缓存中,此方法导致附加从云系统重定向视频流时的延退,且不支持实时视频流,因为其是基于离线转码的。视频转码是优化视频数据的一种非常有效的方法,但它代价昂贵,难以应用于流媒体直播。

应该在无线边缘运行低成本的视频转码解决方案,而不是基于昂贵的服务器转码,如家庭 Wi-Fi 接入点。研究者在低成本硬件上设计并实现了一种实时视频转换解决方案。通过在无线边缘运行该转码技术,可为突发的网络动态提供更敏捷的适应性,能够将客户请求快速反馈,该转码方法具有透明性、低成本和可扩展性。因此,可以将其广泛和快速地部署在家庭 Wi-Fi APS 中(也可在蜂窝基站)。实验结果表明:相比其他比特率自适应解决方案,该系统可有效提高视频流的性能,在保证较高视频比特率的同时,不会造成视频抖动或重新缓冲。

边缘应用程序为获得最优的结果,通常需要保障较低的响应延迟和较高的能耗。美国乔治·华盛顿大学的团队研究表明,随着边缘应用响应延迟的降低,边缘端所消耗的能耗会不断增加,而大多数边缘应用,如媒体数据处理、机器学习和数据挖掘等,最优的处理结果也不一定是必需的;反之,次优化的处理结果已经能满足用户对该类应用的需求。为此,该研究团队基于一种面向移动边缘计算的新的优化维度——质量评价(Quality-of-Result,QoR),提出了一种 MobiQoR 架构,以期权衡边缘应用中对响应时间和额外能耗的需求。在该类应用中,降低部分 QoR 将会减少边缘应用的低延迟以及高能耗。这个度量 QoR 取决于应用程序域和相应的算法,如在线推荐算法,可以预测值与实际分数之间的归一化平均测量误差;对于目标识别而言,QoR 可以定义为对对象或模式的识别正确百分比。

移动边缘环境,结合现有分布式终端(边缘节点、微数据中心路由器和基站等),利用计算任务可分割、卸载和并行处理的特点,MobiQoR 架构实现优化目标的次优化,实现计算任务卸载优化和 QoR 决策,同时保证计算结果的质量满足最终用户体验。

第 9 节　边缘计算视频监控系统

城市安全视频监控系统主要应对因万物互联的广泛应用而引起的新型犯罪及社会管理等公共安全问题。传统视频监控系统的前端摄像头内置计算能力较低,而现有智能视频监控系统的智能处理能力不足。为此,边缘计算下的视频监控系统发展趋势是以云计算和万物互联技术为基础,融合边缘计算模型和视频监控技术,构建基于边缘计算的新型视频监控应用的软硬件服务平台,以提高视频监控系统前端摄像头的智能处理能力,进而实现重大刑事案件和恐怖袭击活动预警系统和处置机制,提高视频监控系统防范刑事犯罪和恐怖袭击的能力。

针对海量视频数据,为解决云计算中心服务器计算能力有限等问题,首先,构建一种基于边缘计算的视频图像预处理技术。通过对视频图像进行预处理,去除视频图像冗余信息,使部分或全部视频分析迁移到边缘处,由此降低对云中心的计算、存储和网络带宽需求,提高视频分析的速度。此外,预处理使用的算法采用软件优化、硬件加速等方法,提高视频图像分析的效率。其次,为了降低上传的视频数据,基于边缘预处理功能,构建基于行为感知的视频监控数据弹性存储机制。边缘计算软硬件框架为视频监控系统提供具有预处理功能的平台,实时提取和分析视频中的行为特征,实现监控场景行为感知的数据处理机制;根据行为特征决策功能,实时调整视频数据,既减少无效视频的存储,降低存储空间,又最大化存储"事中"证据类视频数据,增强证据信息的可信度,提高视频数据存储空间利用率。

现有的视频监控系统在记录视频数据之后,采用直接或简单处理后传输到云计算中心。随着视频数据呈现海量的特征,公共安全领域的应用要求视频监控系统能够提供实时、高效的视频数据处理。对此,需要利用边缘计算模型,将具有计算能力的硬件单元集成到原有的视频监控系统硬件平台上,配以相应的软件支撑技术,实现具有边缘计算能力的新型视频监控系统。在边缘计算模型中,计算通常发生在数据源的附近,即在视频数据采集的边缘端进行视频数据的处理。

一方面,基于智能算法的预处理功能模块,在保证数据可靠性的前提下,利用模糊计算模型,对实时采集的视频数据执行部分或全部计算任务,这能够为实时性要求较高的应用请求提供及时的应答服务,并且降低云计算中心计算和带宽的负载。基于边缘计算的视频监控系统内容可用性研究,内容的可用性包括静态故障及动态内容两方面,边缘计算能够较好地实现这些有用性检测,并降低网络和云中心的负载。另一方面,需要设计具有可伸缩的弹性存储功能模块,利用智能算法感知监控场景内行为的变化,选择性存储视频数据,实现最小空间存储最大价值的数据(如犯罪行为证据等)。最后,在兼容现有智能处理的功能基础上,增加"事中"事件监测和"事中"事件报告的功能,及时有效地向用户发送响应信息。

基于边缘摄像头的多目标识别,是公共安全领域内视频数据边缘处理的一种典型应用。近年来,随着摄像机成本的降低,监控摄像机数量快速增加,采集的监控数据规模以指数级别增长。同时,数以亿计的智能手机中的摄像头也采集了庞大的数据。如何对由照片、监控录像以及闭路电视组成的多源海量数据进行分析,快速从海量信息中提取关键信息,是一个亟需解决的问题。在视频监控的应用中,目前虽然取得许多成果,但瓶颈在于画质依赖度高,数据关联性弱,云计算中心节点在处理海量数据时,存在计算能力有限且算法缺乏普遍鲁棒性的缺点。

边缘计算模型的提出为该类问题的解决提供了新的思路。传统视频监控系统前端摄像机内置计算能力较弱,为了使边缘计算模型可以实现,往往需要对这些传统的视频采集硬件进行改造,如在采集后端加入一个专门用于视频处理的硬件单元。该硬件单元对采集到的视频信息先进行复制操作,再对复制后的数据进行处理。因而,该系统可以在不改变传统视频采集系统的前提下,完成对视频的采样和分析。在完成采样和视频分析后,摄像机将有用的信息传输给其邻居节点,同时接收邻居节点发送过来的信息。摄像机网络中的其他节点均采用类似策略进行通信。当有节点收到其他边缘节点发送过来的信息时,该节点将对接收到的信息和自身测得的信息进行融合,从而提取有用信息,完成提取后,再将融合后的信息发送给邻居节点。在相邻时刻内完成多次类似的信息传输,可以使整个网络的信息达到一致。

摄像机网络作为无线传感器网络的一个分支,受到越来越多人的关注和研究。由于传感器网络的大规模性,导致一般的集中式处理算法并不实用。集中式处理不仅会过快地消耗中心点附近的节点的能量,而且给中心节点的网络带宽和处理能力带来了更大的考验,因此分布式算法在传感器网络中的优势越来越明显。当从摄像机中获得视频时,需要从视频中提取目标,本算法首先使用已有算法进行此项工作,如可变部件模型(Deformable Part Models,DPM),然后使用状态估计算法以及分布式信息融合算法组成鲁棒性目标跟踪系统。在摄像机网络这个应用中,由于摄像机观测区域受限,通过利用多个摄像机进行分布式信息融合,可以弥补单摄像机跟踪的不足,从而发挥分布式跟踪算法的优势。

分布式估计作为一种分布式算法,由于具有可扩展性和容错性,已经被用于解决摄像机网络中的目标跟踪问题。在基于分布式估计的目标跟踪中,每个摄像机节点将自身的信息与接收到的周围邻居节点的信息进行融合,然后预测和估计目标的状态信息(位置、速度等)。在分布式估计中,系统必须采用一定的策略来协同各个局部节点的信息,使局部节点获得全局信息。近年来,很多学者提出用一致性算法来优化每个节点的信息,使每个节点的信息达到一致。一致性算法由 Olfati-Saber 教授最先应用到分布式传感器网络中用于数据融合,其中最经典的是卡尔曼一致性滤波器(Kalman Consensus Filter,KCF),卡尔曼一致性滤波器不仅适用于传统的传感器网络,也适用于摄像机网络。但经典 KCF 算法并没有考虑视觉传感器本身的限制,例如,摄像机是一种观测区域(Field of View,FoV)受限的单向传感器。因此,在实际摄像机网络中,目标通常仅会出现在部分摄像机的视觉区域。

一致性滤波算法基于平方根容积卡尔曼滤波器,其类似于无迹卡尔曼滤波器,但比无迹卡尔曼滤波器更具有鲁棒性和应对高维非线性问题的能力。同时,由于信息滤波器特殊的信息形式,有利于简化多源信息融合。在信息滤波器中,多源信息融合可以表达成简单的累加操作,采用容积卡尔曼滤波器的平方根容积信息滤波器形式。

此外,针对非重叠区域内的多目标跟踪应用,也有一些研究成果。对于重叠区域,利用多摄像机观测数据的冗余性,从而实现鲁棒的目标跟踪。但是对非重叠区域来说,这种冗余就显得比较松散。目前针对这种环境的多目标跟踪大多还是用集中式的处理方式且跟踪精度较低,如何用分布式算法实现非重叠区域的目标跟踪,目前研究较少,这部分课题还值得深入研究。

第10节　基于边缘计算的灾难救援

尽管科技飞速发展,人类依然无法对地震等自然灾害进行准确预报,地震、海啸、火灾等自然灾难仍在肆虐地吞噬着无数生命。灾难过后如何及时、有效地获取灾难现场信息,成为人们研究救灾的焦点。目前,在灾难现场的危险环境中,基于无人机、图像传感器、众包等方式可获取很多有用的信息。灾难现场传回的图片和视频信息,有助于快速感知受灾后的灾区环境、人群、道路等,在灾难响应和救援工作中发挥着越来越重要的作用。下面分别介绍边缘计算在地震搜救和智能消防中的应用。

在海地地震期间,谷歌第一次推出 Person Finder 服务;芦山地震时,百度等互联网公司也上线了类似"寻人平台"的产品;九寨沟地震时,高德地图开通地震寻人平台,可发布寻人信息及自报平安,当天该平台已有超过万名用户发布相关信息,但该类平台只是人工将寻人信息发布在网页上,无法实时、高效、自动地搜索目标。九寨沟地震,一位 11 岁的女孩在地震后失联三日,其母亲偶然在电视新闻中看到她的影像才得知她的安危。危急时刻,时间就是生命,在争分夺秒的救灾面前,如果将无人机、搜救机器人、现场人群拍摄的灾难现场照片通过人脸提取,与"寻人平台"云数据中心的失踪人脸信息进行实时匹配和识别,可以显著提升在线寻人的时效,使互联网救援的效率大为提高。

社群感知和响应系统 Caltech,通过收集和共享来源于互联网设备的图片,对地震危险进行实时感知。图片分享系统 BEES 提供实时的灾难环境状态感知,通过使用基于内容的冗余缩减技术,提高带宽和能源使用效率。这些众包系统收集的图片用于一般性/通用的图像分享,对于图片内容没有特定区分。计算机视觉系统 SAPPHIRE 支持客户端设备持续分析视频流,并且提取出包含相关内容的帧。

在危机发生时,固定网络往往中断,移动网络拥塞甚至中断,网络传输环境复杂,网络传输质量差、不稳定。例如日本大地震发生后,尽管运营商派出大量的应急通信车、发电机和备用电池,在震中,Tohuku 区域还是连续几天达到 90% 的通信阻塞。九寨沟地震时,灾区有 250 余个通信基站受损退出服务,部分光缆中断。在遭到飓风"玛利亚"袭击两周多的时间后,数百万波多黎各人依旧无法获取急需的通信服务,当地的通信基站迟迟无法修复,最终通过谷歌部署在空中的热气球漂浮基站(Loon)提供紧急通信连接。如果将灾难现场拍摄的照片不加处理地全部上传至云数据中心,网络性能将成为信息收集的瓶颈,并且影响其他实时救灾任务的进行。对图片预处理的计算机视觉算法通常是计算密集型任务,需要消耗较多的电能。无人机、搜救机器人、智能移动终端上的电池电量非常有限,在其上完成信息预处理并不现实。因此,如何基于灾难场景中复杂受限的网络传输环境,将有效的灾难现场信息高效传输至云数据中心,是实时、高效搜救的关键点之一。

作为一种快速发展的新型计算模式,边缘计算能极大地缓解网络带宽拥塞,更好地支持延迟敏感型应用,减少数据中心的压力,有助于克服灾难环境时传输网络被破坏、带宽不稳定等问题。

该框架利用 Edge 节点(如灾难现场的应急通信车)的计算、存储和通信能力,在收集到从无人机、传感器等发送过来的图像数据后,进行内容感知和预处理,自适应灾难环境中不稳定的网络性能,支持特定内容图像数据实时高效地上传至云数据中心,由后台服务器完成进一步的匹配识别工作,高效实时地确定搜救目标。为了有效利用通信带宽,设计了网络带宽自适应的实时数据传输机制,既能大幅度减小实时搜寻任务所需传输的数据量,又能保证检测数据的查全率和准确率。同时,对人脸检测、提取和识别的自动化处理,无须人工参与,避免灾区人群的影像等信息使用明文方式直接发布在寻人平台上,沦为社会工程学的攻击对象以及诈骗犯的第一手信息来源,在一定程度上保护了灾区人群的个人隐私。

消防是指利用多种不同技术手段和设施,实施灭火、营救受困群众和最小化人员伤亡及财产损失的行动。获取大量精确和实时的现场数据(如消防员的位置和生理状态、燃烧建筑物的平面图、危险区域的位置以及受困者的人数和他们所处的位置)对消防行动至关重要,可使其更为高效。然而,目前消防救援仍然依赖于老旧、低效甚至不可信赖的设备和系统,只能获得极为有限的现场数据,营救方案也仅由指挥员根据他们的经验制定。

随着技术的高速发展,传感器、无人机、智能可穿戴设备、通信系统、人工智能和物联网的兴起,能够收集大量实时数据并从中提取关键有用的信息,甚至能够为消防救援提供指导,进而制定更为安全可行的营救方案。美国国家标准与技术研究院(NIST)的研究路线规划中,将这种消防救援称为智能消防。美国国土安全部推出 NGFR 计划,利用各种创新技术使消防救援更为安全可靠,提高信息流通和充分感知的程度。

智能消防的关键在于利用物联网集成数据,主要分为三步:从多个数据源获取数据、对数据进行处理分析和预测、将结果有效传输给消防救援者或其他利益相关人员。将获取的大量信息转换为对指挥员有价值的信息，涉及大规模的计算和能源消耗，同时要保证实时性。下面列举三项智能消防应用。

① 场景感知对消防队员的定位和追踪通常采用无线电测距技术，但是在极端环境下精度下降，需要大量的多传感器融合校准，提高精度。

② 智能安全决策利用一系列的机器学习和人工智能方法，将大规模数据转换为可应用于实际操作的知识，实时辅助指挥员做出决策。

③ 3D火场建模通过无人机获取的空中图片和城市建筑的开放数据入口，获取多个参数并进行数值计算，构建建筑内部结构的平面图。

从上述应用中，不难发现它们对计算能力和及时响应的要求很高。而本地设备资源受限，无法实现如此复杂的操作。研究学者将目光转向能够提供丰富的计算和存储资源的云计算模型，如 TRX 系统中的 NEON Personnel Tracker（人员跟踪器）和 NEON Signal Mapper（信号映射器）。虽然计算结果得到了保证，但是设备与云之间的传输延迟、动态变化的网络带宽和波动的云工作量严重损害了实时性，传统的云计算模型并不适用于对实时性要求极高的消防行动。

基于边缘计算的智能消防框架，通过结合火灾现场边缘设备和云端各自的优势，能够实时精准地为智能消防提供服务。其主要由火场边缘设备、边缘节点和云服务器组成。火场边缘设备包含消防员穿戴的传感器、近期安装在火场的设施、消防车上的基站和移动宽带路由器等。边缘节点包含路由器、基站、交换机和它们所对应的存储和计算节点，它们除了具备传统的路由功能，还可为实时性要求高的应用进行复杂数据处理分析。云中心服务器用于存储历史性分析的火场数据和进行对实时性要求不高的计算。

由于火灾现场可能缺乏基础设施搭建，火场边缘设备以特定方式形成网络，实现无预先存在基础设施条件下的相互通信，然后将数据从边缘设备传输到基站。基站可通过 4G/LTE 或 Wi-Fi 等基础设施与网络进行通信，将数据传输至云端。在这两次传输过程中，数据都会就近使用边缘计算和存储资源，实现对数据的部分处理分析，从而减少数据传输量，节省带宽和响应时间。

将边缘计算模型应用于智能消防也面临诸多挑战。首先，火灾中的无线电波干扰、建筑材料和地理位置等相关因素导致带宽波动且不可预测，火灾甚至可能会破坏 Wi-Fi 基础设施，严重影响边缘服务器与云之间的数据传输。其次，火灾边缘设备基本是电池驱动，若被选为边缘服务器，则需接受额外的计算任务，加快能源消耗。再次，边缘设备和节点在不影响自身功能的前提下，只能提供有限的资源和时间执行其他设备的计算任务。最后，单个边缘设备难以满足复杂计算的需求，需将满足作为边缘服务器的边缘设备形成本地分布式系统，合作完成指定任务。如何从能源角度高效分发任务,将子任务卸载到资源合适的边缘服务器上,是值得思考的问题。

边缘计算的发展离不开具体的应用场景,为此,本章主要介绍了边缘计算的几种典型的应用:首先介绍了智慧城市,物联网广泛应用在智慧城市的建设中,边缘计算加快和完善了智慧城市的建设;其次对智能制造在工业 4.0 时代的基本架构给出了阐述,其中,智慧制造在根本上取决于边缘计算的一种表现形式,即信息物理系统 CPS;再次,边缘计算为现有智能交通中的诸多问题提供了一种新的解决方案,同时关系到个人生活的智能家居也得到了边缘计算架构的推进,本章讨论了边缘计算对云计算任务迁移方面的一些改进;最后针对公共安全领域和突发灾难两个领域中,介绍了边缘计算在视频监控系统方面和灾难救援方面的突出作用和特色。边缘计算的应用可能还不止本章所提到的,还需要更多领域的专家和学者将边缘计算推广至更多的相关领域。

第 11 节　边缘计算发展展望

1. 边缘计算规模商用部署面临的挑战

互联网厂商、电信设备和运营商、工业互联网厂商三大阵营已经进入边缘计算的商业开发阶段,目前已经取得了初期的部署成果。但是打造健康稳定的边缘计算产业生态不可能一蹴而就,需要整个业界紧密协作和推动。边缘计算规模部署主要面临以下六方面的挑战。

(1) 体系架构规范化。

目前,固定互联网、移动通信网、消费物联网、工业互联网等不同的网络接入和承载技术,导致边缘计算各具体应用的技术体系存在一定的差异性和极限性。边缘计算的系统架构需要不断整合容纳各领域的技术,加快边缘计算体系的标准化、规范化建设,从而实现跨行业系统的互通性、网络的实时性、应用的智能性、服务的安全性等。

(2) 一套系统架构满足不同业务需求。

学术理论和工程应用技术日趋完善,以业务特性定义系统架构的设计思路成为主流。边缘计算业务特性呈现多样化,试图以一套商用边缘计算系统架构满足不同的业务需求成为难点和挑战。针对完整的"云-边-端"商业应用部署,边缘计算系统架构需要联动云和端设计,打破边界或模糊边界的架构需求,对从事边缘系统设计和开发的技术人员的知识深度和广度提出了更高的要求。若要基于软件定义设备、虚拟化、容器隔离、微服务等关键技术,打造一个支撑边缘计算的通用型操作系统,实现云端业务扩展到边缘,并可部署在电信设备、网关或者边缘数据平台等不同位置,还需要更多的商业应用案例去验证。

(3) 产业推进难度很大。

从实施角度来看,行业设备专用化,过渡方案能否平滑升级、新技术方案能否被企业接受还需考验;从产业角度来看,工业互联网、物联网技术方案碎片化,跨厂商的互联互通和互操作一直是很大的挑战,边缘计算需要跨越计算、网络、存储等,进行长链条的技术方案整合,难度更大。

(4) 边缘计算规模部署商业模式需要进一步探索。

边缘计算平台将传统的云服务业务下沉,在边缘侧提供计算、网络、存储、应用和智能,现有的网络运营商需要重新制定计费规则。同时,边缘计算相关技术的研发、标准化工作涉及互联网企业、通信设备企业、通信运营商、工业企业等多方利益,如何建立共赢的商业模式也面临挑战。

(5) 安全隐私存在挑战。

边缘计算基于多授权方的轻量级数据加密与细粒度数据共享,多授权中心的数据加密算法复杂,目前可借鉴的工程案例很少。边缘计算分布式计算环境下的多源异构数据传播管控和安全管理是业界前沿课题,由于数据所有权和控制权相互分离,通过有效的审计验证来保证数据的完整性尤为重要。由于边缘设备资源受限,传统较为复杂的加密算法、访问控制措施、身份认证协议和隐私保护方法在边缘计算中无法适用,同时,边缘设备产生的海量数据均涉及个人隐私,安全和隐私保护是边缘计算商用部署必须解决的问题。

(6) 创新和风险并存。

边缘侧实现增值服务、价值创新的关键在于数据的分析和应用、能力的开放和协同。作为一种创新的计算架构,实现边缘计算的增值服务需要桥接云和端,架构需要启用微服务、智能化分层等技术。新技术的演进对于商业应用落地势必会带来风险。

2. 边缘计算核心技术走势

(1) SDN 发展趋势。

① SDN 在 5G 和 WAN 中的应用。

5G 和其他以城域网为重点的网络变革,为数据中心之外的 SDN 应用提供了发展土壤。5G 的特定功能的实现,推动了 SDN 的部署。5G、网络功能虚拟化、边缘托管、内容交付和流媒体等技术的组合,使城域网中 SDN 的部署需求越来越高,新的可管理城域网部署是引入新技术的理想场所,这使 WAN 对 SDN 越来越开放。

如果移动网络中的移动管理功能(如 5G 中的 EPC)依赖 SDN 连接的数据中

心托管功能,则很容易理解 SDN 实现这些功能的方式。EPC 技术基于移动用户漫游站点之后的隧道实现,SDN 转发可以实现同样的功能,并且相同的 SDN 设备可以直接将移动内容消费者与其缓存节点连接。SDN 可以基于白盒设备而不是定制化设备,支持重新构建的移动性和内容交付。

5G 技术中使用 SDN 可能会促进城域网的爆炸式发展,这一任务至少是未来 5 年内运营商 5G 部署的投资重点。运营商表示,他们在广域网和城域网扩展中应用 SDN 最大的问题是,SDN 控制器东西向和控制器 API 之间缺乏成熟和被广泛接受的标准。随着网络运营商部署 5G、物联网和其他边缘托管密集型服务,新的基础设施投资将给 SDN 提供新的机遇。

② 调试和故障排查。

网络与软件不同,其调试和故障排查十分复杂,所以 SDN 的调试和故障排查一直是研究热点。由于计算机网络的分布和异构特点,在网络中进行故障排查一直以来都是非常困难的事情。而 SDN 也带来了更多的问题,不仅需要检查网络的故障,控制器、VNF、交换机等软件的实现是否存在 Bug 也成为新的问题。

③ 大规模扩展性。

SDN 的控制平面能力是有限的,当 SDN 的规模扩展到足够大时,就需要对其进行分域治理。而且出于业务场景的要求,许多大网络的子网络分别使用着不同的网络技术和控制平面,所以就需要实现多控制器之间的合作。多域控制器的协同工作一直是 SDN 研究领域的一个大方向,同时也是一个艰难的方向。

④ 容错和一致性。

由于 SDN 是一种集中式的架构,所以单节点的控制器成了整个网络的中心。当控制器产生故障或错误时,网络就会瘫痪。为了解决控制器给网络带来的故障,分布式控制器等多控制器方案早已被提出。相比单控制器而言,多控制器可以保证高可用性,从而在某个控制器实例发生故障时,不影响整体网络的运行。另外,为保障业务不中断、不冲突,多控制器之间的信息还需要保持一致性,才能实现容错。

当故障发生时,多控制器之间的信息一致性能为接管的控制器提供正确管理交换机的基础。然而,当前的一致性研究内容还仅关注控制器的状态信息方面,而没有考虑到交换机的状态信息,这将导致交换机重复执行命令等问题。然而,许多操作并非幂等操作,多次操作将带来更多问题,所以不能忽略命令重新执行的问题。而且由于没有关于交换机状态的记录,交换机也无法回退到一个安全的状态起点,所以简单状态回退也是不可取的。更好的办法是,记录接收事件的顺序以及处理信息的顺序及其状态。此外,还需要利用分布式系统保持全局的日志信息一致性,才能让交换机在切换控制器时不会重复执行命令。

⑤ SDN 和大数据。

SDN 与大数据等其他技术的结合也是一个研究方向。当大数据和 SDN 结合时,SDN 可以提高大数据网络的性能,而大数据的数据处理能力也可以给 SDN 决策提供更好的指导。

(2) 信息中心网络。

边缘计算中一个重要的假设是终端设备(物)的量非常大,在边缘节点上运行着许多应用,每个应用都有自己的服务组织架构。与计算机系统类似,在边缘计算中,对于程序设计、寻址、物体识别以及数据通信而言,命名原理是非常重要的。例如,由于计算服务请求者的移动性和动态性,计算服务请求者需要感知周边的服务,这是边缘计算在网络层面中的一个核心问题。但是,传统的基于 DNS 的服务发现机制主要应对静态服务或者服务地址变化较慢的场景。当服务发生变化时,DNS 的服务器通常需要一定的时间以完成域名服务的同步,在此期间会造成一定的网络抖动,因此并不适合大范围、动态性的边缘计算场景,同时对于那些资源受限的边缘设备,也无法支持基于 IP 地址的命名原理。

信息中心网络(Information Centric Networking,ICN)打破了 TCP/IP 以主机为中心的连接模式,变成以信息(或内容)为中心的模式。通过 ICN,数据将与物理位置相独立,ICN 网络中的任何节点都可以作为内容生产者生成内容。作为一项正在研究的技术,目前 ICN 技术并没有明确的定义,但这些 ICN 研究有一些共同目标:提供更高效的网络架构,促使内容分发到用户,提高网络的安全性,解决网络大规模可扩展性,并简化分布式应用的创建。

第一代网络技术的建立主要为了承载语音业务,这些电路交换网络建立了专用的点对点连接。为连接数据,基于分布式控制协议,带来了新的互联网协议(IP)的数据网络模型,即第二代网络技术。为支持网络的扩展,无类别域间路由(CIDR)诞生了,它减缓了路由表的增长,延长了 IPv4 的寿命;迁移到 IPv6,可承担由边缘计算引发的大规模连接设备数量增长压力。这个才刚刚开始的第三代网络,重点是 SDN 和 NFV 物理网络设备的虚拟化和抽象化:SDN 通过将数据包的转发逻辑转移到虚拟集中控制器的一个抽象软件层,带来了一个更加集中的网络架构;NFV 促使网络功能从专有物理网络元素转变成虚拟机中的虚拟化元素。

新的第四代网络则很可能改变过去 25 年来的互联网络的基础模式。以往在 TCP/IP 中,客户机首先需要确定一个可以提供内容服务的服务器 IP 地址,而 ICN 打破了这种以主机为中心的模式,通过端到端的连接和基于内容分发架构的唯一命名数据代替了传统方式,建立了一个可扩展、更灵活、更安全的网络,并支持位置透明性、流动性和间歇性连接等。

ICN 研究小组由互联网研究任务组成立,是一个利用 ICN 概念合作解决互联网问题的论坛。许多正在进行的 ICN 的研究项目获得了全球学术界和行业组织的支持,其中最有名的便是"命名数据网络"(Named Data Networking,NDN)项目。美国、韩国、中国、瑞士、法国、日本的各大高校,以及包括阿尔卡特朗讯、思科、华为、英特尔、松下和威瑞信在内的商业机构共同成立了 NDN 联盟。

命名数据和带名称的路由组成了 ICN 网络。ICN 网络使用命名数据运行,其内容的请求来自一个具有唯一名字的发布者,而不是主机 IP 地址。同时,数据的命名格式是不固定的,命名数据可以识别任何数据,包括文本、视频、指令以及一个网络端点。IP 网络可转发任何接入网络的通信,数据包的安全性通常基于固定端点的保障和通过网络层上的网络协议(例如 IPSec)的分组路径来保护。ICN 不依赖安全通道,在一个 ICN 网络中,所有命名数据都由提供者加密保护,请求者均可以通过签名验证内容,而无论其来源。原则上,ICN 允许用户按名称查找数据,而不是识别和连接到特定物理主机检索数据。ICN 工作模式为发布或订阅模式,用户提出内容要求,发布者将内容发布接入网络,其内容按名称发布与订阅,提供者和请求者并不需要知道对方的网络位置。

在 ICN 网络中,订阅用户将命名数据请求发送到网络,路由器根据名称而不是 IP 地址转发请求。ICN 路由器通过这个名字来匹配数据请求与数据发布源,网络中所有数据请求的节点都可以代表发布者提供内容,同时扮演 CDN 的功能。如果 ICN 路由器接收的多个请求对应同一个名称,那么只需要转发一个并缓存命名数据,然后将命名数据返回给所有请求者。因为命名数据在网络中是独立存在的,数据的高速缓存与复制可以更容易地支持广播、多播,便于网络的存储和转发。

ICN 技术的发展还处于研究阶段,美国国家科学基金会的未来互联网体系结构项目组、欧盟第七框架计划资助了许多项目,每个研究项目都采取了不同的方法来开发采用 ICN 概念的网络体系结构的框架。目前正在进行的研究包括 ICN 命名体系发展、扩展路由方案、网络指标、应用协议设计、网络拥塞、QoS 和缓存策略、安全与隐私,以及商业、法律和监管框架等。为了能够更好地应用边缘计算场合,ICN 也需要解决边缘计算中终端设备的可移动性、网络拓扑的高度变化性、隐私和安全保护,以及对于大量不确定物体的可扩展性等问题。

(3) 服务管理。

对于网络边缘的服务管理,为了保证系统稳定,需要具备以下几个特性:可区分性、可扩展性、隔离、负载部署和均衡、可靠性。

① 可区分性。

网络边缘会部署多个服务,不同服务应该具备不同的优先级,关键服务应该在普通服务之前被执行。

② 可扩展性。

可扩展性对于网络边缘是巨大的挑战。由于用户和计算设备动态地增加,以及用户和计算设备的移动造成的计算设备动态注册和撤销,服务通常也需要跟着进行迁移,由此将会产生大量的突发网络流量。与云计算中心不同,边缘计算的网络情况更为复杂,带宽可能存在一定的限制,这些问题需要通过设计灵活、可扩展的边缘操作系统来实现服务层的管理。

③ 隔离。

在边缘端,如果一个程序崩溃,可能会导致严重的后果,甚至对生命财产安全造成直接损失。因此,边缘设备需要通过有效的隔离技术来保证服务的可靠性和服务质量。隔离技术需要考虑两方面:计算资源的隔离,即应用程序间不能相互干扰;数据的隔离,即不同应用程序应具有不同的访问权限,例如无人驾驶汽车的车载娱乐程序不允许访问汽车控制总线数据。目前在云计算场景下,主要使用虚拟机和 Docker 容器技术等方式保证资源隔离。边缘计算可汲取云计算发展的经验,研究适合边缘计算场景下的隔离技术。

④ 负载部署和均衡。

边缘程序开发人员必须解决同时将不同的工作负载部署到多个边缘服务器或集群的问题,一种方法是通过隐式部署(把应用程序放到流量中),而不必考虑成千上万个边缘微数据中心实际在运行哪个应用程序。为了解决跨集群的流量负载均衡问题,可以将每个请求都解析到最近的边缘服务器。边缘集群还应该能够自主地跨集群加载工作负载,这就需要边缘站点之间具有一些"邻居意识"。边缘管理员还可以将这些微数据中心组织为复杂的拓扑结构,以便在本区域或本地部署不同的工作负载。

⑤ 可靠性。

可靠性是边缘计算的挑战之一,包括服务、系统和数据三个角度。

· 服务角度。

在实际场景中,有时很难确定服务失败的具体原因。例如,当节点断开连接时,系统的服务很难维持。但当节点出现故障后,可采取方法降低服务中止的风险,如边缘操作系统告知用户哪一个部件出现了问题。

· 系统角度。

边缘操作系统需要能够很好地维护整个系统的网络拓扑结构。系统中的每个组件都需要能够将诊断、状态信息发送到边缘操作系统,这样用户可以方便地在应用层部署故障检测、设备替换或质量检测等服务。

· 数据角度。

在边缘节点大规模分布和网络高度动态的条件下,如何实现在不可靠连接和通信的情况下,参考数据源和历史数据并提供可靠的服务,仍然是一个难题。

(4)算法执行框架。

深度学习作为智能应用的关键技术,是当下最火热的机器学习技术。由于深度学习模型的高精度和可靠性,其在机器视觉、语音识别和自然语言理解等方面得到了广泛的应用。然而,由于深度学习模型推理需要消耗大量的计算资源,当前的大部分边缘设备由于资源受限,因此无法以低时延、低功耗、高精度的方式支持深度学习应用。

不过,随着人工智能的快速发展,边缘设备需要执行越来越多的智能算法任务,例如家庭语音助手需要进行自然语言理解,无人驾驶汽车需要对街道目标进行检测和识别等。在支撑这些任务的技术中,机器学习尤其是深度学习算法占有很大的比重,设计面向边缘计算场景下的高效的算法执行框架是一个重要的方法。

目前,有许多机器学习算法执行框架,例如谷歌公司发布的 TensorFlow、依赖开源社区力量发展的 Caffe 等,但这些框架并不是为边缘设备专门优化的。如表 8-2 所示,云服务和边缘设备对算法框架的需求有很大的不同。在云数据中心,算法框架更多地执行模型训练的任务,它们的输入是大规模的批量数据集,关注的是训练时的迭代速度、收敛速度和框架的可扩展性等。而边缘设备更多地执行预测任务,输入的是实时的小规模数据。由于边缘设备计算和存储资源的相对受限性,它们更关注算法框架预测时的速度、内存资源占用率以及能效等。

表 8-2　云服务和边缘设备的算法执行框架对比

要　素	云　服　务	边　缘　设　备
输入	大规模,批量	小规模,实时性
任务	训练,推理	推理
	训练速度	推理时延
重点考虑	收敛速度	内存资源占用率
	可扩展性	能效

为了更好地支持边缘设备执行智能任务,一些专门针对边缘设备的算法框架应运而生。2017 年,谷歌公司发布了用于移动设备和嵌入式设备的轻量级解决方案 TensorFlow Lite,它通过优化移动应用程序的内核、预先激活和量化内核等方法,来减少执行预测任务时的时延和内存占用。Caffe2 是 Caffe 的更高级版本,它是一个轻量级的执行框架,增加了对移动端的支持。此外,PyTorch 和 MXNet 等主流的机器学习算法执行框架也都开始支持在边缘设备上的部署。算法执行框架的性能提升空间还很大,开展针对轻量级的、高效的、可扩展性强的边缘设备算法执行框架的研究十分重要,也是实现边缘智能的重要技术趋势之一。

除此之外,另一个重要趋势是基于边端协同,按需加速深度学习模型推理的优化框架,从而满足新兴智能应用对低时延和高精度的需求。目前,主要采取以下两方面的优化策略：一是分割深度学习模型，基于边缘服务器与移动端设备间的可用带宽，自适应地划分移动设备与边缘服务器的深度学习模型计算量，以便在较低的传输时延代价下将较多的计算卸载到边缘服务器，从而同时降低数据传输时延和模型计算时延；二是精简深度学习模型，通过在适当的深度神经网络的中间层提前退出，以便进一步降低模型推理的计算时延。值得注意的是，虽然模型精简能够直接降低模型推断的计算量，但同样会降低模型推断的精确率，因为提前退出神经网络模型减少了输入对数据的处理。

（5）区块链。

物联网终端设备有限的计算能力和可用能耗是制约区块链应用的瓶颈，但边缘计算可以解决这一问题。以移动边缘计算为例，移动边缘计算服务器可以替终端设备完成工作量证明（Proof-Of-Work）、加密和达成可能性共识等计算任务。

边缘计算与区块链融合能提高物联设备的整体效能。以物联网设备群为例，一方面，移动边缘计算可以充当物联设备的"局部大脑"，存储和处理同一场景中不同物联设备传回的数据，并优化和修正各种设备的工作状态和路径，从而达到场景整体应用最优。另一方面，物联终端设备可以将数据"寄存"到边缘计算服务器，并通过区块链技术保证数据的可靠性和安全性，同时也为将来物联设备按服务收费等方式提供了支持。

边缘计算与区块链的融合对于物联网是有效的补充，提高了安全性及多设备下的运作效率，但也存在以下问题。

① 需要解决安全、计算资源分配不均等问题。

在边缘计算应用场景下，受边缘计算服务器实际计算力的限制，在具有私有性的物联网体系中，比较现实可行的方法是采用"白名单制"。即免去"挖矿"达成共识机制过程，但如果有设备冒充物联网终端白名单设备，与移动边缘计算服务器进行交互，则很容易引发安全问题。

② 需要建立合理的共识机制。

因为移动物联设备本身的 PoW 能力较弱，或者根本不具备"挖矿"能力，所以需要通过移动边缘计算服务器实现。当多个物联终端通过委托统一的边缘计算服务器进行计算时，如何分配资源？通过什么样的共识机制能实现最优？

此外，云计算、边缘计算的基础设施都在转向以数据为中心的场景，区块链技术具有实现数据确权的潜力，这是下一阶段大数据的核心问题。引用谷歌公司前董事长施密特认为，区块链技术最大的价值就是实现数据的稀缺性，也就是数据不可以篡改和随便拷贝。目前，区块链技术尚未具有支撑大数据的能力，这是下一代数据网要解决的难题。

3. 边缘计算未来发展典型场景探讨

（1）智能家居发展趋势。

智能家居边缘计算的发展可以分为以下三个阶段。

① 执行和反馈。在用户期望的时间内正确地执行用户想做的事情。

② 理解和感知。能够感知并理解用户的动作和意图。

③ 自主系统。能够无缝地理解和预见用户的需求，主动并及时地提供服务和体验。

随着人工智能和计算力的发展与提升，智能家居中所有互联的智能设备都成为家庭成员之外的一种延伸。它能够通过自身的"眼睛""耳朵"和"大脑"来不断感知和学习家庭的整个环境，以及用户的生活习惯，从而在一定程度上替代人类来完成家庭的工作并进行优化。

智能家居边缘计算的技术发展方向和趋势包括以下几方面。

① 可连接性。

网络连接是智能家居的神经网络。随着家庭中的智能设备越来越多，消费者需要快速、安全和可靠的家庭网络将每个设备连接起来，从而保证用户体验和隐私安全。特别是对于一些新兴的应用，例如虚拟现实、计算机游戏以及 4K 多媒体等，它们要求网络带宽更大、时延更低。智能家居中的网络连接如下。

• WAN。

用于连接公网和云服务，至少支持一个千兆自适应网口。

• LAN。

有线局域网网络，用于将家庭设备通过有线方式稳定地接入家庭路由器，一般需要支持多个千兆自适应网口。

• WLAN。

无线局域网一般是指通过 Wi-Fi 接入家庭的智能设备，例如家庭个人计算机、智能冰箱等。目前比较成熟的有 IEEE 802.1 lac（Wi-Fi 5）和新一代 Wi-Fi 标准 802.11 ax wave（Wi-Fi 6）。802.11 ax 支持 2.4GHz 和 5GHz 频段，向下兼容 802.1 la/b/g/n/ac，在 2.4GHz 频段上的最大值为 1148 Mb/s，在 5GHz 频段速率可以达到 4804Mb/s，支持在室内外场景、提高频谱效率和密集用户环境下将实际吞吐量提高 4 倍。华为公司在 2019 年 1 月发布的 5G 商用终端 CPE Pro，搭载自研 5G 多模基带芯片 Balong 5000，支持 802.11 ax，覆盖增强约 30%，多设备上网速度提升约 4 倍，并集成了 HiLink 智能家居协议。

IEEE 802.11 ad 标准或称为 WiGig 是另一项无线局域网接入技术，使用高频载波的 60GHz 频谱，可提供接近 7Gb/s 的高吞吐率，满足多路高清视频和无损音频超过 1Gb/s 码率的要求,但由于 60GHz 频率的载波穿透能力很差,有效连接只能局限在一个不大的范围内。

· PAN。

个人局域网用于连接智能家居中的各种智能传感器和终端设备,例如门禁传感器、烟雾报警器等,具备低速率和低功耗等特点,协议类型包括 ZigBee、Zwave 和蓝牙等。

② 语音识别。

自然语音接口是最自然和方便的人机交互界面,可以释放用户的双手,并实现用户意图的精准理解和应答。特别是近几年随着深度学习在 NLP、NLU 领域的突破性发展,智能音箱越来越被消费者接受,成为家庭自动化控制的核心。典型的如亚马逊的 Echo 智能音箱,可以远程实现精准的语音识别和回复,结合亚马逊云端服务 Alexa Skills Kit,还可以通过语音接口控制家庭中的其他智能网关或设备。

③ 边缘视觉。

边缘视觉和处理是智能家居的眼睛,用于识别家庭中的物体、人或发生的事件等。例如,通过边缘视觉的人脸识别,可以识别家庭门口的来访者,判断是否让其进门或是否通知家庭主人。

④ 理解和认知。

理解和认知能力是实现智能家居大脑的重要功能,通过边缘计算连接和汇集所有智能设备的数据,然后进行分析并理解场景上下文,从而自动执行某项操作。例如,通过识别和理解日历中的航班信息,自动将家庭设置为度假模式,从而保证家庭安全和节能。

从智能家居主要产品形态的角度出发,上述主要核心技术的应用情况如表 8-3 所示。

表 8-3　智能家居的核心技术的应用情况

核心技术	智能家居 Hub	个人云网关	家庭 Hub＋路由器	智能征程器	智能音箱	智能显示器
Zwave,ZigBee,BLE	√	√	√	√	可选	可选
有线网络	√	√	√	可选	—	可选
无线客户端	√	√	√	√	√	√
无线 AP	—	√	√	√	—	—
远场语音,扬声器	—	可选	可选	可选	√	√
摄像头	—	—	—	—	可选	可选
环境传感器	—	可选	可选	可选	可选	可选
3G,LTE,5G	—	—	—	—	可选	可选

将智能家居的主要技术趋势可归纳为以下三点。

① 互联的家庭智能设备会持续增长,对于网络带宽和实时性要求会越来越高。

② 智能家居服务碎片化,对于各个智能家居方案提供商无法兼容的问题,会随着边缘计算的发展得到改善。

③ 随着人工智能的发展,语音交互将成为家庭中的主要交互手段。

(2) 智慧医疗未来场景。

随着 5G、区块链和 AI 等前沿科技的发展,已经逐步应用于智慧医疗领域,未来的应用会更加广泛。

① 5G 在智慧医疗中的应用

5G 代表了一种全新的数字医疗网络,并很有可能提升患者的医疗体验,实现医疗个性化。它通过三大能力帮助用户保护健康:医疗物联网(IOMT)、增强型移动宽带和关键任务服务。当这三者汇聚在一起时,能够随时随地为用户提供全面、个性化的服务。5G 在智慧医疗中的具体应用案例如下。

• 移动医疗设备的数据互联。

支持实时传输大量人体健康数据,协助医疗机构对非住院穿戴者实现不间断的身体监测。同时,也可通过医疗平台,对医疗监护仪、便携式监护仪等设备统一传输数据。

• 远程手术示教。

通过对手术和医疗过程等进行远程直播,结合 AR,帮助基层医生实现手术环节的异地实习。

• 超级救护车。

通过超高清视频和智能医疗设备数据的传输,协助在院医生提前掌握救护车上病人的病情。

• 高阶远程会诊。

通过传输的高清视频和力量感知与反馈设备结合,为医生提供更真实的病况,为病人提供高阶会诊。

• 远程遥控手术。

医生通过 5G 网络传输的实时信息,结合 VR 和触觉感知系统,远程操作机器人,实现远程手术。

在 5G 网络下,诊断和治疗将突破地域的限制,健康管理和初步诊断将居家化,医生与患者将实现更高效的分配和对接,传统医院将向健康管理中心转型。

• 从传统的疾病诊断和治疗延伸为健康管理。

5G 的低时延、高可靠的特点,能更好地支持连续监测和感官处理装置,支持医疗物联设备在后台进行不间断且强有力的运行,收集患者的实时数据。而数据正成为新型的医疗资本,医院可以基于此向健康管理服务转型,提供不同的远程服务,如日常健康监控、初步诊断和居家康复监测。

- 个性化医疗服务。

例如定期的居家门诊、远程全球专家咨询和会诊等。

- 弱化地域的限制,增加就医渠道,实现医疗资源的共享。

远程实时通信使不同的医疗机构之间形成互联,让患者能够得到权威医生的远程诊断和会诊、远程手术和手术协助、术后康复支持等。

- 急救改善。

5G 的高频率传输特点在未来将实现毫秒级传输速度。搭载 5G 网络的急救通信系统和影像诊断设备,可以更好地保证医院在患者到达前做好充分准备,从而快速投入抢救。

- VR 应用提高手术成功率,改善医患关系。

② 区块链+数字医疗。

在医疗领域,区块链技术有以下三个可以直接应用的核心优势。

- 安全和不可篡改的信息储存。

对于饱受黑客袭击和勒索软件困扰的医疗领域来说,安全的信息存储是当下急需的。当区块链技术的潜力得到完全施展时,病人和医生便可以摆脱对黑客袭击的担忧,自由地分享和交换医疗数据,将医疗数据放入一个基于区块链的安全数据仓库中。还有另一个好处,它会让数据变得更加透明。过去,由于医疗领域缺乏足够的透明度,每年医保和账单欺诈造成的损失高达上百亿美元。在诊疗的过程中,由于所有医疗支出和诊疗流程的数据都可以被加密签名,因此区块链有望大大降低欺诈和失误产生的概率。基于区块链的系统有望极大地增进所有利益主体间的信任,因为他们将共享一份完整的、一模一样的医疗历史信息。以前医疗专家需要基于相对有限的信息做出决策,病人则需要绞尽脑汁地回忆病史,还得不厌其烦地将病史的具体细节传达给医生,而将来,这些都不再需要了。

- 去中心化的交易。

由于可以将医疗数据分布式地同步给多元的主体,从数据的获取、扩展和安全方面来看,基于区块链的分布式账本(DLT)比现有的中心化系统强得多。去中心化的系统也可以简化成本结构,缩短交易时长,免除不必要的中间商和管理费用,性价比也更高。因为监管方面的限制,也许无法将医疗系统完全地去中心化,但一些可信的生态玩家依然会成为塑造新系统的重要组件,因为它们都可以扮演存储和处理病人数据的角色。

- 内嵌的激励机制。

服务的通证化以及通证的应用创造了很多新的激励机制,可以用通证"付报酬"给病人或其他生态里的利益相关方,从而激励他们去做某些对系统有益的行为。从狭义的角度来看,有益的行为包括保障系统安全性或帮助处理交易,这些节点将因为对系统的贡献而获得区块奖励(共识协议奖励)。除此之外,广义的有益行为也可以是追求更健康的生活方式或与医疗社区或医药公司分享医疗数据。

③ 边缘 AI 协助临床诊断。

很多人担心人工智能的发展可能让自己的饭碗不保,但有个行业是个例外,那就是医疗行业。PwC(普华永道)最新报告指出,医疗保健行业将是人工智能的最大赢家,可望创造出近 1000 万个就业机会。资深首席经济学家约翰・霍克斯沃思(John Hawksworth)指出,当社会越来越富裕,加上人口逐渐老龄化,虽然部分产业会被机器取代,但医疗产业的人力需求却会持续增加。报告指出,主要原因是人口高龄化以及医疗服务水平提升,医疗人员、社工都需要更加人性化及专业化,这些特质都是机器难以取代的。人工智能在医疗行业主要是以加速医疗创新为主,其中协助"医疗影像诊断"更是近年来成长最快的项目。

以超声波影像检查甲状腺结节为例,超声波影像是诊断甲状腺结节的常用方法,而活体检视是一个痛苦而昂贵的过程,但通常又是确定患者是否患癌所必需的。能够进行此类影像读片的放射科医生的数量还无法满足需求,而具备能力的放射科医生承受了过重的工作负担,可能导致疲劳和降低分析准确度。浙江大学联合浙江 DE 影像解决方案公司与英特尔公司合作,开发和部署基于人工智能的解决方案,用于鉴别甲状腺结节并区分它是良性还是恶性的。浙江大学测试了模型,用于读取甲状腺超声波图像,基于人工智能的医疗影像推理解决方案确认甲状腺肿瘤的准确度,结果比中国甲等医院的放射科医生至少高出 10%。放射科医生能够更快速地分析影像,提高工作流程效率,让经验丰富的医生有更多的时间专注于复杂病例。该解决方案已用于 5000 多名患者,随着广泛部署,该解决方案将有助于提高医疗系统的诊断能力,改善患者的治疗效果。

人工智能的医疗影像判定并不是和医生抢工作,而是希望能发挥人类的潜能,提高诊断的精准度。投身医学图像分析近 20 年的北卡罗来纳大学的沈定刚教授指出,目前深度学习在医学影像中的应用越来越多,但有一点至关重要,那就是跟医生的密切合作。他以自身在美国的经验为例,当初在医学院放射科的技术人员都必须跟医生们一起工作,从中知道医生的整个临床流程,才能把人工智能的技术恰当地应用到临床流程的相应部分。

(3) 智能制造发展趋势。

① OPC UA+TSN。

尽管 OT 和 IT 融合是一个产业共识,然而真正推动起来却并非想象中的那么简单,当讨论智能制造的各种实现途径,包括边缘计算、大数据、工业互联网、工业物联网的时候,遇到的第一个问题实际上是连接问题,如果不解决这个问题,其他问题就无从谈起。

相对于传统的 PLC 集中式控制,现场总线为工业控制系统带来了很多便利,比如接线变得更为简单,系统的配置、诊断的工作量也因此下降。然而,由于各家公司都开发了自己的总线,在 IEC 的标准中也有多达 20 余种总线,不同的总线又造成了新的壁垒。因为各家公司的业务聚焦、技术路线不同,使各个现场的总线在物理介质、电平、带宽、节点数、校验方式、传输机制等多个维度上都不同,因此造成了不同的总线设备无法互联。实时以太网解决了物理层与数据链路层的问题,但对于应用层而言仍然无法联通。各个实时以太网是基于原有的三层网络架构(物理层、数据链路层、应用层),在应用层采用了诸如 Prodbus、CANopen 等协议,而这些协议又无法实现语义互操作。

OPC UA 和 TSN 在整个 ISO/OSI 模型中分别解决了多个层次的问题。OPC UA 扮演语义互操作层的任务,包括会话、表示和应用层,例如建立主从、Pub/Sub 的连接,以及安全的数据传输 TLS 机制等。TSN 则实现了实时与非实时数据的统一网络传输。虽然看上去 TSN 仅处于第 2 层,但实际上它是一个桥接网络,网络会由各个节点通过 RSTP(即快速生成树协议)的方式形成一个路径表,这有点类似于路由表,每个节点都会存储这个路由表,然后对转发的数据进行中继传输。

OPC UA 是为了解决异构网络间的语义互操作问题。为了实现这个目的,OPC UA 包括了如下多个功能与职责。

- 连接。

OPC UA 支持两种模式的连接,对于 MES/ERP、SCADA 或其他任何来自局域网、私有云架构、边缘计算侧的节点而言,都可以通过 Client/Server 架构和 Pub/Sub 机制相互建立连接。OPC UA 支持针对 HTTP、WebSocket、UA TCP 的连接,并支持 JSON,而 Pub/Sub 的机制如 MQTT/AMQP,也在最新的 OPC UA 中获得了支持,使 OPC UA 具有了广泛适用性。

- 信息模型。

信息模型是 OPC UA 的核心,包括以下几方面。

第一,元模型,包括基础的对象、参考、数据、类型与结构定义。

第二,内嵌信息模型,包括用于设备的信息,如历史数据、报警、趋势、日志等数据规范。

第三,伴随信息模型。OPC UA 与各个行业的技术组织合作,将各种垂直行业的信息模型集成到 OPC UA 架构下,信息模型简少了工业互联网中的数据处理的工程量,否则需要大量的时间用于网络数据的配置、驱动的编写、测试接口等环节,无法快速扩张应用,使工业互联没有经济性。

第四,安全机制。传统的实时以太网等技术由于采用非标准以太网的机制,导致无法与 IT 网络同时运行。这两种网络通常是完全隔开的,外界很难访问实时网络,因此数据安全问题不大。而对于工业互联网,安全就变得非常重要,因此 OPC UA 在整个架构设计中贯穿了安全机制,包括加密、角色管理等多重机制。

OPC UA 与 TSN 的结合代表了未来工业互联网的技术趋势,也代表着 OT 和 IT 融合的实现道路。对于 IT 端的应用而言,OPC UA+TSN 提供了访问的便利,然后才能产生业务模式的创新,基于边缘计算的产业应用场景和云连接的智能优化,以及产业业务模式的转变等,真正实现的数字化转型。

② 工业互联网。

工业软件不同于普通软件,是工业创新知识长期积累、沉淀并在应用中迭代的软件化产物,其核心是工业知识。工业软件是制造业数字化、网络化、智能化的基石,是新一轮工业革命的核心要素。经过几十年的发展,工业软件也在不断变化。目前,工业软件呈现以下发展趋势。

• 软件形态方面。

工业软件朝着微小型化发展,软件模块→软件组件→App→小程序→微小应用。

• 软件架构方面。

大平台、小应用成为发展趋势。一方面,在工业软件微小型化发展的趋势下,软件架构朝着网络化、组件化、服务化方向发展,从面向服务的架构到基于微服务的架构;另一方面,基础工业软件朝着平台化发展,工业软件向一体化软件平台的体系演变,特别是基于技术层面的基础架构平台。工业互联网平台就是某种意义上的工业软件平台。

• 软件开发方面。

工业软件的开发环境已从封闭、专用的平台走向开放和开源的平台;开发模式从专业集中开发走向群智化协同开发,向大规模群体协同、智力汇聚、持续演化的软件开发模式演进。

• 软件使用方面。

工业软件朝着云化发展,软件和信息资源部署在云端,使用者根据需要自主选择软件服务。

• 工业知识方面。

工业软件朝知识化方向发展,从通用工业知识到特定工业知识,从工业知识创造、加工、使用的分离到统一。

工业互联网包括平台、网络、安全三大体系。对于工业互联网平台,从边缘层来看,生产过程控制、通信协议的兼容转换、数据采集、边缘计算等都离不开工业软件的支持；从 IaaS 层来看，数据、存储、计算等资源的利用都由软件来实现，软件定义基础设施已成为发展趋势；从 PaaS 层来看，工业 PaaS 平台本身是由开源软件二次开发而来的，平台上的开发环境、开发工具是一套云化的软件，平台上的微服务将工业技术、原理、知识进行模块化、封装化、软件化，是一系列可调用的、组件化的软件；从应用层来看，工业 App 本身就是面向特定工业应用场景的软件程序，是一系列软件化、可移植、可复用的行业系统解决方案，与工业 SaaS 一起支撑了工业互联网平台的智能化应用，是实现工业互联网平台价值的最终出口。

对于工业互联网网络，5G 窄带互联网、软件定义网络、时间敏感网络等基础设施处处离不开软件这一重要的使能技术，通过软件定义的方式对网络基础设施进行重塑与重构，赋予其新的能力和灵活性；标识解析体系的编码与存储、解析、异构互操作等功能主要由软件来实现。

对于工业互联网的安全来说，正是各种软件组成了工业互联网，工业软件的安全性在很大程度上影响了工业互联网的安全性。目前，工业互联网安全的潜在攻击方式多是通过恶意软件进行攻击的，工业互联网的安全技术体系和管理体系也是围绕工业软件构建的。

工业互联网带来了知识沉淀、复用与重构。通过工业互联网，创新的主体可以高效便捷地整合第三方资源，创新的载体变成可重复调用的微服务和工业 App，创新方式变成了基于工业互联网和工业 App 的创新体系。而工业知识是工业软件的基础，高质量的工业知识将有助于工业软件的发展。

工业互联网带来了新的软件研发方式。传统工业应用软件往往开发难度大、开发要求高，不能灵活地满足用户的个性化需求。在工业互联网中，一方面，传统架构的工业软件拆解成独立的功能模块，解构成工业微服务；另一方面，工业知识形成工业微服务。工业应用软件未来的开发和部署可能以围绕工业互联网的体系架构为主。工业互联网适应工业软件网络化、App 化、云化、知识化等发展趋势。

工业互联网带来了新的软件生态。工业互联网以统一的架构体系，实现了对生产现场的 SCADA 系统、嵌入式工业软件，工厂级的 ERP、PLM、SCM、MES 等系统，云计算、大数据处理平台，以及上层应用软件的集中管理、协调配合和统一展现，对底层物理设备管控、核心数据处理和上层应用服务提供等至关重要。工业应用软件未来将吸引海量的第三方开发者，基于软件众包社会化平台，通过工业互联网进行共建、共享和网络化运营，形成新型的工业软件生态。

工业互联网也带来了新的价值呈现平台。基于工业互联网，面向特定工业应用场景，激发全社会资源形成生态，推动工业技术、经验、知识和最佳实践的模型化、软件化和封装，形成海量工业 App。用户通过对工业 App 的调用，实现对特定资源的优化配置。工业 App 通过工业互联网进行共建、共享和网络化运营，支撑制造业智能研发、智能生产和智能服务,提升创新应用水平,提高资源的整合利用。

工业互联网所承载、包含的工业应用软件并不能包含所有工业软件门类;工业 App 以及云化的形式并不适用于所有的工业应用软件,比如某些大型 CAD、CAE 软件等,对耦合的要求不同。工业互联网与工业应用软件具有各自独立的体系。

一方面,工业软件是工业互联网的灵魂,另一方面,发展工业互联网为工业应用软件提供了新机遇。我们应高度重视工业互联网带来的发展工业应用软件的契机,在大力建设和发展工业互联网的同时,把工业应用软件的短板补齐,把工业 App 的培育推向高潮。也唯有把工业应用软件做好,才能实现工业互联网的高质量发展。

(4) 边缘计算赋能视频行业。

2018—2022 年,全球边缘计算相关市场规模的年复合成长率将超过 30%,其中视频业务被视为驱动边缘计算快速发展最现实的市场需求。

2019 年 3 月,由工信部、国家广播电视总局、中央广播电视总台联合印发《超高清视频产业发展行动计划(2019—2022 年)》,明确将按照"4K 先行、兼顾 8K"的总体技术路线,大力推进超高清视频产业的发展和相关领域的应用。从数字电视到高清、全高清、超高清 4K,再到 8K,显示像素越来越密,画面也就越来越清晰。超高清显示效果不光需要一块超高清屏幕,还需要新技术支撑。由于超高清显示包含更大的数据量,需要更快的信息传输速度,因此对现有硬件设施提出了一定挑战。但边缘计算恰恰可以进一步解决传输问题,带动整个采集、制作、播放内容的升级,让超高清电视真正走进百姓家中。仅在超高清视频领域,提高视频的数据处理能力,就为边缘计算打开了一个广阔的应用场景。

边缘计算的主要价值是低时延与带宽节省,此外还具有移动网络感知(解析移动网络接口的信令来获取基站侧无线相关信息)、IT 计算存储通用环境等特点,可以节省终端能耗、减少终端计算存储、屏蔽远程云服务网络连接故障(与云端数据中心网络连接故障时,MEC 本地临时服务可用)。对于超高清视频领域,边缘计算主要是优化视频传输业务。

互联网业务与移动网络的分离设计,导致业务难以感知网络的实时状态变化,互联网视频直播和视频通话等业务都是在应用层自行基于时延、丢包等进行带宽预测和视频传输码率调整的,这种调整一般是滞后的。并且由于无线接入层网络的无线侧信道和空口资源变化较快,特别是高密集流动人群地区,难以和带宽预测评估算法的码率调整做到完全匹配,视频传输难以达到最佳效果。

部署边缘计算平台,利用边缘计算的移动网络感知能力(如无线网络信息服务 API)向第三方业务应用提供底层网络状态信息,第三方业务应用实时感知无线接入网络的带宽,从而可以优化视频传输处理,包括选择合适的码率、拥塞控制策略等,实现视频业务体验效果与网络吞吐率的最佳匹配。

在网络拥堵严重影响移动视频观感的情况下,边缘 CDN 和移动边缘计算是一个非常好的解决方法。

① 本地缓存。

由于移动边缘计算服务器是一个靠近无线侧的存储器,可以事先将内容缓存至移动边缘计算服务器上。当有观看移动视频的需求,即用户发起内容请求时,移动边缘计算服务器立刻检查本地缓存中是否有用户请求的内容,如果有就直接服务;如果没有,就去网络服务提供商处获取,并缓存至本地。当其他用户下次有该类需求时,可以直接提供服务。这样便缩短了请求时间,也解决了网络堵塞问题。

② 跨层视频优化。

此处的跨层是指"上下层"信息的交互反馈。移动边缘计算服务器通过感知下层无线物理层的吞吐率,服务器(上层)决定为用户发送不同质量和清晰度的视频,在减少网络堵塞的同时提高线路利用率,从而提高用户体验。

③ 用户感知。

由于移动边缘计算的业务和用户感知特征,可以区分不同需求的客户,确定不同的服务等级,实现对用户差异化的无线资源分配和数据包时延保证,合理分配网络资源,提升用户体验。

除了超高清视频领域,视频监控领域也倍受重视。随着中国对平安城市、"雪亮工程"以及交通运输等领域的投入,对于安防产品的需求不断提升,安防市场规模也在不断扩大。视频监控是整个安防系统最重要的物理基础,视频监控系统位于最前端,很多子系统都需要通过与其结合才能发挥自身的功能,是安防行业的核心环节。

传统视频监控系统的前端摄像头的内置计算能力较低,而现有智能视频监控系统的智能处理能力不足。为此,以云计算和万物互联技术为基础,融合边缘计算模型和视频监控技术,构建基于边缘计算的新型视频监控应用的软硬件服务平台,以提高视频监控系统前端摄像头的智能处理能力,进而实现对于重大刑事案件和恐怖袭击活动的预警系统和处置机制,提高视频监控系统防范刑事犯罪和恐怖袭击的能力。

边缘计算＋视频监控技术其实是构建了一种基于边缘计算的视频图像预处理技术,通过对视频图像进行预处理,去除图像冗余信息,使部分或全部视频分析迁移到边缘处,由此降低对云中心的计算、存储和网络带宽的依赖,提高视频分析的速度。此外,预处理使用的算法采用软件优化、硬件加速等方法,提高视频图像分析的效率。

除此之外,为了减少上传的视频数据,基于边缘预处理功能,构建基于行为感知的视频监控数据弹性存储机制,边缘计算软、硬件框架为视频监控系统提供了具有预处理功能的平台,实时提取和分析视频中的行为特征,建立监控场景行为感知的数据处理机制。并且根据行为特征决策功能,实时调整视频数据,既减少了无效视频的存储,降低存储空间,又最大化存储"事中"证据类视频数据,增强证据信息的可信性,提高视频数据的存储空间利用率。

4. 边缘计算前沿整体方案展望和探讨

Baidu OTE(以下简称 OTE)是百度提供的边缘计算整体方案的参考标准,其目的是希望面向 5G,从互联网公司的角度出发,致力于多运营商边缘资源的统一接入,通过虚拟化和智能调度,提高资源利用率,降低使用成本。同时,作为边缘基础设施的参考标准,支撑"云-边-端"算力的全局统一调度,为 AI 提供低时延和最优的边缘算力支持。

(1) OTE 标准参考架构。

OTE 的参考架构分为 5 个层面:硬件层、资源层、IaaS 平台、Web 平台以及边缘产品和场景。AI 计算优化和边缘安全植入整个架构平台。

① 硬件层。

作为边缘云参考标准,OTE 要求支持各种标准及非标准的 x86 服务器,包括自研服务器和运营商 OTII 标准服务器;支持各个厂家的 GPU,集成各主流自研 AI 芯片的虚拟化和调度。

② 资源层。

OTE 标准对边缘资源的地域、规格等无明显的限制,支持 CDN 机房资源、MEC 机房资源以及第三方平台提供的资源,当然也可以是一些边缘虚拟机实例。目前,CDN 加速服务主要使用的是存储和网络,而 CPU 和内存部分闲置,因此 OTE 认为可以先以 CDN 资源为基础,做 CDN 的资源统一管理,将 CPU、内存等计算资源释放出来进行 CDN 边缘的计算加速支持。

伴随着运营商 5G MEC 平台的完善,OTE 标准提出了多运营商 MEC 平台的对接适配,以实现移动边缘、云边缘的多层级调度:根据业务不同的优先级和时延要求,调度不同的边缘资源来支撑算力。考虑在一些混合云场景或工业场景中存在着私有的服务器集群,或者从第三方边缘平台采购了一部分虚拟机实例,OTE 要兼容这批机器,并提供一键加入脚本功能,将资源快速纳入 OTE 集群统一管理,实现数据的本地化处理,减少传输,同时又可以实现多级灾备。

③ IaaS 平台。

OTE 作为边缘云平台的参考标准,明确了基础 IaaS 平台应具备的完整功能组件,包括多租户的安全隔离和计费策略、完善的运维监控和灾备方案等,以确保能够对外输出稳定可靠的 IaaS 服务。

考虑到边缘资源有限,边缘机房规模不大,对于内部业务,资源虚拟化首选容器方式,例如 Docker;但对外商用,考虑到容器的安全因素,OTE 建议以虚拟机方式进行隔离;因此,OTE 标准同时包括了容器和虚拟机,且要求做到按需配置。标准 IaaS 平台部分包括多个组件,下面将分别介绍。

- 基础资源。

作为边缘 IaaS 参考,OTE 标准对外提供的资源包括 CPU 和内存、GPU、存储、网络。

第一,CPU 和内存。作为基础的资源,需要支持限额及超额分配,以保证最大化利用资源;通过支持 CPU 的绑定,满足客户拥有独立逻辑 CPU 核的需求;为了避免多租户之间的影响,对于 CPU 和内存的底层,建议使用虚拟机实现租户的隔离;同时,需要有完善的 CPU 和内存监控数据,例如机器粒度、实例粒度、集群粒度等,以保证租户的用量计费。

第二,GPU。由于 OTE 标准中对外输出的实例既可以是虚拟机也可以是容器,因此要分别考虑容器和虚拟机对 GPU 的支持。标准也提到边缘 IaaS 需要支持 GPU 的独占使用,以及多实例对单个 GPU 的共享使用。同时,对于多实例对多个 GPU 的共享调度策略、机房内的 GPU 集群的任务调度、多租户的安全隔离及计费策略等,虽然云服务商有自己的解决方案,但目前并无成熟通用的参考方案,需要结合实际情况持续探索。

第三,网络。网络虚拟化是实现机房内互通以及跨机房互通的基本保证;OTE 建议,作为基础 IaaS,需要具备提供独立外网 IP 地址的能力,并且可自主选择要开放的端口;需要支持内网通信,可以自定义内网 IP 地址,以方便租户互通内网;由于边缘机房出口有限,OTE 标准建议对出口带宽进行统一调度,因此需要支持实例的限速。由于要支持多租户,一定要有安全网络的隔离;在网络安全方面,需要考虑防御 SYN Flood、ACK Flood 等攻击。可以考虑增加异常流量自动检测、自动牵引和清洗功能。最后,OTE 要求平台需要能区分实例的内外网流量,并实时采集外网的上下行流量统计计费。

第四,存储。边缘计算用到的缓存数据、计算状态的保存、虚拟机的迁移等都离不开边缘存储虚拟化的支持。不同于云中心的虚拟化,OTE 标准明确指出,只需完成边缘机房内的存储虚拟化即可,这样既可以确保实例在异常后能快速恢复和重建,也可以保证存储稳定和可靠。在设计平台时,也需要考虑多副本带来的负面影响,如存储的冗余和浪费。

- 容器化和虚拟化。

边缘机房受限于条件,通常规模不大,计算资源将变得弥足珍贵。考虑到虚拟机对资源的消耗,在内部自用的场景中,OTE 推荐使用更加轻量的容器,并且有接口可以实现与中心容器云平台的平滑迁移与对接,做到初步的云边协同能力。

由于容器本身非完全虚拟化的隔离实现而带来的安全风险也很明显,对于容器内逃逸,目前也没有很好的解决方案,因此需要采用更加安全的隔离方案,如 KVM 等。考虑到边缘资源的有限性,轻量级的虚拟机技术已经成为一种趋势,其目的也是希望做到容器级的轻量快速、虚拟机级别的安全隔离。目前,业内也有一些比较新的开源方案,虽然还不是很成熟,但是已经开始了快速迭代,例如 Kata、Firecracker 等。随着边缘计算的推动,轻量级虚拟机将很快成为一种主流的边缘计算底层隔离方案。

- 多运营商 MEC 平台兼容。

随着 5G 时代的到来,5G MEC 将为边缘计算提供更靠近用户的、低时延的算力,但仍然存在跨运营商切换时的状态保持问题。如用户从某栋写字楼走出来,之前在写字楼内使用的是中国联通的 Wi-Fi,走出去之后使用的是中国移动的 5G 或 4G 网络,在切换信号之后,计算的状态如何保持?因此 OTE 标准认为,需要一个第三方的互联网云平台进行统一的调度和切换,OTE 参考架构将接入多运营商的 MEC 平台,并结合自身的 CDN 边缘和第三方边缘,组成多层级的算力调度。

- 配套组件。

镜像仓库、镜像分发。无论是容器化还是虚拟化,都需要提供镜像仓库,且支持自定义镜像。考虑到镜像一般都比较大,对于边缘计算的实际环境,镜像的分发将耗费大量的带宽。OTE 建议在标准的基础镜像上制作客户自己的镜像,这样只需增量分发即可。

OTE 标准建议,最好可以提供镜像制作开发机,用户在开发机上直接部署自己的程序,通过 Web 端自动提交到镜像仓库,并验证安全性和完整性。同时,在用户部署时,将增量部分分发到各个边缘节点,实现快速分发。

- 资源编排、资源调度和负载均衡。

在资源编排方面,OTE 推荐使用 Kubernetes,但 Kubernetes 本身也是为中心化集群设计的。首先其边缘资源分布地域广,且均为外网传输,网络不一定可靠,对现有的探活、网络连通性等有一定的挑战。其次,Kubernetes 中心的 Master 支持管理的节点数是有上限的,对于边缘大规模的节点,OTE 建议做分层分区集群管理,如可分区域、省份、节点三级,多个集群之间可以采用 Kubernetes 联邦进行多集群管理,也可以采用 Virtual-Kubelet 实现多集群的统一管理。最后,Kubernetes 对于虚拟机的编排支持还不成熟,目前有一个开源方案 Kubevirt 可供参考,以实现 KVM 的资源管理和编排。不过,OTE 标准建议 Kubernetes 与轻量级虚拟机进行搭配使用,目前 Kubernetes 与 Kata 的结合已经相对成熟,这可能是更加主流的方向。

OTE 标准认为,调度是包含多个层次的,既有节点内资源的调度,如不同业务对资源使用的优先级,如何保证最优使用的同时又保证核心业务不受影响;也包括节点粒度的资源,如怎样就近接入,什么时候使用 MEC 节点,什么时候使用CDN 节点,抑或是需要把请求发回云中心进行计算,即多层级集群的算力调度;同时计算的调度又可以从 Device-Edge-Center 统筹,对一个计算模型,可以将什么样的计算放到什么类型的算力平台上达到最优的效果;对于有状态的计算,调度发生在网络切换或位置移动时,如何保持状态的不间断,如何做到多运营商 MEC 资源的统一调度等。

在负载均衡方面,即将多台 Server(即 Real Server)虚拟化成为一台 Server,提供统一的 VIP(即 Virtual IP),用户只需和 VIP 进行通信,就能访问 RealServer 的服务。这里的负载均衡既可以使用单独的服务器进行配置,也可以使用纯软件层面的服务器,如 Kubernetes 推荐使用的 Traefik 可以实现七层负载均衡,负责集群内部服务的转发。

- 数据、计费和日志处理。

IaaS 平台通常需要提供完善的数据,可多方位地了解 IaaS 的运行状况,同时提供可靠的、可追溯的数据用于计费。OTE 标准中提到的计费项包含但不限于CPU、内存、上下行外网带宽、GPU 和存储等使用情况。

此外,还需提供完备的日志采集和查看系统,用于计费、统计、问题定位等。日志包括系统日志(OTE 系统组件的日志)、业务日志、第三方边缘服务的日志等。

为了方便系统的监控,OTE 建议最好提供近段时间,通常最长为一个月的业务和系统运行数据,用于监控和对比。

- 权限控制、多租户支持和租户隔离。

OTE 标准中提到了多种角色,包括系统管理员、运维监控人员、开发人员、第三方边缘服务提供商(如边缘 Serverless 的服务组件)以及各种不同的客户。既然存在不同的角色,就要进行相应的权限控制,既包括操作权限,也包括拥有不同的视图;同时对于不同客户的业务,要做到网络和计算的完全隔离。

- 边缘服务接入。

OTE 提到的边缘接入方式有多种,如在 CDN 机房可以直接通过 CDN 内网接入,适合 CDN 边缘的一些计算场景;也可以通过 DNS 和 302 调度就近接入或通过 HTTP DNS 的方式查询离用户端最近的节点并提供服务,通过搭配调度实现各种复杂网络环境下的接入,以及切换网络环境时状态的迁移。

- 运维、监控和灾备预案。

作为底层基础设施,OTE 认为 IaaS 平台的稳定性将直接影响上层服务,因此对机器、系统和业务的监控需要非常完善,如监控机器的存活、网络状态、磁盘使用情况、CPU 内存使用情况等。同时,监控需要搭配完善的告警平台,提供多层次的告警渠道支持,如短信、电话、邮件等,提供一线运维人员、运维经理等多层级的告警。OTE 标准中推荐了一个功能强大的运维告警平台——百度云 BCM,它提供了丰富的运维监控能力,可支持大规模节点的自动化运维。

同时,作为商用的平台,OTE 要求平台必须具备完整的灾备预案,如发生节点或单机故障时如何实现服务的自动迁移;节点与中心断开连接时的节点自治;中心控制器的主备切换和多层级切换方案等。

- Open APL。

OTE 要求 IaaS 平台的每个功能都需要有对应的 API 接口,鉴权后完成不同能力的输出。如对于业务方使用的 API 可能存在支持 API 管理资源实例的创建、重启、删除、关机、密码更改;支持 API 获取资源实例所在机房的省份;支持 API 获取宿主机的 IP 地址;支持 API 获取资源配置的带宽、机房出口带宽;支持 API 获取资源实例的 ID。

④ Web 平台。

OTE 中提到的 Web 平台主要面向三类用户:平台运维和开发人员、第三方边缘服务提供方和业务方。作为平台运维和开发人员,有着全局的视图,可详细看到所有集群、机器以及业务的数据,并对平台的稳定性负责。第三方边缘服务提供方主要是指开发边缘服务,并部署到边缘节点的服务提供方,他们需要借助 Web 平台实现自己服务的部署、升级、删除等操作,同时能对自己的模块进行一些业务运维,能查看目前正在服务的业务方数据等。业务方是指使用 OTE 边缘服务的客户,他们需要完成自己边缘资源的申请、第三方边缘服务的使用、业务的部署分发、升级及基础的运维。

⑤ 边缘产品和场景。

OTE 提到的场景包括 CDN 场景下的函数计算、边缘转码,也包括未来的 4K、8K 视频云的边缘支持以及云游戏等。对于边缘计算应用的场景,本书其他章节有具体描述,这里不再赘述。

⑥ AI 计算优化。

AI 包含训练和推理两个阶段。推理阶段的性能既关系到用户体验,又关系到企业的服务成本。OTE 推荐了百度的 AI 推理加速引擎 Anakin,Anakin 与各个硬件厂商合作,采用联合开发或部分计算底层自行设计和开发的方式,为 Anakin 打造不同硬件平台的计算引擎。Anakin 已经支持多种硬件架构,如 Intel-CPU、

NVIDIA、GPU、AMD、GPU、ARM 等，未来将会陆续支持比特大陆、寒武纪深度学习芯片等硬件架构。

⑦ 边缘安全。

OTE 标准从镜像安全、网络传输安全、数据存储安全、接入安全、黄反鉴定拦截等多方面进行了描述。

（2）OTE 边缘加密。

边缘加密案例详细描述了 OTE 架构的工作流程。图 8-3 为 OTE 边缘编解码案例，即在 CDN 边缘部署 OTE 边缘计算服务，通过 CDN 的 Nginx 将流量转发给边缘 OTE Stack；OTE Stack 读取 CDN 本地的缓存进行实时加密，并将数据通过 Nginx 返回给请求端，完成对 CDN 流量的定制化处理。

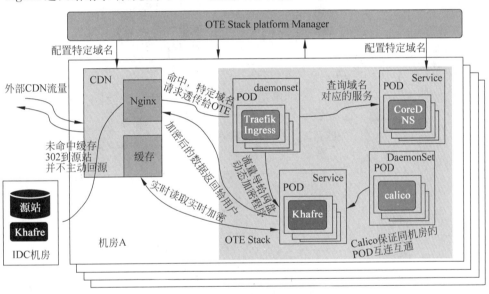

图 8-3　OTE 边缘编解码案例

网盘使用 PCDN 节省成本，需要将缓存部署到第三方节点上，但不希望明文部署。之前是在 IDC 机房完成动态加密并下发到第三方节点，但是带宽成本太高，IDC 计算压力比较大。而 CDN 边缘刚好有缓存文件，因此想在 CDN 边缘完成动态加密，并且可以在低峰期使用带宽，降低带宽部署成本。

参考 OTE 的实现标准，图 8-4 描述了 OTE 支持边缘加密的完整流程。Khafre 即为边缘加密的业务方，同时已经使用了对应的 CDN 服务，用于满足日常用户的边缘缓存加速需求。同时，由于该业务还使用了 PCDN 业务，需要将热门缓存预热到第三方的边缘节点进行 P2P 的加速，由于第三方节点并不完全可信，因此希望将缓存加密之后部署。最直接的做法就是在源站将文件加密好并直接供

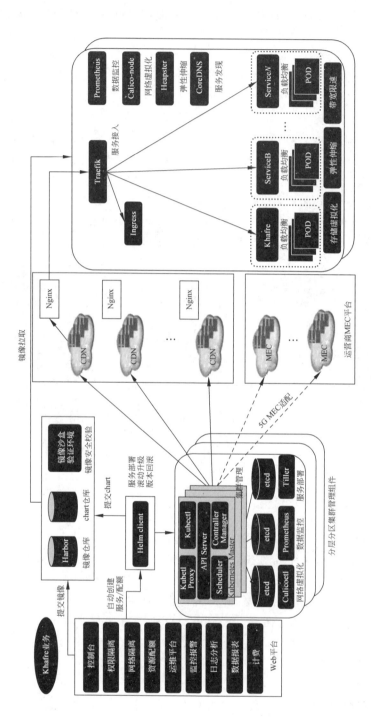

图 8-4 OTE 支持边缘加密的完整流程

PCDN节点下载,这样需要额外存储加密后的文件,浪费较多的存储资源,且每天热门缓存都会更新,需要及时下发预热,因此需要在有限的时间内完成大批量的文件加密,对资源消耗比较大。当然,也可以选择在源站处实时加密,即在请求的时候完成加密,由于从离线加密改成实时加密,虽然节省了存储空间,但为了应对大量并发请求的实时加密计算,就要准备更多的服务器。另外,从源站直接预热也要求源站有足够的带宽,通常IDC内的出口带宽费用昂贵,无论是服务器还是带宽都将使成本明显上升,甚至抵消使用PCDN节省的成本。

在发布OTE平台及标准之后,由于OTE的计算资源中包含CDN资源,而且CDN中本身就有Khafre的原始文件,同时OTE又提供了边缘计算服务,因此使用OTE完成边缘加密将是理想的选择。既可以使用CDN的边缘缓存加速,降低带宽成本,又可以使用大规模的边缘节点完成实时加密,将集中的实时计算请求分散到边缘,还能复用CDN闲置的计算能力,降低服务器成本,是双赢的选择。OTE平台完成边缘加密功能的具体步骤如下。

① Khafre业务方需要完成边缘加密的程序开发。

通过OTE的Web平台,申请镜像制作机器。获得SSH密码后登录机器,部署Khafre加密程序,并做好相关配置。在控制台选择提交,镜像将自动上传到OTE的镜像仓库,并进行安全检查。验证镜像无漏洞和越权行为后,即可提交成功,用户可在控制台查看自己提交的镜像。

② 创建服务。

创建服务又可以细分为以下两步。

• 创建域名。

即确定哪些域名要通过Nginx转发给OTE。

• 创建服务规则。

即确定服务名、对应的镜像地址、部署的方式、默认副本数、最小依赖的CPU和内存、最大占用的CPU和内存、滚动升级的规则、弹性伸缩的CPU和内存阈值等信息。在平台提交之后,将会创建对应服务的Helm chart包,并提交到chart仓库进行安全和完整性校验。

③ 申请资源。

即明确加密服务要上线和服务的区域及节点要求,可按照省份运营商自定义资源,也可以直接勾选"全国所有运营商覆盖",成功申请资源后即生成虚拟集群。

④ 虚拟集群和服务创建之后。

通过OTE Web控制台发起服务部署的命令,OTE的分层分区集群管理模块将对选定的资源进行筛选,按照虚拟集群的要求将服务下发到各个边缘节点。

边缘节点收到命令后,开始分配资源并拉取镜像,创建和启动容器,确保按照指定的服务规则启动容器,保证资源攻击和维持副本数。

⑤ 确认服务部署成功后。

可以通过 Web 平台进行接入规则的设定,即明确哪个接入域名将对应 OTE 的哪个边缘服务,同时 CDN 的 Nginx 也同步收到需要转发给 OTE 的域名。

⑥ 配置好接入规则后。

Nginx 开始定时获取边缘节点内对应的 OTE 接入点 IP 地址和端口。在收到请求后,匹配域名规则,将对应域名的请求转发给 OTE 任意一个 Traefik 接入点。OTE 的 Traefik 收到 Nginx 转发的请求后,匹配用户设定的接入规则,将对应的请求转发给 OTE 的边缘加密服务 Khafre。Khafre 根据域名所带的信息,直接访问 CDN 对应的缓存文件,并进行实时加密。加密之后将数据返回给 Traefik,Traefik 再将数据吐回给 Nginx。最后,Nginx 将数据透传给业务的请求端,完成边缘加密的全流程。

⑦ OTE 根据服务的规则。

监控加密的 CPU、内存使用情况,并在达到设定阈值时自动弹性伸缩,确保服务可靠性。同时,在 Nginx 端和 Traefik 端均有完善的异常处理机制,确保出现异常时能将流量调度到可用的节点,甚至在 OTE 完全不可用时将流量直接调度到 IDC,确保业务流程的完善。

⑧ 使用 Calico 完成边缘的网络虚拟化。

确保 OTE 在边缘节点内部的网络互通;使用开源方案 Prometheus 完成监控数据的采集和展示。使用 CoreDNS 完成边缘服务的域名解析。同时,Khafre 业务方可以在 OTE Web 平台实时查看边缘加密服务的 CPU 和内存占用情况,以及实时请求的数量,并可以按照自己的需求设定监控告警的条件,完成基础的业务运维。

(3)OTE 展望和探讨。

边缘计算将成为未来计算基础设施的重要一环,OTE 将为边缘计算提供底层的算力支持,通过与多运营商 MEC 平台的对接,形成 MEC 平台服务互联网公司的参考标准,为边缘计算应用的普及打下良好的基础。

同时,也有很多问题仍待深入探索,比如复杂网络的状态迁移、大规模边缘节点的自动化运维、超低时延、超高稳定性要求的资源调度、Kubernetes 对虚拟机的编排效率、轻量级虚拟机的性能和稳定性等。OTE 将会持续探索,并将以开源的方式提供给业内参考使用,为边缘计算的发展添砖加瓦。

参 考 文 献

[1] 王尚广.移动边缘计算[M].北京：北京邮电大学出版社,2017.

[2] 俞一帆,任春明,阮磊峰,等.5G 移动边缘计算[M].北京：人民邮电出版社,2017.

[3] 林福宏.边缘计算/雾计算研究与应用[M].成都：西南交通大学出版社,2018.

[4] 施巍松.边缘计算[M].北京：科学出版社,2018.

[5] 卜向红,杨爱喜,古家军.边缘计算 5G 时代的商业变革与重构[M].北京：人民邮电出版社,2019.

[6] 张骏.边缘计算方法与工程实践[M].北京：电子工业出版社,2019.

[7] 谢人超,黄韬,杨帆,等.边缘计算原理与实践[M].北京：人民邮电出版社,2019.

[8] 张建敏,杨峰义,武洲云,等.多接入边缘计算(MEC)及关键技术[M].北京：人民邮电出版社,2019.

[9] 居晓琴.移动边缘计算的 QoE 视频缓存方法[J].电脑与信息技术,2019,27(5)：44-47.

[10] 张宏宇.融合移动边缘计算的未来 5G 移动通信网络[J].中国新通信,2019,21(20)：22.

[11] 熊先奎,段向阳,王卫斌.移动边缘计算规模部署的技术制约因素和对策[J].中兴通讯技术,2019,25(6)：65-72.

[12] 王璐瑶,张文倩,张光林.多用户移动边缘计算迁移的能量管理研究[J].物联网学报,2019,3(1)：73-81.

[13] 袁培燕,蔡云云.移动边缘计算中一种贪心策略的内容卸载方案[J].计算机应用,2019,39(9)：2664-2668.

[14] 雷波,陈运清.边缘计算与算力网络——5G＋AI 时代的新型算力平台与网络连接[M].北京：电子工业出版社,2020.

[15] 李亚杰.边缘计算光网络[M].北京：人民邮电出版社,2020.

[16] WARDEN P,SITUNAYAKE D. TinyML：TensorFlow Lite 边缘计算(影印版)[M].南京：东南大学出版社,2020.

[17] 谢朝阳.5G 边缘云计算：规划、实施、运维[M].北京：电子工业出版社,2020.

[18] 布亚,斯里拉马.雾计算与边缘计算：原理及范式[M].彭木根,孙耀华,译.北京：机械工业出版社,2020.

[19] 余翔,石雪琴,刘一勋.移动边缘计算中卸载策略与功率的联合优化[J].计算机工程,2020,46(6)：20-25.

[20] 田贤忠,姚超,赵晨,等.一种面向 5G 网络的移动边缘计算卸载策略[J].计算机科学,2020,47(A2)：286-290.

[21] 余翔,刘一勋,石雪琴,等.车联网场景下的移动边缘计算卸载策略[J].计算机工程,2020,46(11)：29-34,41.

[22] 耿小芬.移动边缘计算技术综述[J].山西电子技术,2020,(2)：94-96.

[23] 吕洁娜,张家波,张祖凡,等.移动边缘计算卸载策略综述[J].小型微型计算机系统,2020,41(9)：1866-1877.

[24] 李林宗,张昊东.移动边缘计算技术发展探讨[J].中国新通信,2020,22(11)：63.

[25] 龙飞霏.初识 5G 移动边缘计算 MEC[J].广播电视网络,2020,(1)：74-76.

［26］　孔玲,孙燕杰,范典.移动边缘计算发展与应用研究[J].信息通信技术与政策,2020,(3)：81-85.

［27］　游昌盛.移动边缘计算中的资源管理[J].中兴通讯技术,2020,26(4)：2-5.

［28］　利.物联网系统架构设计与边缘计算(原书第 2 版)[M].中国移动设计院北京分院,译.北京：机械工业出版社,2021.

［29］　施巍松.边缘计算[M].2 版.北京：科学出版社,2021.

［30］　张宇超,徐恪.云计算和边缘计算中的网络管理[M].北京：机械工业出版社,2021.

［31］　雷波,宋军,曹畅,等.边缘计算 2.0：网络架构与技术体系[M].北京：电子工业出版社,2021.